Águas de chuva
Engenharia das águas pluviais nas cidades

Livros de **Manoel Henrique Campos Botelho**

Concreto armado eu te amo
Volume 1 - 8ª edição revista

ISBN: 978-85-212-0898-3
536 páginas

Concreto armado eu te amo
Volume 2 - 4ª edição

ISBN: 978-85-212-0894-5
340 páginas

Concreto armado eu te amo - para arquitetos
3ª edição

ISBN: 978-85-212-1034-4
256 páginas

Instalações elétricas residenciais básicas para profissionais da construção civil

ISBN: 978-85-212-0672-9
156 páginas

Instalações hidráulicas prediais utilizando tubos plásticos
4ª edição

ISBN: 978-85-212-0823-5
416 páginas

Manual de primeiros socorros do engenheiro e do arquiteto
Volume 1 - 2ª edição

ISBN: 978-85-212-0477-0
304 páginas

www.blucher.com.br

MANOEL HENRIQUE CAMPOS BOTELHO
Eng. Civil formado pela
Escola Politécnica da Universidade de São Paulo

Águas de chuva
Engenharia das águas pluviais nas cidades

4ª edição revista e ampliada

Colaboração especial:
ARQ. ANGELO S. FILARDO JÚNIOR

Apoio Associação Brasileira dos
Fabricantes de Tubos de Concreto (ABTC)

Águas de chuva: engenharia das águas pluviais nas cidades
© 2017 Manoel Henrique Campos Botelho
4ª edição – 2017
3ª edição – 2011
2ª edição – 1998
1ª edição – 1985
Editora Edgard Blücher Ltda.

Blucher

Rua Pedroso Alvarenga, 1245, 4º andar
04531-012 – São Paulo – SP – Brasil
Tel.: 55 (11) 3078-5366
contato@blucher.com.br
www.blucher.com.br

Segundo Novo Acordo Ortográfico, conforme 5. ed. do *Vocabulário Ortográfico da Língua Portuguesa*, Academia Brasileira de Letras, março de 2009.

É proibida a reprodução total ou parcial por quaisquer meios sem autorização escrita da editora.

Todos os direitos reservados pela
Editora Edgard Blücher Ltda.

Dados Internacionais de Catalogação na Publicação (CIP)
Angélica Ilacqua CRB-8/7057

Botelho, Manoel Henrique Campos
 Águas de chuva : engenharia das águas pluviais nas cidades / Manoel Henrique Campos Botelho; colaboração especial Angelo S. Filardo Júnior – 4. ed. rev. e ampl. – São Paulo : Blucher, 2017.
 344 p. : il.

 ISBN 978-85-212-1227-0

 1. Água pluviais 2. Escoamento urbano I. Filardo Júnior, Angelo S. II. Título

17-0987   CDD 628.21

Índice para catálogo sistemático:
1. Águas pluviais: Sistemas de escoamento: Engenharia Sanitária   628.21

Dedicatória

À memória de meu pai Antenor
e à dedicação de minha mãe Helyeth,
o reconhecimento pelo fato de me terem educado
com uma perspectiva humanista.

A Mauricio e Vinicius,
filhos e companheiros
de uma inesquecível aventura.

Pensamentos

"As cidades serão mais humanas,
quando as calçadas forem contínuas
e as ruas descontínuas..."

(H.C.B.)

"Se você quer entender a hidráulica dos canais,
raciocine primeiro com os conceitos de
calha de escoamento e *vazão*, e depois, só depois,
introduza o conceito de *velocidade da água*..."

(M.H.C.B.)

"El rigor se afinca entre nosotros más rápidamente
que la necessidad del rigor..."

(A.P. Maiztegui e Jorge A. Sabato em
Introducción a la Física, Buenos Aires, Octobre, 1950)

Agradecimentos – 1.ª edição

Vários colegas colaboraram para este trabalho enviando dados, ou contando suas experiências, ou, ainda, fazendo várias leituras do trabalho na sua fase de preparação.

Assim agradeço aos colegas:

    Acácio E. Ito
    Antonio Carlos Mingrone
    Cauby dos Santos Rego
    Cornélia Catharina Leindinger
    Erialdo Gazola da Costa
    Hilton Felicio dos Santos
    José Augusto Borges
    José Manuel Fernandes
    José Martiniano de Azevedo Netto (*in memoriam*)
    José Natal Martins Araújo
    Júlio Capobianco Filho
    Mauro Garcia (*in memoriam*)
    Paulina Martorell
    Romildo Magnani
    Sérgio Akkerman
    Waldir Nudelmann

Como só o autor participou da preparação final do texto, são dele, e com exclusiva responsabilidade, as eventuais falhas encontradas.

À Empresa Municipal de Urbanização de São Paulo – EMURB, o autor agradece a autorização para reproduzir os documentos indicados ao longo deste livro com o código EMURB.

Agradecimentos por comentários que ajudaram a melhorar este livro

    Acacio Farias
    Alice Maria Macedo
    Antonio Silvia
    Fabio Soares
    Geraldo Leite Botelho
    Gino Manzi
    Hernane Oliveira
    Leandro Cittadin
    Newton Fagundes
    Paullin Mendes
    Paulo Santana
    RFK Puppi
    Rosete Lima
    Silvio L. Giudice
    Takashi Imai

    O autor e a editora Blucher agradecem à Associação Brasileira dos Fabricantes de Tubos de Concreto (ABTC) pela autorização para transcrever neste livro textos de sua publicação *Manual técnico de drenagem e esgoto sanitário* (2008).

Prefácio da 1.ª edição

Aos meus leitores.

Dentro do programa traçado de escrever livros práticos para o dia a dia profissional da engenharia civil e arquitetura, apresento agora: *Águas de chuva: engenharia das águas pluviais nas cidades*.

Na preparação deste livro, segui a rotina tradicional na produção de meus livros técnicos.

- comecei a conversar com colegas que trabalham na área, seja no campo de projeto, seja no campo de execução;
- entrei em contato com firmas projetistas, construtores e fornecedores de materiais de construção;
- saí a campo para visitar obras em execução e sistemas em operação;
- colecionei artigos, livros e catálogos;
- finalmente, esbocei o livro.

Só depois disso, comecei a escrever.

Vários colegas, sabedores deste meu trabalho, procuraram-me para dar informações, dicas e contar experiências vividas e algumas muito sofridas.

O assunto "águas pluviais nas cidades", por envolver assuntos de urbanismo, tráfego, hidrologia, hidráulica, mecânica dos solos, construção civil e aspectos jurídicos, é apaixonante e complexo.

Embora de há muito fosse minha intenção escrever sobre o assunto, um fato marcou-me profundamente. Foi minha participação na equipe da Prefeitura do Município de São Paulo, Secretaria da Habitação e Desenvolvimento Urbano e Empresa Municipal de Urbanização de São Paulo – EMURB – que recuperou o escarpado bairro do Jardim Damasceno, da pobre periferia da cidade de São Paulo. Nesse empreendimento pude sentir dramaticamente:

- a importância do sistema pluvial para conter erosões do terreno, evitar dano à estabilidade de taludes e encostas e para proteger casas e pessoas;

– a importância da mecânica dos solos e de adequados métodos de projeto e de construção e operação para o sucesso do funcionamento do sistema pluvial.

Nas obras de recuperação do Jardim Damasceno, vi, como talvez nunca tivesse visto antes, o assunto "sistema pluvial" ser tratado com extrema seriedade.

À sofrida população do Jardim Damasceno e a todos que deram seu melhor esforço para recuperá-lo é dedicado este livro.

MHC Botelho
agosto, 1985

Apresentação da 4.ª edição

Águas de chuva chega à 4.ª edição revista e sensivelmente ampliada. Sei que este livro é muito usado em prefeituras e na engenharia municipal em geral. Face a isso, é muito importante que os colegas nos enviem suas descobertas de assuntos interessantes e não abordados aqui para que possamos inserir em edições futuras.

Grato por tudo.

Manoel Henrique Campos Botelho
E-mail: manoelbotelho@terra.com.br
Maio, 2017

Conteúdo

1	Explicando as necessidades e funções dos sistemas de águas pluviais nas cidades..	17
	1.1 Introdução	17
	1.2 Evolui a cidade, altera-se a função do sistema pluvial..	20
2	Uma polêmica sobre o traçado das cidades. Duas concepções urbanísticas antagônicas. Parques públicos junto às margens dos rios ou avenidas de fundos de vale..	23
3	Elementos constituintes de um adequado sistema pluvial urbano	25
	3.1 O traçado correto da cidade.	25
	3.2 Liberação de fundos de vale.	28
	3.3 A calha viária das ruas	29
	3.4 Guias, sarjetas, sarjetões e rasgos.	30
	3.5 Dispositivos de captação e direcionamento de águas pluviais: bocas de lobo, bocas de leão, grelhas, ralos, bocas de lobo contínuas, canaletas de topo e de pé de talude..	34
	3.6 Tubos e galerias de condução de águas pluviais	42
	3.7 Poços de visita. Tampões e grelhas..	47
	3.8 Rampas e escadarias hidráulicas	51
	3.9 Dispositivos de chegada de águas pluviais em córregos e rios	56
	3.10 Revestimento de taludes	56
4	Aspectos legais quanto às águas pluviais. Código Civil e legislações municipais	59
	4.1 Extratos do Código Civil (Lei Federal n. 10.406, de 10 de janeiro de 2002) sobre sistemas de águas pluviais, prediais e urbanos	60
5	Patologias do sistema pluvial. Erros de projeto, erros de construção, falta de manutenção	63
	5.1 Introdução.	63
	5.2 Exemplos de problemas em sistemas pluviais	64

6	Especificações para projeto de sistemas pluviais......	67
	6.1 Algumas palavras filosóficas............	67
	6.2 Precipitacão e cálculo de vazões........	69
	6.3 Fixação da capacidade hidráulica de condução das ruas e sarjetas...	71
	6.4 Captação de águas pluviais por bocas de lobo, bocas de leão e caixas com grelhas	75
	6.5 Ligação das bocas de lobo à canalização principal..	76
	6.6 Canalização principal	76
	6.7 Exemplos de projeto de um sistema pluvial	79
7	Especificações de construção dos sistemas pluviais........	87
	7.1 Localização da obra	87
	7.2 Abertura da vala	88
	7.3 Escoramento da vala	89
	7.4 Esgotamento da vala	89
	7.5 Execução do lastro dos tubos......	93
	7.6 Fornecimento, recebimento e assentamento de tubos	93
	7.7 Poços de visita (PV)......	95
	7.8 Argamassas de uso geral	95
	7.9 Alvenaria de tijolos ou blocos de concreto..	96
	7.10 Concreto	96
	7.11 Reaterro da vala	96
	7.12 Repavimentação	96
	7.13 Guias, sarjetas e sarjetões	96
	7.14 Plantio de placas de grama para proteção de taludes contra erosões hidráulicas......	97
	7.15 Canaleta de topo e de pé de talude	97
	7.16 Fornecimento de peças de ferro fundido cinzento (tampões de grelhas)......	98
	7.17 Testes hidráulicos de funcionamento	98
8	Calçadões, as incríveis ruas sem calha......	99
	8.1 Preliminares	99
	8.2 Critérios adotados em projetos de calçadões......	101
9	Curiosos e diferentes sistemas de águas pluviais: sistemas alternativos ...	103
	9.1 Sistema afogado	103
	9.2 O sistema ligando boca de lobo a boca de lobo	104
	9.3 Bocas de lobo sifonadas......	104
	9.4 Sistema com microrreservatórios	105
	9.5 Galeria técnica de serviços......	105

9.6	Construções pluviais com materiais alternativos	106
9.7	Tubulação pluvial captora de águas pluviais	107
9.8	É possível funcionar sistemas pluviais em loteamentos com ruas sem pavimentação? Veja como isso é possível	108

Anexos

A	Elementos de hidrologia	109
B	Uma viagem à hidráulica de canais	119
C	Normas e especificações	157
D	Fotos	159
E	Explicando as necessidades e funções dos sistemas de águas pluviais nas cidades	169
F	Problemas sanitários e de meio ambiente relacionados com as chuvas	177
G	Dissipador de energia	179
H	Uma viga chapéu diferente	181
I	Bibliografia de aprofundamento	183
J	Execução de obras	189
K	Drenagem em rodovias não pavimentadas	217

Complementos

I	A importância da drenagem, macrodrenagem, microdrenagem, drenagem profunda e drenagem subsuperficial. Entidades	235
II	Normas da ABNT para sistemas pluviais e assuntos correlatos	237
III	Drenagem profunda (subsuperficial) de solos	239
IV	*Softwares* ligados à engenharia pluvial	249
V	Tendências de compreensão do funcionamento autônomo ou conjugado da rede pluvial e da rede de esgotos sanitários	251
VI	Os piscinões nos sistemas pluviais urbanos	257
VII	Curva de 100 anos como instrumento de se evitar ou minimizar inundações em áreas urbanas	263
VIII	Indicação de trabalho (*paper*) sobre doenças relacionadas à precariedade dos sistemas de drenagem pluvial	267
IX	Retificação e canalização de córregos urbanos	269
X	*Pôlders* em áreas urbanas. Os casos do Jardim Romano e do Jardim Pantanal, na Zona Leste da cidade de São Paulo – SP	273
XI	Avenidas mais baixas que seus rios laterais	275
XII	Canais pluviais de Santos – SP	277

XIII	Assoreamento e dragagem de rios e lagos............................	283
XIV	Desassoreamento de lagos urbanos. Cuidados sanitários e ambientais. O caso do lago do Parque do Ibirapuera, São Paulo – SP................	287
XV	Análise de uma situação de emergência envolvendo recursos hídricos e obras hidráulicas...	291
XVI	Simbologia para desenhos e documentos pluviais. Identificação e localização de poços de visita..	295
XVII	Reprodução de artigo histórico sobre chuvas e a poluição das águas. ..	297
XVIII	Crônicas pluviais..	303
XIX	Técnica e recomendações.....................................	311
Índice remissivo...		341
Comunicação com o autor..		343

Capítulo 1
Explicando as necessidades e funções dos sistemas de águas pluviais nas cidades

1.1 Introdução[1]

Era uma vez uma grande área livre próxima a uma cidade que crescia. Essa área era coberta de vegetação e sulcada por cursos de água. Sua forma, sua conformação, era o resultado de milênios de anos de transformação. A ação da chuva e dos ventos a moldara na sua secção de "melhor equilíbrio" (a mais estável) e que resultara do equilíbrio de ações erosivas *versus* sua constituição ou natureza (sua topografia e sua geologia).

Um dia, a cidade se aproximou dessa área, a área se valorizou e decidiu-se urbanizá-la e loteá-la.

A urbanização e o loteamento de uma área significam na prática:

a) retirar considerável parte de sua vegetação (que a protegia da ação erosiva das águas pluviais);
b) abrir ruas, fazendo-se cortes e aterros;
c) criar *plateau* para as edificações;
d) edificar nos lotes;
e) pavimentar ruas;
f) colocar gente na área.

Cria-se, pois, uma nova situação, que não tem mais nada a ver com a milênica situação de equilíbrio anterior. Mas as águas de chuva continuarão a cair na área e escoarão por ela.

---
1 Como informação introdutória, não existe na Associação Brasileira de Normas Técnicas (ABNT), até maio de 2017, uma norma de projeto de sistemas pluviais urbanos.

Essas águas de chuva, ao escoarem, seguirão caminhos próprios e independentes dos desejos dos novos ocupantes da região.

Se não forem tomados cuidados na área recém-urbanizada, poderão acontecer:

- erosões nos terrenos;
- desbarrancamentos;
- altas velocidades das águas nas ruas, danificando pavimentos;
- criação de pontos baixos onde a água se acumulará;
- ocupação por prédios de locais de escoamento natural das águas (pontos baixos e fundos de vale). A ocupação desses locais impede a água de escoar, exigindo obras posteriores de correção;
- assoreamento dos córregos pelo acúmulo de material erodido dos terrenos.

Todos esses fenômenos são agravados pela impermeabilização da área. As vazões pluviais (superficiais), que ocorrerão, serão então muito maiores que as que antes ocorriam, pois, antes, significativa parte das águas, ao cair, se infiltrava no terreno, e, agora, com a impermeabilização, a maior parte das águas corre pela superfície, sem poder se infiltrar.

Tudo isso vai ocorrer em maior ou menor escala e dependendo dos cuidados a tomar no tipo de urbanização a ser adotado.

Dependendo, pois, do tipo de urbanização adotado, poderemos ter as seguintes alternativas:

Alternativa A

Projetar-se um tipo de urbanização que "respeite" as características topográficas e geológicas da área, resultando que, com pequenas obras de correção e direcionamento, se evitem danos maiores.

Alternativa B

Adota-se um tipo de urbanização sem atender às características naturais do terreno e ao mesmo tempo fazem-se custosas obras de proteção (muros de arrimo, complexo sistema pluvial, canalização de córregos). As consequências não são danosas, mas o custo das obras é vultoso.

Alternativa C

Adotar-se um tipo de urbanização sem atender às vocações do terreno, não se fazendo as obras de contenção. As consequências desta alternativa serão danosas e também perigosas.

Os custos das futuras obras de recuperação serão altos e, às vezes, quase proibitivos.

A Alternativa C tem sido, reconhecemos, infelizmente a mais adotada das práticas.

O presente livro procura dar subsídios, fornecer critérios de urbanização e elementos para orientar tecnicamente a implantação das Alternativas A e B.

A gerência de águas pluviais urbanas deve levar em conta, portanto:
- a topografia e a geologia da área;
- os tipos de urbanização das ruas a implantar;
- a proteção contra erosões;
- a proteção aos pavimentos;
- a redução do alagamento das ruas pela passagem das águas;
- eliminação de pontos baixos de acumulação de água;
- a diminuição das inundações.

Notar que rios e riachos sempre têm *enchentes periódicas*. Só ocorrem *inundações* quando a área natural de passagem da *enchente* de um rio foi ocupada para conter uma avenida (avenida de fundo de vale) ou foi ocupada por prédios.

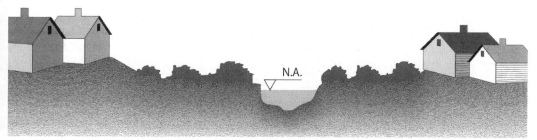

Rio na vazante.

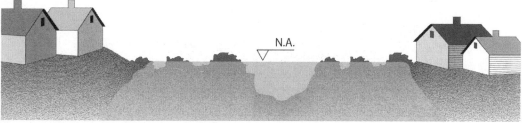

Rio na enchente, várzea não ocupada, não há inundação.

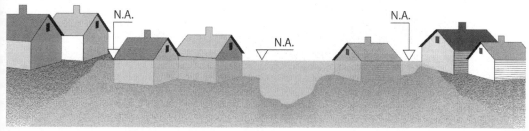

Rio na enchente, casas na várzea, há inundação.

Assim, poder-se-á dizer que todo curso de água tem *enchente*. Quando *inunda* é porque a urbanização falhou.

O estudo de águas pluviais de uma cidade não pode se limitar a apreciar tão somente os aspectos hidrológicos e hidráulicos, pois assim estaríamos caindo na Alternativa B, ou seja, dada uma urbanização a implantar e dada a topografia e geologia da área, como protegê-la a qualquer custo.

A gerência das águas pluviais nas cidades deve abranger todos os aspectos urbanos, para que se possam utilizar áreas sem incorrer em altos custos de construção. Dessa maneira, o sistema pluvial a se projetar em novas áreas deverá estar integrado aos demais aspectos de uso adequado do solo urbano.

O autor deste livro não esconde, pois, sua simpatia pela Alternativa A.

Quando o sistema pluvial é projetado para uma área já urbanizada, com urbanização feita sem maiores cuidados, o sistema pluvial será corretivo. Seus frutos serão possivelmente menores e os custos das obras serão mais altos.

1.2   Evolui a cidade, altera-se a função do sistema pluvial

Admitamos que a área livre em questão foi loteada dentro da Alternativa C. Aconteceram, então, erosões no terreno. Face a isso, perderam-se lotes, os córregos foram assoreados pelo material erodido carreado pelas enxurradas, mas mesmo assim o loteamento foi sendo ocupado e lotes foram sendo edificados.

Face a tudo isso, a área foi sendo impermeabilizada e aumentaram os picos de vazão pluvial que correm pelas ruas, pelas dificuldades de infiltração das águas. Devido a isso, em alguns locais as enxurradas aumentadas aceleram as erosões.

Com o tempo, a prefeitura interviu parcialmente na área, corrigiu o traçado das ruas bastante transformado pelas erosões, pavimentou o sistema viário e criou o sistema pluvial. Alguns lotes fortemente erodidos se perderam, resultando grotas que se estabilizaram com o tempo, estabilidade esta contra a erosão ajudada pela vegetação que voltara a crescer.

Portanto, a um alto custo social, a região progressivamente cicatriza-se e equilibra-se, e a ocupação dos lotes remanescentes completa-se quase que totalmente.

Com a área agora quase que totalmente urbanizada, os picos de vazão nas ruas aumentam ainda mais, criam-se novas necessidades de galerias pluviais e os rios da região começam agora a inundar áreas nunca dantes inundadas.

Os esgotos sanitários não coletados correm pelas sarjetas, entram nas bocas de lobo e chegam a esses córregos.

Entra novamente a prefeitura para tomar medidas corretivas contra as inundações dos córregos. Obras caras de desassoreamento são feitas, o rio é retificado no seu traçado. Para isso são necessárias providências de desapropriação e remoção de habitantes, pois os fundos de vale estão parcialmente ocupados por edificações e favelas. O bairro prospera e os últimos lotes são oupados. Aumenta-se ainda uma vez mais a impermeabilização da área, e o córrego, aumentadas mais suas vazões, com novas enchentes, começa a inundar novas áreas.

Aí o Poder Público (leia-se recursos públicos) intervém mais uma vez, e o córrego tem sua caixa aumentada, sendo então canalizado em galerias de concreto armado.

Face a todas as obras, as águas escoam agora facilmente e rapidamente na área.

Quando tudo parecia resolvido, começa-se a lotear uma área a jusante de nossa área em estudo, e tudo começa outra vez, com o agravante de que o rio tem um outro comportamento. Ele ficou nervoso e sensível, pela impermeabilização da área a montante, e pela retificação e canalização do seu traçado, ele agora reage rapidamente às chuvas. Suas vazões de enchente crescem rapidamente em relação à situação prévia à época da implantação do loteamento.

Com a área totalmente urbanizada, nota-se uma coisa curiosa. Mesmo nos meses secos há águas correndo pelas galerias pluviais.

Como o loteamento não tem rede de esgoto, os esgotos sanitários correm pelas sarjetas, entram nas bocas de lobo e chegam aos córregos.

Aí se projeta a rede de esgotos sanitários.

A rede de esgotos sanitários encontra, pois, uma situação de fato:

- as ruas já existem e estão pavimentadas;
- já existem galerias pluviais cujo eventual remanejamento seria custoso;
- os fundos de vale, parcialmente ocupados, não deixaram locais fáceis para passagem das canalizações de esgoto.

Não há dúvida de que essa rede de esgotos a implantar será agora muito mais cara que a rede de esgotos que se poderia ter tido ao projetar o loteamento, já com essa melhoria.

E a história continua por aí...

Veja no Anexo E, numa criação do Arq. Angelo Salvador Filardo Jr., a recriação dessa história utilizando uma nova linguagem plástica.

Capítulo 2
Uma polêmica sobre o traçado das cidades
Duas concepções urbanísticas antagônicas
Parques públicos junto às margens dos rios ou avenidas de fundos de vale

Quando uma cidade cresce e tem-se que planejar a melhor forma de ocupação de seus fundos de vale, normalmente surgem duas grandes opções:

Opção 1 Retificar o rio, canalizá-lo e aproveitar as áreas inundáveis para fazer aí um sistema viário.

Opção 2 Retificar o mínimo do traçado do rio e deixar as margens inundáveis para ocupação com parques públicos, campos de futebol etc.

A opção 1 tem sido intensamente usada e é muito atrativa à primeira vista, por liberar áreas para um sistema viário e criar área para ocupação de edifícios, junto a esse sistema viário. O problema é que o rio periodicamente enche e, face à impermeabilização da bacia, poderá inundar periodicamente o sistema viário de suas margens.

Com o tempo, esse sistema viário torna-se tão importante para a cidade que, para evitar as inundações, o rio tem que ser canalizado em galerias de enormes dimensões, gastando-se fortunas para tentar (eu falei tentar) proteger as áreas roubadas ao rio.

A opção 2 teve como exemplo, no passado, a criação do Parque D. Pedro II, no centro da cidade de São Paulo, hoje retalhado e inexistente. Para variar, a causa desse retalhamento do Parque D. Pedro II foi para criar lá um enorme sistema viário.[1]

Como exemplo ainda existente na cidade de São Paulo, de uso racional de fundo de vale, temos o Parque do Ibirapuera, que abriga e recolhe o Córrego do Sapateiro, sem ocupar suas margens. Suas margens dentro do Parque são áreas verdes (bosques e jardins naturais).

Esse uso não invasor das margens do rio tem as vantagens de:

a) permitir que o rio, ao encher, ocupe margens livres, sem dano às ruas ou prédios;

b) permitir que o rio, ao encher, ocupe margens livres, sendo a sua vazão de enchente represada nessas áreas, não a descarregando totalmente para jusante (efeito de laminação de enchente), melhorando, com isso, as condições de jusante;

c) criar parques públicos tão necessários e onde a presença do elemento água é fundamental na composição paisagística (lazer contemplativo).

---

[1] Os desenhos da página anterior são de autoria do Arq. Angelo Salvador Filardo Jr.

Capítulo 3
Elementos constituintes de um adequado sistema pluvial urbano

3.1 O traçado correto da cidade

Quando se vai projetar a ocupação urbana de uma área, deve-se levar em conta:

1. A topografia da área. Evitar urbanizar áreas excessivamente escarpadas. Áreas com trechos em declividade superior a 30% devem ser deixadas como área livre, com vegetação protetora, ou então a sua urbanização exige minucioso estudo.

2. A geologia da área. O conhecimento geotécnico da área é fundamental. Esse conhecimento orientará as obras, diminuindo, com isso, as erosões, e dará critérios para os cortes e aterros na área, evitando futuros desmoronamentos.

3. O traçado das ruas. O traçado das ruas será o grande elemento definidor do sistema de esgotamento pluvial. É ele que definirá as larguras das ruas, suas declividades longitudinais e transversais, as características dos lotes resultantes, a liberação ou não de pontos baixos (fundos de vale).

4. O Sistema Pluvial. O Sistema Pluvial abrange a calha das ruas, galerias, escadarias, rampas, até a chegada das águas aos córregos, riachos e rios. O Sistema Pluvial, controlando as vazões pluviais, terá então em vista:
    - evitar erosões do terreno;
    - evitar erosões do pavimento;
    - evitar alagamento da calha viária;[1]
    - eliminação de pontos baixos sem escoamento;
    - chegada ordenada das águas aos cursos de água da região.

---
1 O alagamento da calha viária pode criar a chamada "aquaplanagem", que, ao reduzir o atrito entre as rodas dos carros e o leito do pavimento, faz os veículos perderem seus controles de direção.

Vejamos, então, como vai funcionar o sistema de escoamento pluvial nas ruas.

Como este é um livro de hidráulica associada a urbanismo, vejamos agora, comparativamente, exemplos de declividade de cursos de água e de ruas e avenidas. A tabela a seguir mostra isso.

Notemos uma regra bem geral. Conforme um rio vai crescendo de vazão ao longo do seu curso, vai tendo sua declividade reduzida. Um exemplo é o Rio Amazonas, incialmente formado por rios andinos de alta declividade, até chegar às planícies junto ao mar.

Após a tabela, mostra-se a planta de um trecho escarpado da cidade de São Paulo (Jardim América).

Elementos constituintes de um adequado sistema pluvial urbano

Tabela de declividade urbana e hidráulica

m/m ou tg α	%	m/km	α	Cos α	Exemplo de calhas e declividade
0,00002	0,002	0,02	0,00113	0,99999	Trecho inferior do Rio Amazonas
0,0001	0,01	0,1	0,0057	0,99999	Trecho inferior do Rio Tietê (Promissão – Rio Paraná)
0,001	0,1	1	0,0572	0,99999	Trecho médio do Rio Tietê, entre Pirapora e Salto
0,01	1	10	0,572	0,99995	Trecho médio do Rio Pardo – São Paulo
0,015	1,5	15	0,859	0,99989	Um córrego típico na área urbana de São Paulo
0,10	10	100	5,710	0,99503	A partir desta declividade, os escoamentos estarão na sua maior parte em regime torrencial.
0,20	20	200	11,30	0,9861	Declividade máxima aceitável em ruas
0,40	40	400	21,80	0,92847	A partir desta declividade, as fórmulas da hidráulica de canais perdem totalmente a confiança.
1,0	100	1.000	45	0,70710	Rampas de vertedores

Observações:
1. Todas as fórmulas de hidráulica de canais utilizadas neste livro foram desenvolvidas para canais de pequena declividade, onde pode-se admitir cos α ≅ 1. Para declividades maiores, outras seriam as considerações.
2. Notar como o cosseno de α é preguiçoso de sair da faixa de valores próximos a 1.
3. α ⟹ ângulo medido em graus.

Numa das regiões mais escarpadas de São Paulo, a máxima declividade encontrada foi de 0,17 m/m ou seja, 17%, como mostra a planta a seguir.

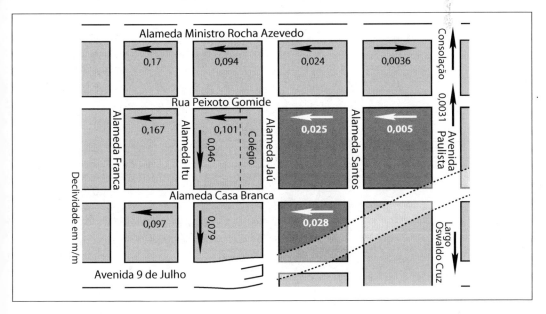

3.2 Liberação de fundos de vale

No período chuvoso, a água, ao escoar, vai descendo dos pontos altos para os baixos, até encontrar os vales. Nesses vales, essas águas podem encontrar um curso de água permanente (córrego, riacho, rio ou lago) ou podem encontrar um fundo de vale seco. Ao se projetar uma cidade, deve-se dar liberdade ao escoamento superficial, ou seja, as águas de chuva devem poder escoar sem encontrar obstáculos ao longo dos fundos de vale.

Vejamos dois tipos de urbanização para uma mesma área (vale seco). Na urbanização 1, os fundos de vale estão liberados. É a situação ideal. Na urbanização 2, os fundos de vale estão bloqueados, exigindo, para o esgotamento dos pontos baixos, o uso de bocas de lobo, tubulações enterradas etc.

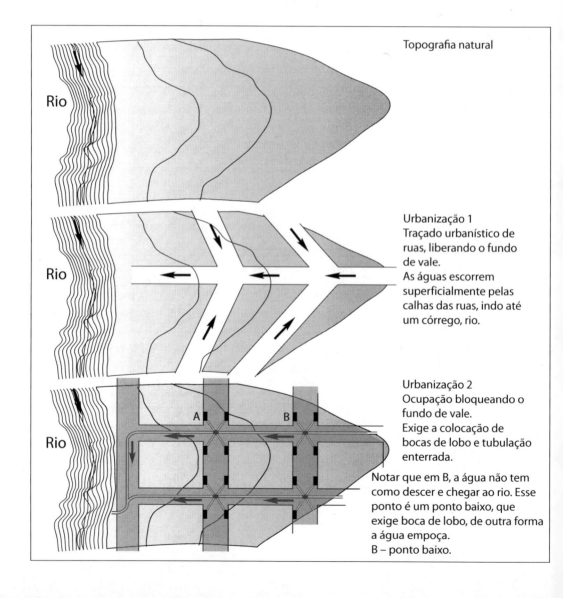

3.3 A calha viária das ruas

Quando o caudal que chega à rua é enorme e maior que a capacidade de transporte superficial da rua, ocorre o alagamento da rua, podendo até chegar ao transbordamento. Uma solução para evitar isso seria recolher a vazão excedente à capacidade de transporte da rua por meio de bocas de lobo, bocas de leão, caixa com grelha etc.

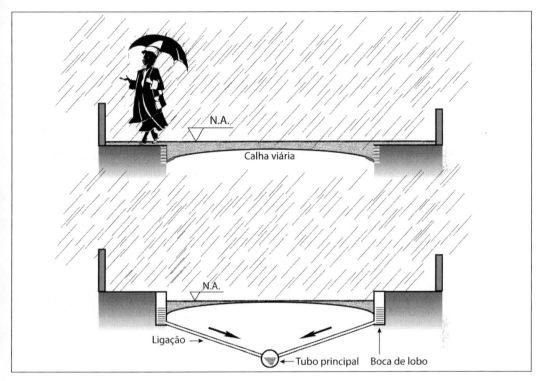

Na parte de cima, vemos uma rua inundada. A vazão pluvial é superior à capacidade da calha viária. Na figura de baixo, mostra-se uma rua com captação de água pluvial por bocas de lobo.

As vazões excedentes, captadas em bocas de lobo, são então dirigidas aos poços de visita, e destes chegam às canalizações principais. As vazões nas tubulações principais descarregam suas águas nos córregos e rios.[2]

Pela importância das ruas no escoamento das águas pluviais, transcrevemos dados da Lei Municipal n. 9.413 (São Paulo), que fixa condições de traçados de ruas para novos loteamentos.

---
2   Para os não iniciados em engenharia de sistemas pluviais ou engenharia hidráulica, as noções de inundação de ruas estão sempre ligadas a inundações dos rios. Seriam consequências exclusivas disso. Isso é incorreto. Podem acontecer inundações de ruas e o sistema de rios e córregos da região não ter nenhuma influência no fato. A raiz da questão, nesses casos, é a rua não ter capacidade de transportar, dentro da calha viária, a vazão que chega.

Lei Municipal n. 9413 – Vias de circulação						
Vias de circulação	Vias para circulação de veículos		Vias para circulação de veículos e/ou pedestres			
^^	Via expressa		Via arterial		Via principal	Via local (b)**
Características	1ª categoria	2ª categoria	1ª categoria	2ª categoria	^^	^^
Largura mínima	(a)*	(a)	37 m	30 m	20 m	12 m
Caixa carroçável mínima	(a)	(a)	28 m	21 m	14 m	7 m
Passeio lateral mínimo de cada lado da via	(a)	(a)	3,5 m	3,5 m	3 m	2,5 m
Canteiro central mínimo	(a)	(a)	2 m	2 m		
Declividade máxima	6%	6%	8%	8%	10%	15%
Declividade mínima	0,5%	0,5%	0,5%	0,5%	0,5%	0,5%

*(a) Projeto específico para cada caso.
**(b) Será admitida para via local, sem saída, desde que, no leito carroçável, no dispositivo de retorno em sua extremidade, possa ser inscrita uma circunferência com diâmetro igual ou superior à largura da via.

Observação: as declividades citadas são as longitudinais. Para entender o quadro, veja o esquema abaixo.

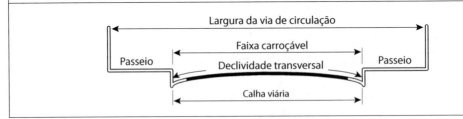

3.4 Guias, sarjetas, sarjetões e rasgos

Sendo a calha das ruas o primeiro canal condutor das águas pluviais, vamos estudar seus elementos componentes.

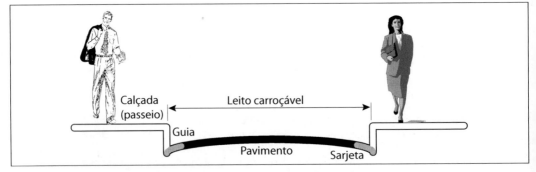

Passemos a descrever cada componente da calha viária.

3.4.1 Guias

Sua função é definir os limites do passeio e do leito carroçável. As guias são feitas de granito ou concreto simples (em geral pré-moldado). As guias colocadas são chamadas de "meio-fio".

Há vários tamanhos de guias. Em São Paulo, são usados os "tipos" 75 e 100 (ver desenho). A guia 100 é maior que a 75, possibilitando com o seu uso formar uma calha de maior capacidade hidráulica.

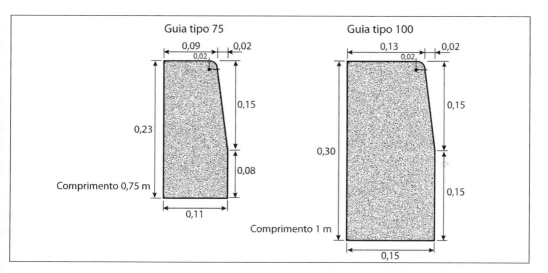

3.4.2 Sarjetas

São feitas de concreto simples, moldado *in loco*, ou são feitas de pararelepípedos argamassados.

As sarjetas são usadas para fixar as guias e para formar o piso de escoamento de água. Devido ao abaulamento da rua (declividade transversal), as águas correm, principalmente, pelas sarjetas.

Para ruas asfaltadas, as sarjetas são essenciais, pois a máquina de asfaltamento teria dificuldade para chegar até a guia, e, se chegasse, poderia danificá-la.

Em ruas de paralelepípedos reajuntados com areia, as sarjetas podem ser também de paralelepípedos, mas aplicados com argamassa (areia e cimento), embora também se use, nesses casos, sarjetas de concreto simples.

Nota: a origem da expressão "meio-fio".

No Brasil Colônia, o traçado das ruas fazia com que se jogassem as águas pluviais para o centro da rua, onde havia uma canaleta e onde corria o "fio d'água". Com o crescer das cidades, essa solução gerava problemas de trânsito, e, então, optou-se por não ter a canaleta central; metade das águas ia para um lado da seção transversal da rua, e a outra metade de água, para o outro lado. Nascia a sarjeta de "meio-fio".

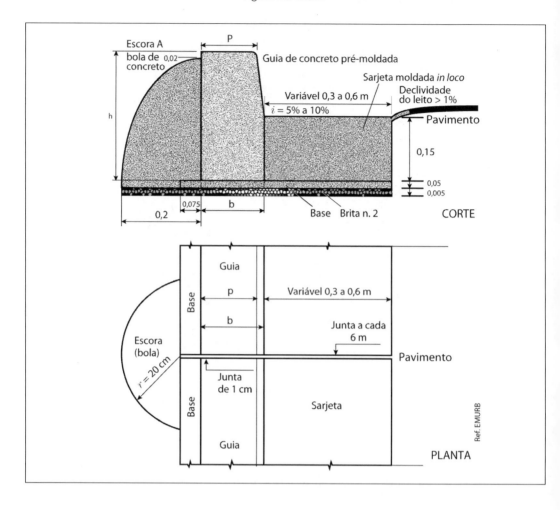

Observação: devem-se tomar cuidados na junção entre a sarjeta e o pavimento, se este for de asfalto. O asfalto pode se retrair, criando uma fenda entre ele e a sarjeta, propiciando a penetração de águas pluviais, que levarão, com o tempo, à desagregação do pavimento. Referência Empresa Municipal de Urbanização – EMURB (São Paulo – SP).

3.4.3 Sarjetões e rasgos

Às vezes, na implantação das ruas, surgem pontos baixos, localizados (A), que se situam próximos (mas contínuos) a outros pontos mais baixos (B). Uma solução econômica é ligar esses pontos baixos através de soluções superficiais (sem bocas de lobo e sem galerias enterradas).

O sarjetão é construído, preferencialmente, transversalmente à rua de menor fluxo de veículos. No exemplo da figura, a rua M é principal em relação à rua P.

Na ilustração a seguir, são mostrados esquemas de sarjetões e rasgos.

Elementos constituintes de um adequado sistema pluvial urbano

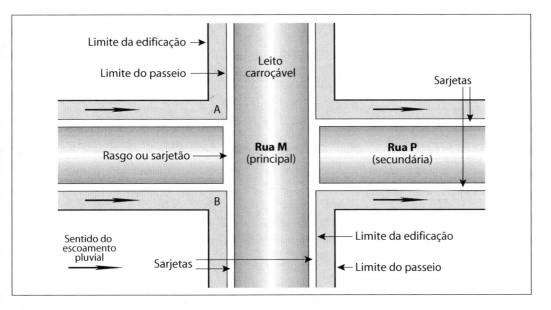

Não estranhe o fato de os rasgos e sarjetões serem construídos de concreto ou paralelepípedos. Seria impossível construir esses dispositivos, que interrompem a pavimentação, com materiais menos resistentes. Sendo singularidades (estorvos), precisam ter resistência para suportar os esforços das rodas dos veículos que passam sobre ele.

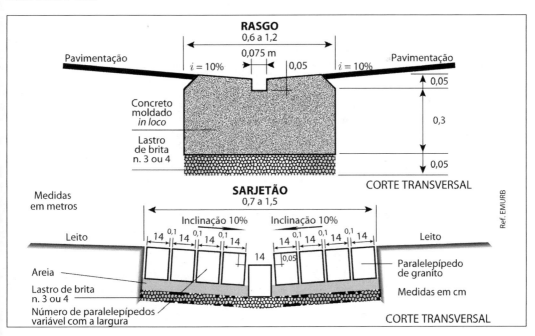

Nota: o autor recebeu uma crítica de conceituado arquiteto e urbanista. A solução "rasgo" seria uma armadilha para bicicletas e motocicletas, pois elas podem prender as rodas. Eu aceito a crítica e não recomendo mais rasgos, usemos sarjetões.

3.5 Dispositivos de captação e direcionamento de águas pluviais: bocas de lobo, bocas de leão, grelhas, ralos, bocas de lobo contínuas, canaletas de topo e de pé de talude

3.5.1 Introdução

O caminho natural para o escoamento das águas pluviais urbanas é a calha de rua. Às vezes, quando a vazão que passa é superior à capacidade de transporte de calha da rua, pode haver alagamento e até haver inundações,[3] cabe captar essa vazão excedente. Temos então que captar parcela das águas pluviais, usando dispositivos de captação.

Esses dispositivos são verdadeiras armadilhas e, como qualquer armadilha, exige uma armação prévia, pois "armadilha desarmada" não pega nada.

Água pluvial só entra na armadilha se:

- o dispositivo de captação estiver adequadamente localizado;
- o dispositivo de captação for adequado hidraulicamente;
- o dispositivo de captação estiver limpo e não estiver destruído.

Vejamos cada um dos tipos de armadilha de captação de águas pluviais.

3.5.2 Boca de lobo. Boca de leão.

Boca de lobo é a mais comum das captações.

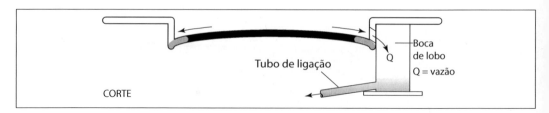

Na boca de lobo, a captação principal da água de sarjeta é feita horizontalmente.

A boca de lobo consiste de:

- rebaixamento da sarjeta (para facilitar a captação);
- guia chapéu (de concreto armado ou granito);
- caixa de captação (alvenaria de tijolo ou bloco de concreto);
- tampa de cobertura (concreto armado);
- conexão da caixa à galeria pluvial, por meio de tubos de concreto (ou manilha de grés cerâmico).

---

3   Neste livro, entendemos:
    Alagamento de calha – as águas pluviais só chegam a cobrir a superfície do leito carroçável. Já há perigo de aquaplanagem dos veículos;
    Inundação – as águas pluviais alcançam as calçadas e se elevam sobre elas.

A boca de lobo capta horizontalmente a água, exigindo para isso uma depressão (abaixamento) da sarjeta. Um outro tipo de boca de lobo é aquele que, além de captação horizontal pela guia chapéu, também capta verticalmente por meio de caixa, no leito de rua e grelha de ferro fundido, cobrindo essa caixa. É a chamada boca de leão. A ideia da grelha é para uma retenção de materiais grosseiros, que não deveriam ir para o sistema pluvial. As bocas de lobo com grelha sofrem muitas críticas[4] por exigirem limpeza periódica da grelha, limpeza esta de difícil garantia de ocorrência. Existe também o problema de roubo de grelha (de ferro fundido), gerando um local com rebaixo, de real perigo para transeuntes.

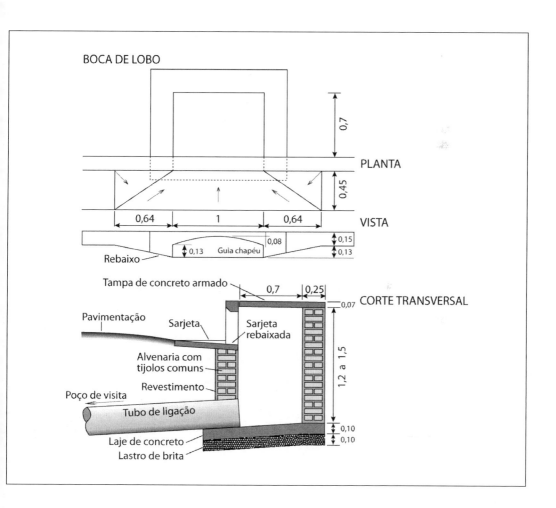

---

[4] Opinião de um dos colegas revisores deste livro: "Não concordo com essas críticas. O uso de bocas de lobo com grelhas continua firme. Senão, consulte o livro *Waste Water Engineering* de Metcalf and Eddy, p. 140 e seguintes, onde há um excelente desenho de boca de lobo, bem como outros assuntos de muito interesse".

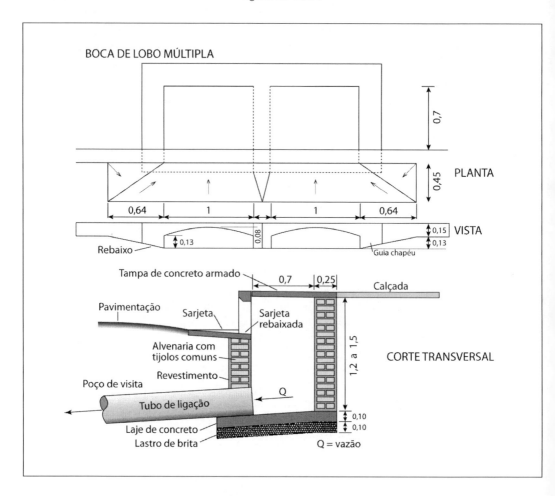

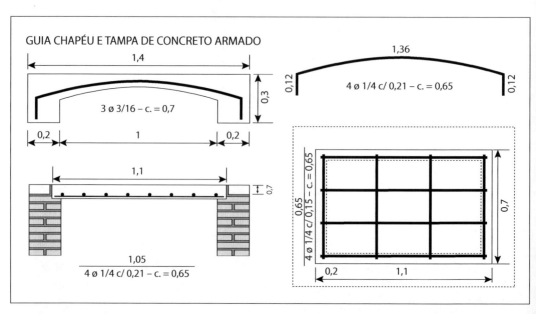

Aspectos gerais sobre a boca de lobo:

- A sujeira arrastada pelas águas pluviais a entope.[5] É necessário limpeza periódica e principalmente nas épocas que antecedem os períodos chuvosos.

- A tampa da boca de lobo é constantemente arrebentada pela passagem de rodas de carros que estacionam nas calçadas ou por manobras de carros e caminhões. Ver fotos no Anexo D, p.159 a 168. Muitas vezes fazem-se proteções a essas tampas contra a passagem de carros. Às vezes, alguns proprietários de lotes em frente trocam as tampas de concreto armado por chapas de aço, para evitar que elas se quebrem.

- Às vezes, as tampas de concreto armado são colocadas com faces invertidas (armação fica em cima e não embaixo, como deveria ser), facilitando sua destruição quando da passagem de roda de caminhões).

- O tubo de ligação da boca de lobo ao poço de visita, do ponto de vista hidráulico, não precisaria ter capacidade hidráulica superior à capacidade hidráulica de engolimento da boca de lobo. Desse ponto de vista, como a capacidade de engolimento da boca de lobo não supera (quando bem construída e bem limpa) 60 ℓ/s, o tubo de conexão (ligação) não precisaria ser superior a ø 200 mm. Na prática, usam-se diâmetros de até ø 400 mm. (e, às vezes, até mesmo maiores), para evitar o entupimento do tubo e facilitar a limpeza.

- Não se deve instalar bocas de lobo em frente às partes das edificações destinadas ao acesso de carros. Se o ponto considerado for ponto baixo, de necessário esgotamento, prefira usar a caixa de grelha, que permite a passagem de carros, sem maiores danos.

- Normalmente, a capacidade de engolimento de projeto de uma boca de lobo é fixada em 40 a 60 ℓ/s por unidade.

- Segundo a bibliografia n. 9 (Anexo I), a densidade de existência de bocas de lobo na área urbana na cidade é da ordem de 400 a 800 m² de rua por boca de lobo, isto considerando a área urbana abrangida pelo sistema de água pluviais.

- A localização das bocas de lobo é feita próxima ao cruzamento das ruas, mas não no limite desse cruzamento. Coloca-se algo a montante, deixando-se espaço livre pelo menos igual à largura da calçada, para facilitar a travessia de pedestres.

Nota: o desenho a seguir mostra um excesso de tubos chegando no PV-2. Seria o caso de tentar ligar B-1 com B-4 e deste chegar até PV-2. Analogamente, ligar com tubo B-3 com B-2, e depois ligar com PV-2.

---

[5] Ver jornal "O Estado de São Paulo", 20 set. 2010, p. C-4. O tempo de limpeza de boca de lobo com equipamento mecânico (bombas, carro de apoio etc.) dura cerca de meia hora, enquanto a limpeza em poços de visita entupidos e muito sujos dura cerca de três horas.

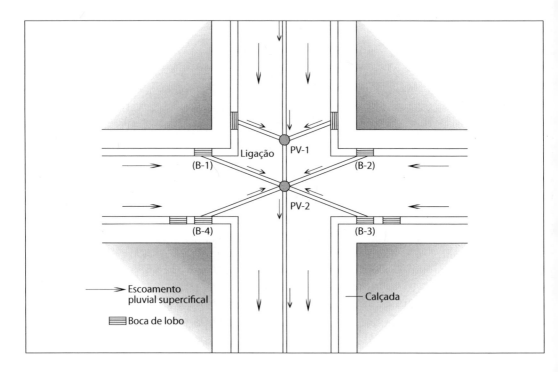

3.5.3 Caixas com grelhas. Ralos

Caixas com grelhas[6] são captações verticais de água. São usadas em locais planos (sem declividade transversal), no meio do leito carroçável, em frente às edificações onde há acesso de carros etc. Nos chamados calçadões, elas são intensamente usadas (ver Capítulo 8).

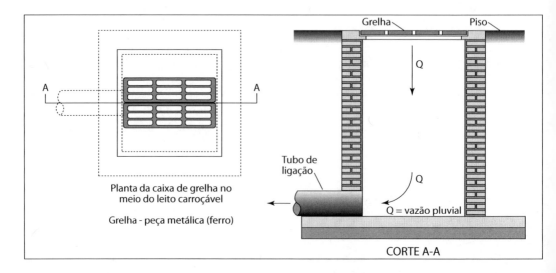

---

6 Em homenagem à Cidade Maravilhosa e aos colegas de lá, destaque-se que a denominação caixa de ralo é mais comum no meio técnico carioca, em vez de caixa com grelha.

A captação por grelhas compõe-se de:
- grelha de ferro fundido (às vezes de concreto) e telar (batente) de mesmo material;
- caixa de recepção (de alvenaria de tijolo ou bloco);
- tubo de ligação de água ao sistema principal (igual ao da boca de lobo).

Vantagens das caixas com grelhas:
- podem ser usadas em locais planos, ao contrário das bocas de lobo, que exigem rebaixamento do piso;
- permitem a passagem de rodas de carros sobre elas.

Desvantagens:

As desvantagens são as mesmas das bocas de leão:
- retém desnecessariamente sujeiras;
- são atraentes para o roubo.

Caixas de grelhas junto ao meio-fio

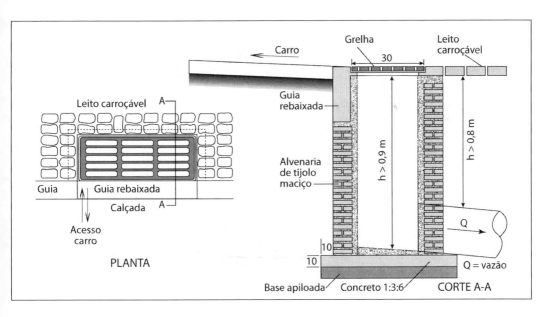

Observação: este desenho foi feito a partir do desenho padrão da SURSAN-GB.

Apresentamos, agora, alguns tipos de padrões de grelhas de ferro fundido cinzento, de fendas verticais, encontrados no mercado fornecedor. Elas servem tanto para caixas de grelhas como para boca de leão.

Ralos para águas pluviais[7]

Tipo 95 – quinze fendas - tipo leve	
A (mm)	870
B (mm)	290
C (mm)	980
D (mm)	370
H (mm)	120
Peso total kgf	95
Carga máxima no centro kg	6.700

Tipo 135 – quinze fendas - tipo pesado	
A (mm)	870
B (mm)	290
C (mm)	1.050
D (mm)	390
H (mm)	120
Peso total kgf	135
Carga máxima no centro kg	9.000

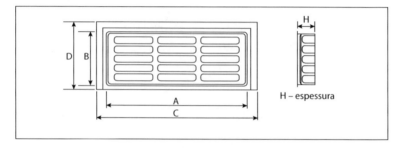

Tipo 119 – oito fendas	
A (mm)	607
B (mm)	311
C (mm)	745
D (mm)	417
H (mm)	115
Peso total kgf	119
Carga máxima no centro kg	8.100

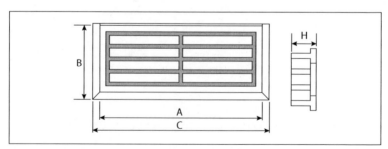

Nota: as grelhas são fabricadas em ferro fundido, concreto armado ou plástico reforçado.

---

7 Consultar e usar, preferencialmente, os ralos (grelhas) previstos na Norma ABNT NBR 10160/2005, específica para esse produtos.

Como se verá no Capítulo 8 deste livro (Calçadões), hoje prefere-se usar grelhas com fendas inclinadas, ao invés de grelhas com fendas verticais, por segurança para deficientes visuais (bengalas que podem ficar retidas) e mulheres (salto alto).

3.5.4 Bocas de lobo contínuas de captação

Em São Paulo, em algumas avenidas e viadutos, optou-se por implantar bocas de lobo contínuas de captação de águas pluviais.

Não há critérios hidráulicos para seu dimensionamento.

Suas dimensões são estabelecidas tendo em vista critérios construtivos e de facilidade de manutenção (limpeza).

As bocas contínuas de captação são geralmente mais custosas que a construção de uma série de bocas de lobo. Têm a vantagem, entretanto, de dar melhor e mais confiável captação de águas, pois, pelo seu comprimento de captação, elas são à prova de entupimento.

São usadas normalmente quando o curso de água receptor está próximo (por exemplo, em avenidas marginais aos córregos).

Exemplo em São Paulo: Avenida Marginal do Rio Pinheiros, Zona Sul da cidade de São Paulo – Santo Amaro (Bairro Chácara Santo Antônio).

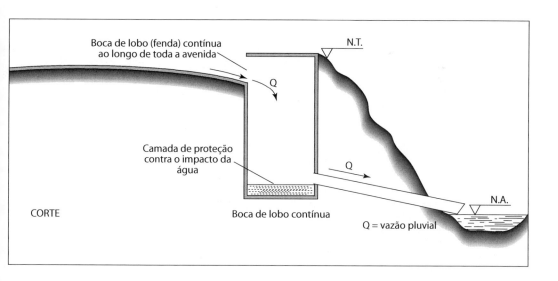

3.5.5 Canaletas de topo e de pé de talude

Essas canaletas são utilizadas na interceptação e direcionamento de águas pluviais para proteção de topo e pé de taludes de solos. Ao interceptar e direcionar as águas pluviais, impedem que as mesmas, com alta velocidade, erodam a face do talude (que se recomenda estar coberto por vegetação ou por camada asfáltica).

O destino das águas interceptadas superiormente será finalmente uma rampa, uma escadaria ou uma tubulação de águas pluviais. Veja a planta e corte dessas canaletas:

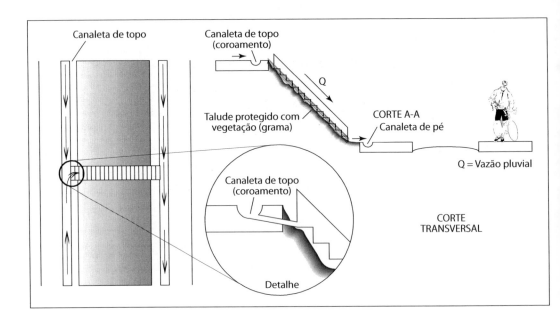

Para construir essas canaletas, podem-se usar tubos de concreto cortados a meia-cana e outras seções de concreto com ou sem armação (moldados *in loco* ou pré-moldados). Pode-se usar, também, alvenaria ou aduelas.

Veja um outro exemplo de canaleta:

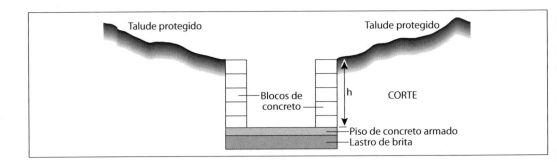

3.6 Tubos e galerias de condução de águas pluviais

3.6.1 Tipos de tubos

As águas coletadas nas bocas de lobo ou caixas de grelhas são esgotadas pelos tubos de ligação. Esses tubos são de diâmetro 300 mm ou 400 mm, ou até 600 mm, quando servem para esgotar conjuntos de bocas de lobo.

Esses tubos conectores encaminham as águas até a canalização principal, geralmente de diâmetro mínimo de 400 mm. Esses tubos principais são de concreto simples ou concreto armado. Seus diâmetros mais comuns são (mm) 400, 500, 600, 700, 800, 900, 1.200, 1.500, chegando às vezes até a 2.000 mm.

Agora, uma pergunta: como escolher entre tubo de concreto simples ou armado, e quais suas classes?

Claro está que um dos critérios básicos de escolha é a capacidade dos tubos resistirem aos esforços externos (causados pelo peso do terreno e as cargas móveis).

Passemos a estudar esses tubos. Eles são de dois tipos principais: tubos de concreto simples (não armados) e tubos de concreto armado.

3.6.2 Tubos de concreto simples

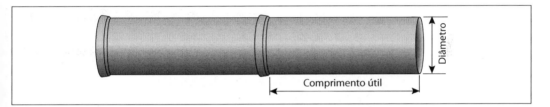

DN	Compressão diametral de tubos simples	
	Água pluvial – classes Carga mínima de ruptura kN/m	
	PS1	PS2
200	16	24
300	16	24
400	16	24
500	20	30
600	24	36

Ver Norma NBR 8.890/errata 2008, "Tubos de concreto de seção circular para águas pluviais e esgotos sanitários".

Os tubos de concreto simples podem ser:
- de junta elástica (uso na junta de um anel de borracha) ou de junta rígida (preenchida com argamassa de cimento e areia);
- cada um desses dois tipos de junta pode ser usado em tubo com extremidade macho e fêmea ou extremidade ponta e bolsa.

A tendência no futuro é usar tubos com junta flexível (sofre menos com o ajuste do tubo ao terreno) e extremidade de ponta e bolsa.

3.6.3 Tubos de concreto armado

Classes – compressão diametral de tubos armados e/ou reforçados com fibras de aço								
DN	Carga mínima de fissura (tubos armados) ou carga isenta de danos (tubos reforçados com fibras) kN/m				Carga mínima de ruptura kN/m			
	PA1	PA2	PA3	PA4	PA1	PA2	PA3	PA4
300	12	18	27	36	18	27	41	54
400	16	24	36	48	24	36	54	72
500	20	30	45	60	30	45	68	90
600	24	36	54	72	36	54	81	108
700	28	42	63	84	42	63	95	126
800	32	48	72	96	48	72	108	144
900	36	54	81	108	54	81	122	162
1.000	40	60	90	120	60	90	135	180
1.100	44	66	99	132	66	99	149	198
1.200	48	72	108	144	72	108	162	216
1.500	60	90	135	180	90	135	203	270
1.750	70	105	158	210	105	158	237	315
2.000	80	120	180	240	120	180	270	360

Notas:

1. Analogamente para os tubos de concreto simples vale para os tubos de concreto armado a Norma NBR 8890/ABNT.

2. Analogamente para os tubos de concreto armado valem os tipos de junta elástica (com anel de borracha) e de junta rígida (argamassa de cimento e areia) e as extremidades tipo macho e fêmea e extremidade ponta e bolsa, havendo a tendência de se concentrar no uso de tubos de concreto armado com ponta e bolsa e junta flexível.

3. A citada norma, que abrange também os tubos de concreto para esgotos sanitários, faz para estes últimos, exigências mais severas (em relação aos tubos para águas pluviais), face aos problemas de saúde pública, no caso de falhas.

4. Para escolher as classes de tubos (simples ou armado), consultar a norma, e, como sugestão, utilizar informações disponíveis no site da Associação Brasileira de Fabricantes de Tubos de Concreto – ABCT <www.abct.com.br>.

3.6.4 Informações adicionais

Normalmente, limita-se o máximo diâmetro de tubo a usar em galerias pluviais ao tamanho de 1,50 m, sendo que algumas prefeituras optam por limitá-lo ao tamanho de 1,20 m. Face a isso, o uso de tubo com diâmetro de 2.000 mm é extremamente raro, devido ao grande peso desses tubos e à consequente dificuldade de manuseio. Por tudo isso, as fábricas não fabricam em série esse tubo de diâmetro de 2.000 mm.

Quando a capacidade a transportar exige maiores vazões que a capacidade dos tubos de diâmetro de 1,50 m, a solução será partir para seções de concreto armado moldadas *in loco* (aduelas).

Quanto às seções moldadas *in loco*, no passado se usavam elípticas, ovoides abatidas etc. Ver Norma NBR 15396/2006 "Aduelas (galerias celulares de concreto armado pré-fabricadas) Requisitos e métodos de ensaio".

A realidade atual mostra que essas seções são muito custosas, face ao custo de formas e dificuldades de construção.

A opção será então partir para galerias de concreto armado moldadas *in loco*, com seções retangulares (aduelas).

Agora, uma observação sobre as classes de tubos (simples e armado). Só se pode falar honestamente em classes quando o cliente as exige, faz testes de recebimento e rejeita e pune fornecimentos de tubos (e outros produtos) fora de especificação.

Tão importante quanto comprar adequadamente tubos (usando as especificações) é controlar sua qualidade no recebimento, a sua colocação na vala e as condições de reaterro. Adequadas condições de berço e reaterro compactado formam uma envoltória no tubo, protegendo-o contra cargas externas, ou seja, aumentam a sua capacidade de resistir. Vejamos quatro tipos de formas de assentamento de tubos: o condenável, o aceitável e os dois ideais.

Tipos de assentamentos

a) Assentamento com base condenável. Esse tipo de assentamento não deve ser usado.

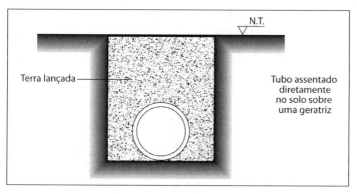

b) Assentamento com base aceitável (comum)

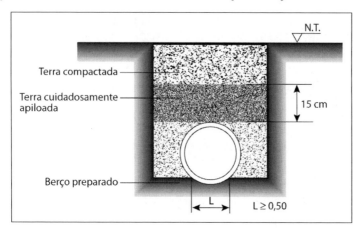

c) Assentamento com base de 1ª classe – ideal

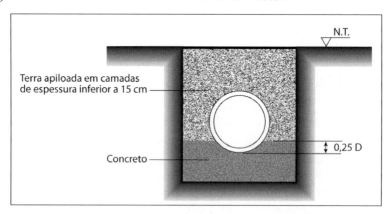

d) Assentamento com base de concreto – ideal (mais caro)

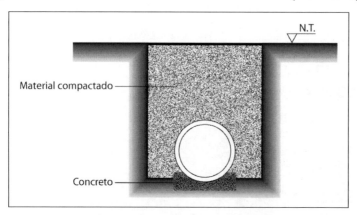

Observação: a compactação (apiloamento) da terra envolta do tubo é fundamental para criar uma envoltória de proteção do tubo contra as cargas externas. Para se criar esse envelope de proteção, deve-se compactar a terra em camadas não superiores a 20 cm, garantindo-se assim um controle de compactação por fatias.

3.7 Poços de visita. Tampões e grelhas

A Norma de tampões e grelhas é a NBR 10160 "Tampões e grelhas de ferro fundido dúctil. Requisitos e métodos de ensaio".

A função dos poços de visita (PV) é permitir a inspeção, limpeza e desobstrução de galerias enterradas por operários que entram nessas instalações ou por uso de equipamento mecânico.

São instaladas também PV em:

- cruzamentos de ruas;
- quando a galeria tem o diâmetro de um de seus tubos aumentado;
- quando ocorre mudança de direção de galeria;
- a montante da rede (quando a rede nasce);
- trechos muito longos de galeria sem inspeção.

Em cidades planas, onde a ocorrência de entupimentos tende a ser maior devido às menores velocidades de água que ocorrem, deveria haver uma maior densidade de poços de visita. Em cidades de alta declividade, essa densidade pode diminuir.

Exemplo de rede pluvial e PV:

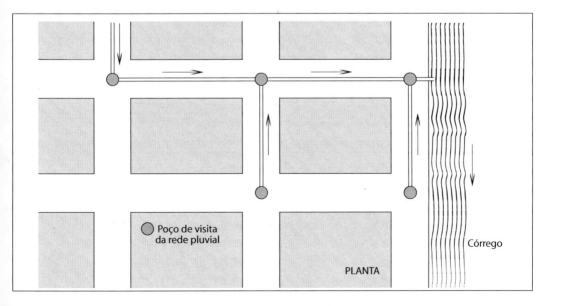

3.7.1 Informações sobre PV

Não exagere o número de PV na sua rede. PV custa caro.

Não coloque estribo (escada) no PV.[8] A escada do PV sofre oxidação (ferrugem) e não tem confiabilidade. PV não deve ter escada. O operador deverá usar uma escada portátil.

Teoricamente, só ocorre vazão na rede pluvial na época de chuva. Não acredite. Às vezes (muitas vezes), muitas outras águas chegam ao sistema pluvial. Em um bairro dotado de rede de esgotos, onde a galeria pluvial ficava seca fora da época de chuva, um operador entrou dentro da tubulação (ø 1,50 m) para inspeção. Quando aí estava, uma descarga inesperada o levou tubo abaixo. O que teria acontecido?

Razão: uma casa nas proximidades tinha a descarga da piscina ligada à galeria pluvial e por azar descarregou nessa hora.

Olhemos agora para detalhes do PV.

Tabela de variação da dimensão A em função do maior diâmetro D			
D (mm)	A (mm)	D (mm)	A (mm)
< 600	1,20 (mínimo)	900	1,70
600	1,40	1.000	1,80
700	1,50	1.200	2,00
800	1,60	1.500	2,30

(ver página a seguir)

---

8 Opinião do autor, rigorosamente em desacordo com a prática no Brasil.

Elementos constituintes de um adequado sistema pluvial urbano 49

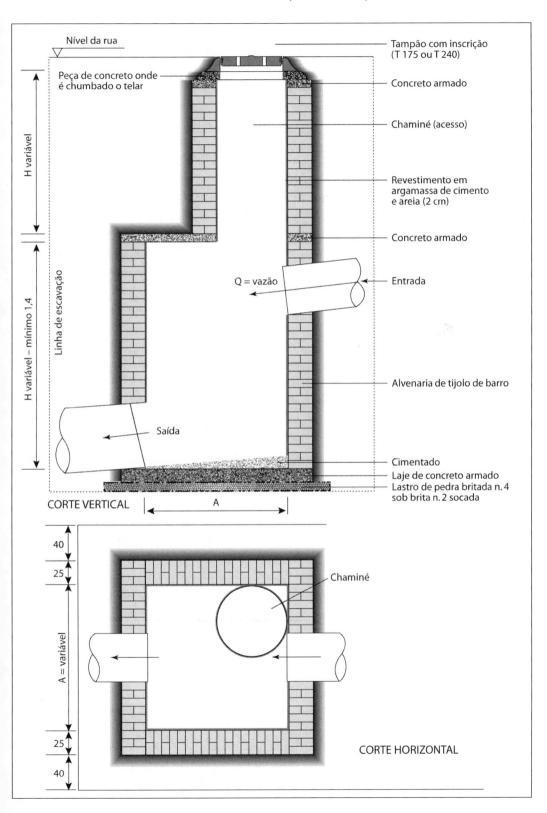

Sugestão estrutural da laje do poço de visita

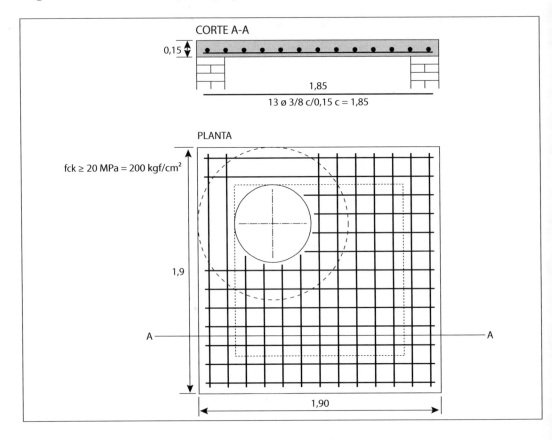

Informações sobre tampões:

- O tampão é o conjunto tampa (retirável) circular e o telar (peça de ferro fundido engastada no poço de visita, sendo, pois, fixo). O tampão se encaixa no telar.
- Tampão de ferro fundido para uso em sistemas pluviais, pode ser vazado ou não vazado. Os vazados são retirados com maior facilidade. Tubos de esgoto devem ser não vazados, face ao problema de emanação de cheiro.
- A tampa circular tem nervuras inferiores que permitem travar essa tampa com o telar, bastando para isso girar levemente a tampa.
- Em algumas cidades, usam-se tampões com articulações, para diminuir roubos. Articulações podem quebrar e causar problemas nos pneus dos carros.

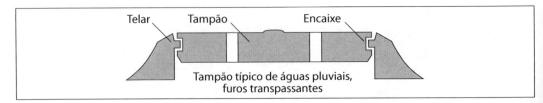

Informações sobre grelhas:

Normalmente: as grelhas são de ferro fundido; mas, devido a roubos, elas são produzidas alternativamente de concreto armado ou plástico reciclado reforçado.

3.8 Rampas e escadarias hidráulicas

3.8.1 Rampas

Rampas são canais usados para conduzir águas de posições altas para posições mais baixas, com pequena extensão.

Sua declividade resultante (i), portanto, é alta. Veja os exemplos:

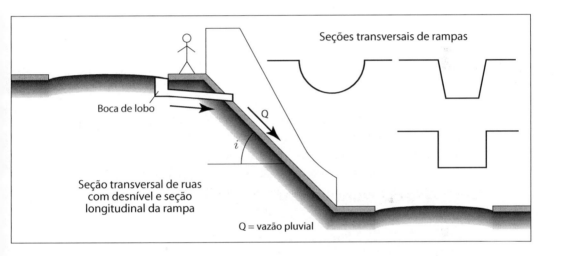

Considerando-se as altas velocidades que as águas têm ao descer pelas rampas, é extremamente difícil analisar hidraulicamente seu funcionamento. Lembremos que as fórmulas hidráulicas foram estabelecidas para regimes de menores velocidades (condição fluviais).[9]

O melhor critério é adotar uma velocidade limite de referência ($V = 3$ m/s), admitir que a capacidade da rampa será $Q = S \cdot V$ e aceitar essa capacidade como a capacidade de referência limite. Para os casos em que se usam rampas com declividades menores, então o seu dimensionamento poderá se fazer baseado na Lei de Chézy (Anexo B, item B.5).

Como a velocidade nas rampas é sempre alta, a possibilidade do material de revestimento ser erodido é grande.

---

9 Na engenharia rodoviária, as rampas são chamadas, às vezes, de "rápidos".

Exemplo de dimensionamento de rampa

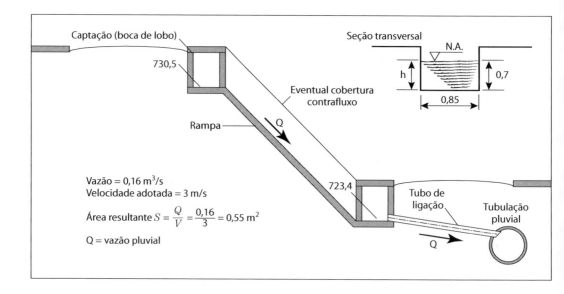

Se alguém disser que a erosão no revestimento de rampa não preocupa pelo fato de o escoamento de águas só de dar em dias de chuva, cabe aqui ressaltar a realidade. Pelas sarjetas das ruas e pelas rampas, além de águas de chuva, escoam também:

- esgotos sanitários, em bairros sem sistema pluvial;
- águas de rebaixamento de lençol freático de prédios em construção e de prédios que têm garagem muito profunda, exigindo constante bombeamento da água de lençol freático para evitar inundações das garagens;
- às vezes, esgotos industriais, disposição de águas de refrigeração;
- às vezes, águas de refrigeração contaminadas.

Como as velocidades nas rampas são sempre altas, a chegada dessas águas em pontos mais baixos pode provocar ressaltos (elevações de água). Dispositivos de amortecimento de chegada dessas águas, ou coberturas do trecho final da rampa, poderão ser úteis para evitar a saída de água do sistema.

3.8.2 Escadarias hidráulicas

Quando há a necessidade de conduzir água de pontos altos para pontos baixos, podemos usar:

- rampas (já vistas) onde a descida é em declividade contínua;
- escadarias hidráulicas onde a descida é descontínua, usando-se degraus.

As escadarias hidráulicas são muito usadas em:

- loteamentos urbanos em áreas íngremes, áreas industriais;
- taludes e estradas.

Há dois tipos básicos de escadarias hidráulicas:

Tipo 1 - com colchão de água;
Tipo 2 - sem colchão de água.

Exemplos ilustrativos:

1. Escadaria com colchão de água

Na escadaria com colchão de água, a água vai caindo, não sobre o piso da escada, mas sobre um colchão de água.

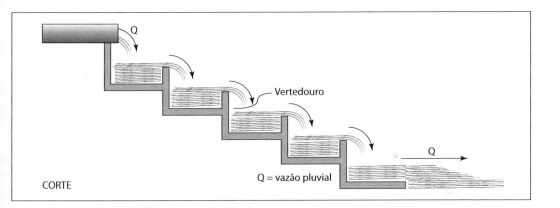

A vantagem do colchão de água é fazer com que diminua a erosão no piso do pavimento.

Há o interesse de que, finda a chuva, a água represada no colchão escoe, evitando a formação de locais de proliferação de mosquitos. Para se conseguir esse intento, usam-se:

- tubos drenantes;
- rasgos de cima a baixo no vertedor.

2. Escadaria sem colchão de água

É a mais simples das escadarias. São pisos sucessivos que vão recebendo as águas que vão rolando e caindo.

Desvantagem: ação erosiva das águas sobre a base da escadaria.

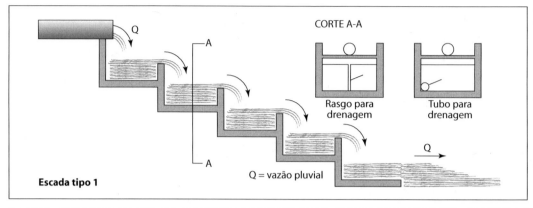

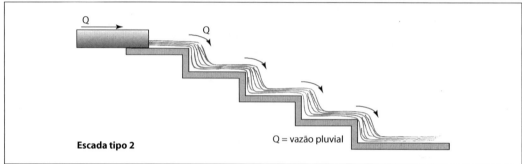

Observações quanto às escadas hidráulicas:

As escadas hidráulicas são muitas vezes usadas erroneamente pela população para vencer desníveis, ou seja, são transformadas em escadas humanas.

Isso muitas vezes é um perigo, mormente em épocas de chuva. Como combater isso? Facilmente:

a) fazendo-se, próxima à escada hidráulica, uma escada humana confortável, ou seja, com adequado projeto, corrimão etc.
b) fazendo a escada hidráulica desconfortável. Esforçando-se por atender ao item a, não é necessário caprichar no item b.

Quanto a detalhes construtivos de escadas hidráulicas citem-se as referências bibliográficas ns. 16 e 72, a saber: "Padronização – Dispositivos de Drenagem Superficial", de autoria do Eng. Luiz Miguel de Miranda e "Cadernos de Projetos", da RENURB de Salvador, Bahia. Esses documentos infelizmente não estão editados comercialmente, o que dificulta a sua divulgação; o que é uma pena, pois os mesmos agregam singular e valiosa experiência.

Quanto ao dimensionamento hidráulico das escadas, na publicação "Drenagem Superficial e Subterrânea de Estradas", de Renato Michelin (referência bibliográfica n. 71), há elementos.

O saudoso Prof. Azevedo Netto forneceu as referências bliográficas ns 73, 74 e 75.

O Eng. Acácio E. Ito, em trabalho do Curso de Mestrado para a Escola Politécnica da USP (julho, 1976), apresentou o relatório "Projeto de Degraus e Dissipadores de Energia em Canais", relatório esse que representa o Estado da Arte sobre o assunto. Como conclusão desse relatório, o Eng. Ito recomenda para o caso de pequenas vazões o chamado "Método de Domingues", método esse apresentado no livro *Hidráulica*, de Francisco J. Domingues S. Terceira Edición Editorial Universitaria S.A. – 1959, Santiago do Chile.

Agora, uma observação: todas as referências até aqui expostas apresentam caminhos não simples para resolver o assunto escadarias hidráulicas. No projeto de pequenas escadarias seria extremamente complicado utilizar os procedimentos expostos nas referências bibliográficas citadas. Temos, pois, que adotar outros caminhos. E o que se faz então no dia a dia do projetista de sistemas pluviais? O dimensionamento de escadas hidráulicas sem colchão de água é feito admitindo-se que a mesma funcione, patamar por patamar, como vertedor de soleira espessa, e no caso de escada hidráulica com colchão de água, que ela trabalhe como vertedor de soleira delgada.

Exemplo de dimensionamento de escada sem colchão de água (analogia com o vertedor de soleira espessa). Vazão de 0,46 m³/s e largura de escada de 0,85 m.

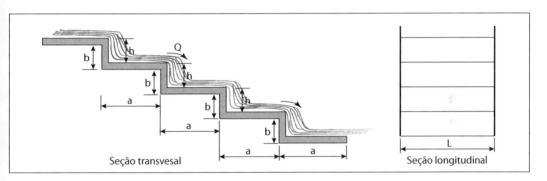

Corte longitudinal

$Q = 1,7 \cdot L \cdot H^{3/2}$ - Vazão m³/s
L - Largura de escada (m) = 0,85 m
H - Altura de água (m)
$Q = 0,46$ m³/s

Logo,
$0,46 = 1,7 \times 0,85 \times H^{3/2}$
$L = 0,85$ m
$H^{3/2} = 0,18$
$H = 0,47$ m

Adotaremos a ≅ 2H e b ≅ H. Logo, $a \cong 0,94$ m; $b = 0,47$ m. Vertedouro de soleira espessa.

3.9 Dispositivos de chegada de águas pluviais em córregos e rios

As águas pluviais, ao chegarem nos rios e córregos, não devem causar perturbações ou erosões no corpo do receptador.

Veja um exemplo de chegada de uma tubulação pluvial em um córrego com dispositivo adequado. Usa-se, também, assoalhar com pedras ou capa de concreto, para que o despejo de água pluvial no rio não provoque erosão.

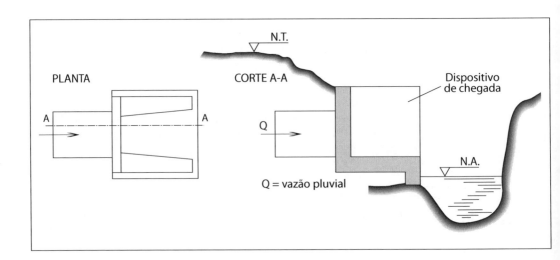

Ver anexo G.

3.10 Revestimento de taludes

Os taludes são, regra geral, superfícies de terreno de grande ângulo com a horizontal. As águas, ao chegarem aos taludes, escoam por sua superfície em grande velocidade. Essa grande velocidade causa erosão. Como evitar? Soluções:

1. Não deixar águas de áreas próximas escoarem pelo talude. Consegue-se isso criando a canaleta de topo de talude. Essa canaleta impede a chegada de água de regiões próximas. Mas ela não impede a chegada de água que cai no próprio talude.
2. Revestir o talude, ou com camada de asfalto, ou com grama, ou outro material.

Estudemos mais o revestimento com grama. A grama colocada de várias maneiras (exemplo: placas) cresce ao longo do talude, revestindo-o. A água, ao cair sobre o talude revestido com grama, em parte infiltra-se, e a parte excedente não causará mais erosão, pois as velocidades superficiais de água não serão grandes. A grama impede o ataque físico de carreamento do solo pela água.

Veja:

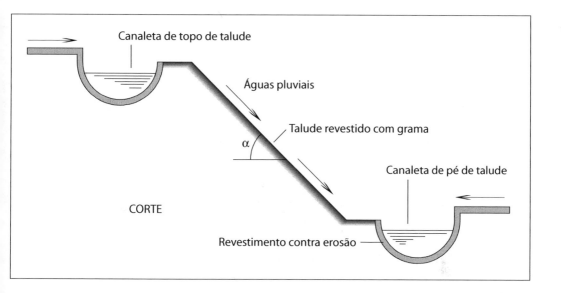

Ver Capítulo 7, item 14.

Nota:

Pondera o colega Leandro Cittadin que a chegada de uma tubulação pluvial em um córrego ou um rio não deve ter forma perpendicular, pois isso pode gerar erosão no corpo receptor. O ideal é a chegada com direção inclinada. O autor MHC Botelho concorda com essa orientação e sugere que o encontro dos dois corpos de água seja revestido para evitar ao máximo essa erosão.

Aqui você faz suas anotações pessoais

Capítulo 4
Aspectos legais quanto às águas pluviais
Código Civil e legislações municipais

As águas, ao cairem no terreno, escoam por áreas de múltiplos usos e de múltiplos proprietários. O escoamento pluvial pode gerar, com isso, conflitos de uso, exigindo normas que disciplinem o relacionamento humano quanto a eles.

O Código Civil prevê que proprietários de jusante (B) não podem impedir o livre e natural escoamento de águas superficiais de montante (A), ou seja, o vizinho de baixo tem que receber as águas pluviais do vizinho de cima. Veja:

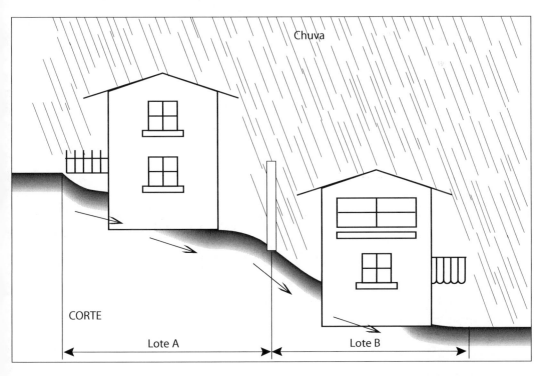

4.1 Extratos do Código Civil (Lei Federal n. 10.406, de 10 de janeiro de 2002) sobre sistemas de águas pluviais, prediais e urbanos

Das Águas

Art. 1.288 — O dono ou possuidor do prédio inferior é obrigado a receber as águas que correm naturalmente do superior, não podendo realizar obras que embaracem o seu fluxo; porém a condição natural e anterior do prédio inferior não pode ser agravada por obras feitas pelo dono ou possuidor do prédio superior.

Art. 1.289 — Quando as águas, artificialmente levadas ao prédio superior, ou aí colhidas, correrem dele para o inferior, poderá o dono deste reclamar que se desviem, ou se lhe indenize o prejuízo que sofrer.

Parágrafo único — Da indenização será deduzido o valor do benefício obtido.

Art. 1.290 — O proprietário da nascente, ou do solo onde caem águas pluviais, satisfeitas as necessidades de seu consumo, não pode impedir, ou desviar o curso natural das águas remanescentes pelos prédios inferiores.

Art. 1.291 — O possuidor do imóvel superior não poderá poluir as águas indispensáveis às primeiras necessidades da vida dos possuidores dos imóveis inferiores; as demais, que poluir, deverá recuperar, ressarcindo os danos que estes sofrerem, se não for possível a recuperação ou o desvio do curso artificial das águas.

Art. 1.292 — O proprietário tem direito de construir barragens, açudes, ou outras obras para represamento de água em seu prédio; se as águas represadas invadirem prédio alheio, será o seu proprietário indenizado pelo dano sofrido, deduzido o valor do benefício obtido.

Art. 1.293 — É permitido a quem quer que seja, mediante prévia indenização aos proprietários prejudicados, construir canais, através de prédios alheios, para receber as águas a que tenha direito, indispensáveis às primeiras necessidades da vida, e, desde que não causem prejuízo considerável à agricultura e à indústria, bem como para o escoamento de águas supérfluas ou acumuladas, ou a drenagem de terrenos.

§ 1º Ao proprietário prejudicado, em tal caso, também assiste direito a ressarcimento pelos danos que de futuro lhe advenham da infiltração ou irrupção das águas, bem como da deterioração das obras destinadas a canalizá-las.

§ 2º O proprietário prejudicado poderá exigir que seja subterrânea a canalização que atravessa áreas edificadas, pátios, hortas, jardins ou quintais.

§ 3º O aqueduto será construído de maneira que cause o menor prejuízo aos proprietários dos imóveis vizinhos, e a expensas do seu dono, a quem incumbem também as despesas de conservação.

Art. 1.294 — Aplica-se ao direito de aqueduto o disposto nos arts. 1.286 e 1.287.

Art. 1.295 — O aqueduto não impedirá que os proprietários cerquem os imóveis e construam sobre ele, sem prejuízo para a sua segurança e conservação; os proprietários dos imóveis poderão usar das águas do aqueduto para as primeiras necessidades da vida.

Art. 1.296 — Havendo no aqueduto águas supérfluas, outros poderão canalizá-las, para os fins previstos no art. 1.293, mediante pagamento de indenização aos proprietários prejudicados e ao dono do aqueduto, de importância equivalente às despesas que então seriam necessárias para a condução das águas até o ponto de derivação.

Parágrafo único *— Têm preferência os proprietários dos imóveis atravessados pelo aqueduto.*

Vê-se na legislação (e outras) a preocupação de deixar livre o escoamento de água e preservar áreas laterais ao córrego para:
- deixar este curso de água ter enchentes sem inundar;
- deixar espaço junto às margens dos rios para obras tipo rede de esgoto, que sempre devem ocupar os fundos de vale.

O autor soube de um caso muito curioso de aplicação dessa legislação. Um córrego atravessava diagonalmente um terreno vago de alto valor comercial na área suburbana de uma cidade. Ao apresentar o projeto de construção de galpões industriais nesse terreno, o proprietário apresentou o projeto completo de canalização de córrego, prevendo a mudança de posição do rio para permitir um melhor uso do terreno. Veja:

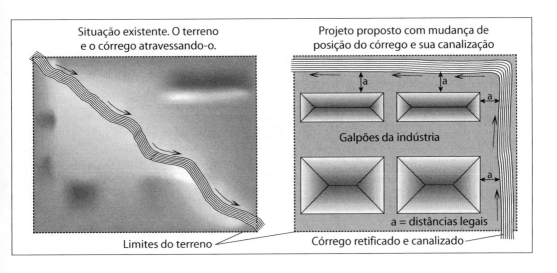

No projeto proposto, os galpões desse terreno guardavam distância em relação ao rio de acordo com a legislação.

O que o projeto não dizia era que a nova localização do córrego (junto aos limites do terreno) encostava-o a outros prédios já existentes.

A verdade era a seguinte, se o projeto fosse aprovado:

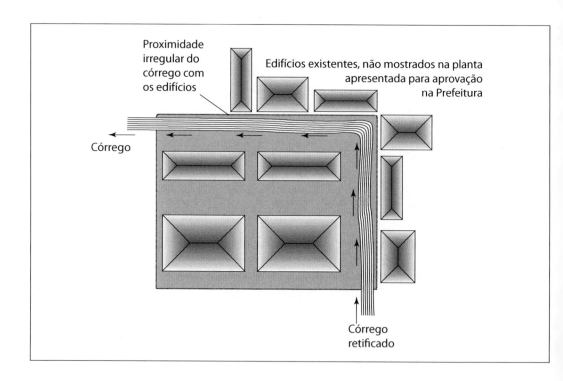

Na verdade, o projeto não obedecia a lei, ou seja, não deixava à direita a faixa *non aedificandi* necessária.

Nota: cada município, em função de seu Código de Obras e Leis de Zoneamento, pode estabelecer mais ou menos restrições em função das características locais. Na década de 1950, na cidade de São Paulo, a prefeitura, face a enorme deficiência na época da rede de esgotos da cidade (serviço estadual), autorizou "provisoriamente" em bairros sem sistema de esgotos, o lançamento de esgotos sanitários na rede pluvial (via bocas de lobo). **O provisório, ficou definitivo.** Quando chegou a rede de esgoto, por comodismo e para não quebrar pisos, os esgotos de muitas residências continuaram a ser lançados na rede pluvial da cidade.

Capítulo 5
Patologias do sistema pluvial
Erros de projeto, erros de construção, falta de manutenção

5.1 Introdução

Quanto mais superficial e livre for o sistema pluvial, menores são os seus problemas de uso. Por exemplo, sempre prefira usar sarjetões à solução de captação por bocas de lobo e galeria enterrada.

Prefira também córregos com margens livres e fundos de vale liberados a córregos canalizados e cobertos.

As obras de captação de águas pluviais (bocas de lobo, grelhas) e as obras enterradas de águas pluviais (tubulações pluviais) são construções artificiais. São essas obras artificiais, verdadeiras armadilhas para as águas pluviais. Armadilhas para funcionarem pressupõem:

a) localização adequada;

b) limpeza da captação (boca de lobo entupida não pega nada);

c) não entupimento da canalização de esgotamento da água captada na boca de lobo;

d) combate às danificações do sistema boca de lobo com tampa quebrada; poço de visita com tampão coberto por asfalto etc.;

e) conhecimento do sistema (cadastro das instalações).

Mostra a experiência que é difícil manter adequadamente um sistema pluvial. Como combater as doenças pluviais? Com medidas preventivas:

- bons projetos;
- boas construções.

Com medidas corretivas:
- boa operação;
- boa manutenção.

E colaboração da população (não jogando lixo nas ruas).

5.2 Exemplos de problemas em sistemas pluviais

Exemplo n. 1

Em um loteamento em cidade de médio porte, muitas ruas de alto nível terminavam em pequenas praças sem retorno.

Essas praças situavam-se em pequenos *plateaus*, em nível bem mais baixo que a rua principal.

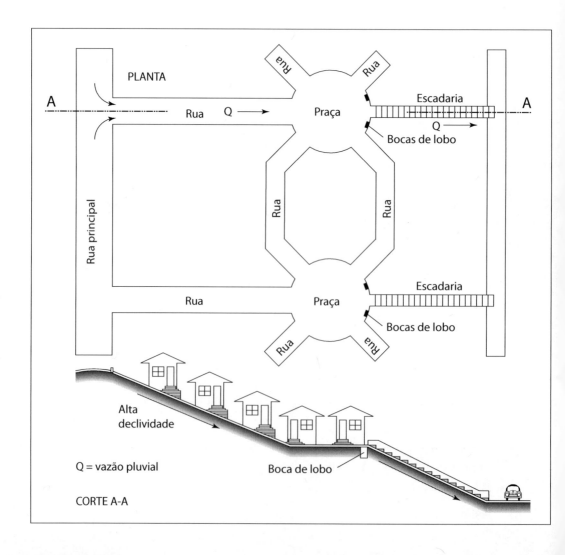

O projetista do sistema pluvial fez os cálculos das vazões que chegariam a essas pequenas praças e viu que duas bocas de lobo por praça eram suficientes para recolher as águas e conduzi-las até a escadaria hidráulica.

Quando o loteamento ficou pronto, as águas que chegavam com altas velocidades ao *plateau* não se dirigiam para as bocas de lobo, mas passavam por sobre a guia e desciam os taludes, erodindo-os. A escadaria ficava seca. O que acontecera?

É que quando se tem uma rua com declividade transversal e longitudinal, pode-se garantir que as águas que escoarão pelas sarjetas serão recolhidas pelas bocas de lobo.

No caso da pracinha no fim da rua, não havia direcionamento para dirigir as águas. A localização das bocas de lobo tinha sido aleatória. As águas seguiram caminhos próprios. As águas não entram nas bocas de lobo porque assim o desejamos. Entram quando as bocas de lobo são armadilhas bem armadas. No caso, as armadilhas estavam mal-armadas. As águas não foram captadas por elas e desceram pelo talude de terra (erodindo-o).

Qual teria sido a solução correta?

- captar as águas antes delas chegarem às praças, captando-as nas sarjetas das ruas; ou
  - fazer uma grelha contínua ao longo de toda a praça (solução mais cara); ou
  - com sarjetões, criar direcionamento das águas para as bocas de lobo.

Exemplo n. 2

Um dia, em uma cidade de pequeno porte, decidiu-se construir uma avenida atravessando uma zona que, em passado recente, fora local de depósito de lixo, lixo esse que fora aterrado.

Foi realizado o projeto da avenida e do seu sistema pluvial (bocas de lobo, tubos etc.).

Hoje, passados quase dez anos de construção da avenida, tudo já está invertido. A água não corre para as bocas de lobo e, quando chove, formam-se grandes poças de água sem esgotamento.

O que aconteceu?

É que a avenida recalcou, se adaptou ao terreno em permanente acomodação (lixo se decompondo e perdendo volume). Com isso, todo o sistema de esgotamento pluvial se perdeu, e, hoje, em dia de chuva, é um perigo andar pela avenida, pois cada carro joga água para todo lado, dificultando a visão dos carros que vêm atrás.

Como o leitor resolveria a questão do projeto do sistema pluvial de uma área em processo permanente de recalque e afundamento?

Aqui você faz suas anotações pessoais

Capítulo 6
Especificações para projeto de sistemas pluviais[1]

6.1 Algumas palavras filosóficas

Antes de se projetar um sistema pluvial, devemos sempre filosofar um pouco sobre:

- o que ele é;
- para o que ele serve.

Por tradição, no Brasil, procura-se (ou melhor, deseja-se) fazer com que a rede pluvial receba tão somente águas de chuva, e a rede de esgoto sanitário receba tão somente afluentes sanitários e alguns tipos controlados de despejos industriais.

Se tudo funcionasse assim, teríamos o *sistema separador absoluto*. Lembramos, ao contrário, que na França e Alemanha funciona em muitos lugares o *sistema unitário*, ou seja, uma única canalização recebe esgotos sanitários e águas pluviais.

Mas voltemos ao nosso sistema separador absoluto. Na prática, o que realmente chega em cada uma das redes pluviais é:[2]

- água pluvial;
- ligação clandestina de esgotos sanitários;
- ligações clandestinas de despejos industriais;
- detritos sólidos das ruas, quando da lavagem dessas ruas;
- águas de rebaixamento de lençol freático;
- extravasão de reservatórios de água;
- descargas de piscinas;

---

[1] Lamentavelmente, o Brasil ainda não possui, neste ano de 2017, uma norma ABNT de projeto de sistemas pluviais urbanos.
[2] Da análise do quadro, chega-se a uma interessante conclusão: a rede pluvial é menos restritiva, é mais liberal, do que a rede de esgotos quanto ao tipo de refugo que admite.

- detritos de toda ordem;
- etc. etc. etc.

O que na verdade chega na rede de esgoto sanitário:

- esgotos sanitários;
- despejos industriais (clandestinos ou não);
- ligação clandestina de águas pluviais;
- etc. (mas menos etc. que na rede pluvial).

Apesar dessa confusão de ligações e conexões, devidas e indevidas, permanece o princípio teórico de que o sistema pluvial carrega águas não poluidoras, e o sistema de esgotos carrega águas poluidoras (águas negras).[3]

Teoricamente (eu falei, teoricamente), o sistema de esgotos sanitários não pode e não deve descarregar suas águas em qualquer local. A rede de esgotos, depois de percorrer rua por rua, sem deixar de passar por nenhuma delas, coletando águas negras, deveria se conectar a interceptores, e estes, a emissários, que levariam os esgotos, ou até um local de tratamento, ou dispor os esgotos sem tratamento em um rio caudaloso, mas distante da cidade geradora dos despejos.

A filosofia da rede de esgotos sanitários é, pois:

- existir em todas as ruas;
- lançar o esgoto coletado em locais especialmente selecionados, tendo ou não tratamento.

Veja abaixo croqui ideológico da rede de esgoto sanitário.

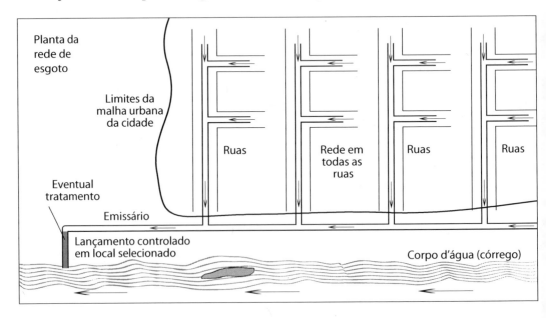

---

[3] Quanto ao problema de qualidade das águas produzidas pelas chuvas, recomenda-se ler as referências bibliográficas ns 24 e 31.

A filosofia do sistema pluvial é exatamente oposta à filosofia da rede de esgoto. Assim, a rede pluvial deve:
- existir apenas nas ruas necessárias (em geral, em menos de 20% do total das ruas);
- captar parte das águas de chuva e a dispor o mais próximo possível, sem preocupação de ordem sanitária, só com preocupações hidráulicas.

Como me foi um dia lembrado pelo caro colega Erialdo Gazola da Costa, a concepção do sistema pluvial é baseada na máxima seguinte:

"Pegar e largar rápido"

É dentro desse critério que avançaremos nosso estudo. O presente Capítulo 6 (Especificações para projeto) é baseado parcialmente em velhas normas do Departamento de Engenharia da SURSAN da Guanabara e da Prefeitura do Município de São Paulo, além de velhas tradições orais, pois o assunto "Aguas Pluviais" sempre careceu de normas e regulamentos escritos. Vem daí a citação "recolhendo o saber disperso" que é o objetivo deste livro.

6.2 Precipitação e cálculo de vazões

No anexo A deste livro esboça-se um resumo de hidrologia, a partir do capítulo do livro *Manual de primeiros socorros do engenheiro e do arquiteto*.[4] Nesse anexo são apresentadas várias fórmulas que relacionam a intensidade de precipitação de projeto (i) com o tempo de retorno (recorrência) (T_r) e o tempo de duração da precipitação (t_c). No nosso projeto (item 6.7.) usaremos a equação de chuvas obtida por Occhipinti e Marques para a cidade de São Paulo.

$$i = \frac{26{,}96 \cdot T_r^{0,112}}{(t_c + 15)^{0,86}\, T_r^{-0,0144}}$$

onde:
i = intensidade (mm/min);
T_r = tempo de retorno (anos);
t_c = tempo de duração (min).

Essa fórmula, calculada para um tempo de retorno (T_r) de dez anos, expressa a intensidade em (ℓ/s · ha) se transforma em:

$$i = \frac{6.091{,}78}{(t_c + 15)^{0,83}}$$

---
4 Ver o Complemento XVII deste livro.

O habitual para projetos de redes pluviais é fixar-se o *tempo de retorno* em dez anos.

Quanto ao tempo de duração de chuva, igualaremos ao "tempo de concentração" da bacia. Como sabemos, o "tempo de concentração" de uma bacia é o tempo que leva para que toda uma bacia comece a contribuir para a vazão em uma certa seção considerada.

O "tempo de concentração" pode ser estimado como a soma de dois tempos $t_a + t_s$, assim explicados:

$$t_c = t_a + t_s$$

Onde:
t_c = tempo de concentração;
t_a = tempo que leva uma gota de água caindo em um ponto extremo da bacia, até chegar ao vale de maior extensão (talvegue). Normalmente, em projetos de sistemas urbanos, fixa-se t_a = 10 min;
t_s = tempo que leva uma gota de água para percorrer o vale da bacia de maior extensão (talvegue) até a primeira boca de lobo do sistema.

Para o cálculo de t_s, usaremos a chamada fórmula de George Ribeiro, publicada na Revista do Clube de Engenharia, em fevereiro de 1961.

$$t_s = \frac{16\,L}{(1{,}05 - 0{,}2p) \cdot (100 \cdot I_m)^{0{,}04}}$$

Onde:
t_s = tempo de escoamento superficial (min.);
L = distância entre o ponto mais distante da área contribuinte ao ponto considerado (km);
p = porcentagem da área permeável da bacia (valor absoluto);
I_m = declividade média do terreno ao longo do trecho L considerado (m/m).

Usa-se a fórmula de George Ribeiro para o cálculo de t_c, até a água alcançar a primeira boca de lobo de montante. A partir daí, o tempo de concentração da bacia será a somatória de

$$t_c = t_s + t_a = t_{\text{galeria}}$$

ou seja, se acrescentará progressivamente o tempo gasto pela água escoando pela galeria.

Assim, no projeto do sistema pluvial, ao descer a água de montante para jusante, vai aumentando o tempo de concentração, face ao crescimento do t_{galeria}, com o crescer do t_c cai i (intensidade), ou seja, a intensidade de chuva vai alterando-se.

6.3 Fixação da capacidade hidráulica de condução das ruas e sarjetas

As águas, ao cairem nas áreas urbanas, escoarão inicialmente pelos terrenos até chegar às ruas. Sendo as ruas abauladas (declividade transversal) e tendo inclinação longitudinal, as águas escoarão rapidamente para as sarjetas, e destas para rua abaixo.

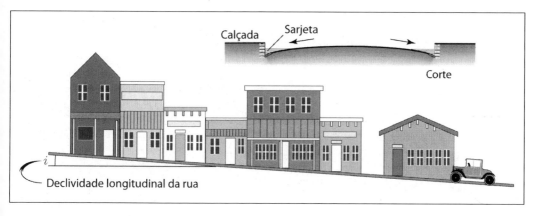

Se as águas que chegarem às calhas das ruas forem de vazão excessiva, ocorre:

- alagamento com o risco de aquaplanagem de carros;
- inundação de calçadas;
- velocidades exageradas, erodindo o pavimento.

Cabe, então, captar águas em excesso por meio de bocas lobo, bocas de leão, grelhas etc.

Como fixar os critérios para saber em que condições e partir de qual local haverá necessidade de captações pluviais?

Note-se que tudo o que se puder deixar escoar pela superfície (sarjetas, sarjetões, rasgos) é sempre preferível, pois é mais econômico e mais fácil de limpar e manter.

Todavia, as calhas de ruas têm uma capacidade hidráulica limite de transportar água, face a muitas variáveis principais:

- largura da rua;
- declividade longitudinal da rua;
- altura de água (h) que se considera limite.

Exemplo a seguir.

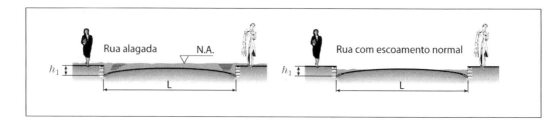

Um critério de projeto para o estudo pluvial é considerar (caso A) que toda a calha da rua poderá ser usada para transportar água.

Nas páginas 73 e 74, apresentam-se tabelas de cálculos de capacidade de escoamento, segundo os critérios dos casos A e B a seguir.

Fotos de sistemas pluviais

Apesar da quantidade de chuva, o sistema pluvial está funcionando.

Dá para perceber que esqueceram, ou não deram importância, à necessidade do sistema pluvial.

Com um sistema pluvial deficiente.

Só rezando para que a água escoe.

Tabela para cálculo de capacidade de escoamento de ruas em função de sua Caixa Padrão.

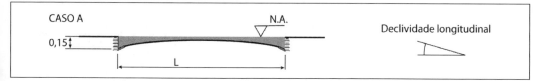

Hipótese: a calha da rua transportará água até encher toda a calha, sem extravasar pelos passeios. A flecha admitida para todas as ruas é 15 cm. Estamos, pois, no caso A.

Tabela de capacidade de escoamento das ruas (caso A)
Capacidade (ℓ/s) de uma rua em função de sua largura (L) e sua declividade longitudinal (i%)

Declividade longitudinal (i) %	m/m	L = 6 m	L = 8 m	L = 10 m	L = 12 m	L = 14 m	L = 16 m
0,1	0,001	60	110	180	230	290	340
1	0,005	171	232	294	355	417	478
1	0,010	242	328	415	502	589	676
2	0,015	296	402	509	615	722	829
2	0,020	342	465	588	711	834	957
3	0,025	382	520	657	795	932	1.070
3	0,030	419	569	720	870	1.021	1.172
4	0,035	452	615	777	940	1.103	1.266
4	0,040	484	657	831	1.005	1.179	1.353
5	0,045	513	697	882	1.066	1.251	1.436
5	0,050	541	735	929	1.124	1.319	1.513
6	0,055	567	771	975	1.179	1.383	1.587
6	0,060	593	805	1.018	1.231	1.444	1.658
7	0,065	617	838	1.060	1.281	1.503	1.725
7	0,070	640	870	1.100	1.330	1.560	1.791
8	0,075	663	900	1.138	1.377	1.615	1.853
8	0,080	684	930	1.176	1.422	1.668	1.914
9	0,085	705	958	1.212	1.465	1.719	1.973
9	0,090	726	986	1.247	1.508	1.769	2.030
10	0,095	746	1.013	1.281	1.549	1.818	2.086
10	0,100	765	1.040	1.314	1.590	1.865	2.140
11	0,105	784	1.065	1.347	1.629	1.911	2.193
11	0,110	803	1.090	1.379	1.667	1.956	2.245
12	0,115	821	1.115	1.410	1.705	2.000	2.295
12	0,120	838	1.139	1.440	1.741	2.043	2.345

Para declividades menores que 0,005 (0,5%), considerar, para projeto, escoamento nulo da rua.

Vimos como calcular a capacidade de transporte das ruas quando toda a caixa é solicitada. Um outro critério, menos liberal, é admitir que somente as laterais às sarjetas deverão transportar as águas e que a rua não poderá ser totalmente ocupada pelas águas (estamos, pois, no caso B). A capacidade de transporte das ruas com as águas escoando só pelas duas laterais às sarjetas é evidentemente inferior ao transporte de água ocupando toda a rua.

Se adotarmos o critério de ser a capacidade das sarjetas a capacidade máxima de transporte da rua, pois admitimos como padrão a largura da sarjeta e a altura do meio-fio.

Obedecido esse critério, a capacidade da cada sarjeta é dada pela tabela a seguir, retirada da bibliografia n. 12.

Tabela de capacidade das sarjetas (caso B)		
Declividade longitudinal da rua (m/m)	Capacidade de cada sarjeta (ℓ/s)	Velocidade da água na sarjeta (m/s)
0,001	30	0,29
0,002	45	0,40
0,005	75	0,63
0,007	80	0,75
0,010	100	0,89
0,015	125	1,11
0,020	140	1,27
0,030	170	1,54
0,040	200	1,77
0,050	225	2,00
0,060	250	2,20

corte   caso B

Exemplo: cálculo de capacidade de transporte hidráulico de uma rua pelas suas sarjetas. Declividade longitudinal da rua de 0,005 m/m.

Enfatizamos, neste processo não importa saber a largura da rua, pois partimos da hipótese que só as sarjetas é que serão a calha de escoamento. Tiramos diretamente da tabela:

$Q = 75$ ℓ/s (capacidade de uma sarjeta)
capacidade da rua = 75 + 75 = 150 ℓ/s (2 sarjetas)

Admitamos que a largura da via é de 12 m.

Vê-se a brutal diferença de resultado, conforme tenha sido o caso considerado:

- critério das sarjetas (tabela de capacidade das sarjetas) – 150 ℓ/s (caso B);
- critério de rua inundada (tabela de capacidade de escoamento das ruas, na página anterior) – 355 ℓ/s (caso A).

Especificações para projeto de sistemas pluviais   75

O critério da limitação do escoamento somente pela capacidade da sarjeta é mais restritivo e mais exigente, levando, com isso, obrigatoriamente à necessidade de planejamento de obras pluviais de maior vulto.

Nota-se, da tabela anterior, que com o aumento da capacidade de transporte hídrico da sarjeta, aumenta também a correspondente velocidade da água. Às vezes, em casos de rua de extrema declividade, captaremos águas por bocas de lobo, não porque a capacidade hidráulica de sarjeta esteja esgotada; captaremos água para evitar que as altas velocidades (>3 m/s) causem erosões aos pavimentos, e ao encontrar obstáculos, esborrifem jatos (escoamentos supercríticos – ver Anexo B).

6.4 Captação de águas pluviais por bocas de lobo, bocas de leão e caixas com grelhas

Como já visto, captaremos as águas que escoam pela superfície da rua quando estas:

- superarem a capacidade de calhas (ou sarjetas);
- tiverem velocidades excessivas;
- estiverem formando alagados em pontos baixos, sem esgotamento;
- etc.

Usaremos, para isso, boca de lobo (o caso mais comum), bocas de Leão (em desuso), grelhas (no caso do ponto de captação ser passagem de carros).

Como saber a capacidade de engolimento de cada um desses captores de águas pluviais?

A capacidade de cada captor é função, entre outras, de:

- sua largura;
- o rebaixo na sarjeta (quando existir);
- a altura de água que estiver ocorrendo;
- declividade longitudinal da rua;
- e principalmente do grau de limpeza da Boca de Lobo.

Considerando a dificuldade de se controlar no projeto todas essas variáveis, opta-se na prática por associar a cada boca de lobo, a cada boca de leão, a cada captação por grelha, a capacidade de engolimento de 50 ℓ/s. Quando se usa boca de leão (boca de lobo acoplada à caixa com grelhas), a sua capacidade de engolimento é fixada em 80 ℓ/s.

6.5 Ligação das bocas de lobo à canalização principal

A água captada em bocas de lobo (e similares) precisa ser conduzida à canalização principal. Isso é feito pelo tubo de ligação ou tubo conector. Normalmente, seu diâmetro é de 300 mm e é um tubo de concreto simples (declividade mínima 1%).

Às vezes, para prevenir entupimentos com detritos que são enviados às bocas de lobo, usam-se tubos de diâmetro 400 mm. Quando se tem várias bocas de lobo juntas, propicia-se a ligação entre elas, e do conjunto de bocas de lobo sai uma tubulação de 400 mm, e, às vezes, 600 mm, até o PV (poço de visita).

Pode-se estabelecer, da seguinte forma, uma tabela de escolha de diâmetro de tubo de ligação.

Número de bocas de lobo a esgotar	ø ligação
1	300 mm
2	400 mm
3	600 mm

Note-se que a fixação do diâmetro mínimo de 300 mm para o tubo de ligação e declividade mínima de 0,01 m/m para seu assentamento cria uma capacidade de esgotamento desse tubo calculado no regime uniforme a seção plena, superior a 90 ℓ/s,[5] quando a capacidade de engolimento de projeto da boca de lobo não supera a 50 ℓ/s. A manutenção do diâmetro mínimo de 300 mm é para facilitar sua limpeza ou para que diminuam os casos de entupimento.

6.6 Canalização principal

Como vimos, a seleção do diâmetro do tubo de ligação da boca de lobo ao poço de visitas não é feita a partir de estudos hidráulicos, e sim por problemas operacionais de limpeza. A canalização principal, esta sim, é calculada a partir das leis da mãe hidráulica.

Os critérios de dimensionamento são:

1. Para seções circulares, admitiremos que eles possam trabalhar até a seção plena.
2. O diâmetro mínimo da canalização principal será de 400 mm (algumas prefeituras preferem 600 mm), e até o máximo de 1.500 mm.
3. Os recobrimentos mínimos serão (sugestão do autor):

---

5 Ver tabela de tubos de seção circular, escoando a vazão plena, item B-7, deste livro.

Especificações para projeto de sistemas pluviais

Tubos	Recobrimento mínimo (h)(m)
Concreto simples	0,6
Concreto armado	
ø 700 mm	0,7
ø 800 mm	1
ø 1.000 mm	1
ø 1.200 mm	1,2
ø 1.500 mm	1,5

4. Os tubos de diâmetro superiores a 600 mm serão de concreto armado. Ver Norma ABNT NBR 8890/2008.

5. As velocidades limites nas canalizações serão: mínima (0,7 m/s) e máxima (5 m/s) para a vazão de projeto. De acordo com o critério de manutenção de velocidade mínima, o saudoso Prof. J. M. Azevedo Netto, em carta a este autor, propôs as seguintes declividades mínimas para as tubulações:

ø (mm)	Declividade mínima (m/m)
300	0,0030
350	0,0023
400	0,0019
500	0,0014
600	0,0011
700	0,0009
800	0,0007
900	0,0006
1.000	0,0005
1.200	0,0004

6. O cálculo hidráulico de galerias (retangulares ou circulares) se fará no regime uniforme.

7. Nos poços de visita, quando da chegada de tubos, adotar critério de coincidência de geratriz superior dos tubos ou a coincidência do nível de água.

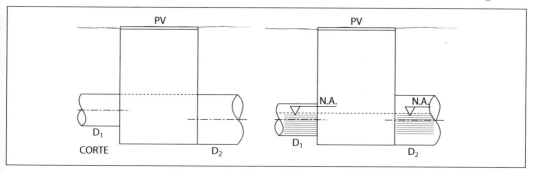

8. Para galerias retangulares, valerão as prescrições:
   - dimensões (A × B);
   - A > B;
   - altura "h" máxima de água, menor que 90% B.

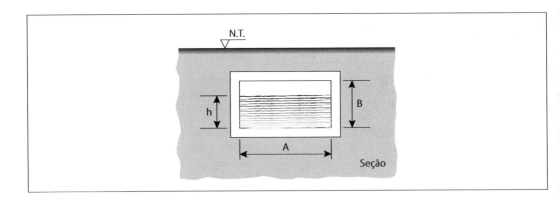

9. A regra básica para a construção econômica de uma rede pluvial é fazê-la a mais rasa possível, pois além de facilitar a manutenção se economizam:
   - volumes de escavação, de reposição e compactação;
   - caros escoramentos de vala;
   - caros rebaixamentos de lençóis freáticos.

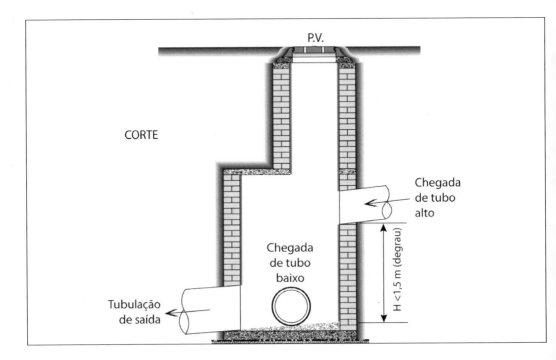

Deve-se, portanto, procurar trabalhar com profundidades pequenas e baixas declividades nos coletores, mas estas devem ser compatíveis com as exigências de velocidade mínima. Às vezes, num poço de visitas, chegam canalizações com diferentes profundidades, gerando o chamado degrau. Por razões de evitar erosão, esse degrau não deve ser superior a 1,50 m. Se isso ocorrer é melhor aprofundar a tubulação de chegada mais alta, apesar de tudo o que escrevemos antes sobre a economicidade das pequenas profundidades das tubulações.

Uma solução para minorar os efeitos da erosão no fundo do PV será fazê-lo de paralelepípedo de granito.

6.7 Exemplos de projeto de um sistema pluvial

Digamos que tenhamos recebido para projetar o sistema pluvial de um bairro como o indicado na página a seguir. O primeiro cuidado é a topografia. Seus dados devem permitir o desenho de urbanização na escala 1:2000 com cotas nos cruzamentos. O agrimensor que fez o levantamento deve também anotar a ocorrência de eventuais pontos baixos e altos no meio das quadras.

Exemplo: o ponto baixo entre os pontos 6 e 7. Com a topografia nas mãos, devemos estudar C-A-R-I-N-H-O-S-A-M-E-N-T-E a conformação da área e os sentidos do escoamento das águas de chuva quando caírem nas ruas. Com as flechas de sentido das águas pluviais (de cota maior para cota menor) terminaremos o Desenho de Projeto n. 1). Marca-se no desenho DP n. 1 os limites de áreas que contribuem para o Córrego do Moinho no trecho considerado e separando-as das áreas que contribuem para outras vertentes.

Vamos limitar o nosso exemplo de projeto ao sistema pluvial que corre ao longo da avenida constituída pelos pontos 5 - 6 - 11 - 16. Essa avenida corresponde a um verdadeiro fundo de vale receptor principal de água do bairro. Será para essa avenida que projetaremos o nosso sistema pluvial.

Obtida a bacia de contribuição para a avenida 5 - 6 - 11 - 16, cabe dividir essa bacia de contribuição em sub-bacias contribuintes, cada uma para os fundo de vale secundários alimentadores do fundo de vale escoado pela avenida 5 - 6 - 11 - 16.

Resultaram oito sub-bacias contribuintes.

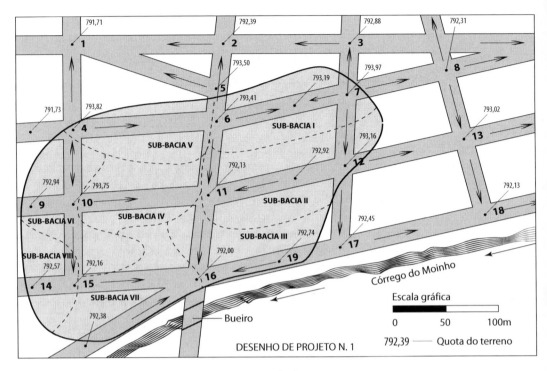

Nota: entre os pontos 6 e 7, há um ponto baixo.

Os valores das áreas de cada uma das oito sub-bacias são dados a seguir:

Sub-bacia	Área (m²)
I	7.100
II	7.550
III	6.400
IV	5.300
V	5.500
VI	10.500
VII	7.800
VIII	6.900
Total	57.050 (5,7 ha)

Notar que a sub-bacia I contribuirá com suas águas para a sub-bacia II se o ponto baixo existente no ponto médio entre 6 e 7 for esgotado por meio de viela sanitária (faixa sem edificação). Se, no entanto, esgotarmos o ponto baixo por meio de boca de lobo, então a contribuição da sub-bacia I poderá ser enviada para o sistema pluvial a se construir na avenida 5 - 6 - 11 - 16. Em nosso caso, optaremos pela viela sanitária.

Conhecidas as áreas contribuintes ao fundo de vale da avenida 5 - 6 - 11 - 16, cabe verificar se a soma das áreas excede ou não o número mágico de 50 ha. Veja porque:

Área da bacia (B)	Método hidrológico a adotar
B < 50 ha	Método racional
50 ha < B < 500 ha	Método racional modificado
B > 500 ha	Outros métodos; por exemplo, hidrograma unitário.

No nosso caso, estamos na faixa da área de bacia próxima de 50 ha, pelo que usaremos o método racional para o cálculo das vazões de chuva que correrão pelas ruas.

Então

$$Q = C \cdot i \cdot A$$

Onde, para cada sub-bacia:
C = coeficiente de defluvio (mede a infiltração das águas no terreno);
i = precipitação (intensidade – mm/min);
A = área contribuinte (ha);
Q = vazão.

Comecemos o cálculo pelo valor i. Se estivermos fazendo projeto em cidades que se conhece o seu regime hidrológico (São Paulo, por exemplo), podemos usar as chamadas equações de chuva.

Se ao contrário estivermos fazendo o projeto para uma região em que não são disponíveis dados hidrológicos, podemos usar a tabela de dados médios brasileiros a seguir. Mas não se preocupe com o fato de usar dados médios e não dados específicos da região. O importante, e muito importante no empreendimento, são: o adequado estudo topográfico, a correta análise da sagrada altimetria, o cuidado na localização das obras, uma correta contratação do empreiteiro de obras, a correta fiscalização de campo, compra selecionada de tubos; em última análise, a engenharia do dia a dia é que decide as coisas e não considerações muitas vezes teóricas de hidrologia. Mas voltando ao assunto hidrologia, a tabela de valores de chuva a se adotar pode ser:

Tabela de precipitação total da chuva (mm)								
Regiões	Tempo de recorrência 10 anos				Tempo de recorrência 25 anos			
	Duração em minutos				Duração em minutos			
	15	30	60	120	15	30	60	120
Alta pluviosidade	41	63	75	110	50	82	118	150
Média pluviosidade	34	51	61	81	38	63	85	109
Baixa pluviosidade	27	39	46	51	30	44	52	67

Assim, numa região de alta pluviosidade, se adotado um tempo de recorrência de 25 anos e duração de 30 minutos, terá chovido uma altura total de 82 mm. Exprimindo-se isso em mm/h, chegar-se-á em 164 mm/h. Como

$$100 \text{ mm/h} \rightarrow 277 \ \ell/\text{s /ha,}$$

então a chuva será igual a:

$$277 \times 1{,}64 = 454 \ \ell/s/ha.$$

Já teríamos, portanto, a contribuição da chuva. Ela vale 164 mm/h = 454 ℓ/s ha. No nosso caso, entretanto, para uma maior riqueza de exemplos usaremos a fórmula de Occhipinti e Marques para a cidade de São Paulo no cálculo das vazões. Veja:

$$i = \frac{4.660 \cdot T_r^{0,112}}{(t_c + 15)^{0,86} \, T_r^{-0,0144}}$$

Onde:
i = precipitação (mm/min)
T_r = tempo de retorno (anos)
t_c = tempo de duração da chuva (min)

Para os cálculos que se seguem, deveremos usar as folhas de cálculo padronizadas a seguir, ou seja, a Tabela M (cálculo de contribuições) e Tabela N (cálculo das galerias). Acompanhemos o preenchimento de cada tabela e para o caso da rua 5 - 6 - 11 - 16 no trecho 11 - 16. Admitamos que as bacias contribuintes desse trecho (V, I, IV e II), por serem bacias de montante, não tenham captações de galerias pluviais (os caudais são pequenos e podem escoar sem problema pela calha das ruas). Vamos preenchendo para o trecho 11 - 16 a Tabela M. O preenchimento das colunas de 1 a 7 é facílimo. O preenchimento da coluna 8 deve ser feito a partir dos dados de topografia (largura da rua). Conhecidas a largura da rua e sua declividade, podemos calcular a partir da página deste livro a capacidade de transporte hidráulico de calha viária. Anotemos esse valor na coluna 9. O preenchimento das colunas 10 a 15 exige o conhecimento do conceito de tempo de concentração da bacia que faremos igual ao *tempo de duração da chuva*. O tempo de concentração da bacia é o tempo que leva, depois que começa a chuva, para que toda a bacia esteja contribuindo. É, em essência, o tempo que leva a gota de água que cai no ponto mais distante para chegar no ponto considerado, que, no caso, é o ponto 11.

O cálculo do tempo de concentração pode ser feito a partir de várias fórmulas.

Usaremos a expressão:

$$t_c = t_s + 10 \text{ min}$$

$$t_s = \frac{16 \, L}{(1{,}05 - 0{,}2p) \cdot (100 \cdot I_m)^{0,04}} \quad \text{(fórmula de George Ribeiro)}$$

onde:
L = distância em quilômetros;
p = porcentagem de bacia com cobertura vegetal;
t_c = tempo de concentração;
t_s = tempo de escoamento superficial, ou seja o tempo que uma gota de água que cai na extremidade de bacia leva para chegar até a seção considerada;
I_m = declividade da distância máxima.

Notar que acrescenta-se à t_s o valor de 10 minutos correspondentes ao tempo morto, ou seja, só após 10 minutos é que o sistema começa a contribuir. Durante os primeiros 10 minutos, a água de chuva ou se infiltra ou vai se acumulando nos terrenos da bacia.

A bacia formada até o ponto 11 só estará no pico de vazão quando chegar no ponto 11 a gotícula de água que caiu no ponto 7.

Na coluna 10 vai a cota 793,97 (ponto 7) e na coluna 11 vai a cota 792,13 do ponto 11. A diferença de 1,84 m é colocada na coluna 12.

A distância máxima é a distância 7 - 12 - 11 que deu 220 m.[6] Essa distância é medida na planta com escala 1:2000 ou foi levantada pelo topógrafo.

A coluna 14 é facílima de calcular. Vejamos agora t_s e t_c.

$$t_s = \frac{16 \cdot L}{1{,}05 \cdot (100 \cdot I_m)^{0{,}04}} = \frac{16 \cdot 0{,}22}{1{,}05 \cdot (100) \cdot (0{,}0084)^{0{,}04}} = 3{,}49 \text{ min}$$

$$t_c = 10 + 3{,}49 = 13{,}49 > 13{,}5 \text{ min.}$$

Conhecido t_c, calculamos i. Adotaremos um tempo de recorrência de 10 anos. Como t_c será uma grandeza variável trecho por trecho, calculemos a correspondência i com t_c.

$$i = \frac{4.660 \cdot T_r^{0{,}112}}{(t_c + 15)^{0{,}86} \cdot T_r^{-0{,}0144}} = \frac{4.660 \cdot 10^{0{,}112}}{(t_c + 15)^{0{,}86 \cdot 10^{0{,}0144}}} = \frac{6.031}{(t_c + 15)^{0{,}83}}$$

para t_c = 13,5 min → i = 373 ℓ/s/ha.

Coloquemos esse valor na coluna 16. O coeficiente de escoamento para áreas urbanas varia de 0,5 a 0,8. Adotemos 0,8 na coluna 17. A área contribuinte é a soma das áreas das bacias V, I, II e IV, sendo que, como vamos calcular o escoamento no trecho 11 - 16, podemos, por segurança, adicionar a bacia III, cuja contribuição se estende de 11 a 16. O total de área será:

$$5.500 + 7.100 + 7.550 + 5.300 + 6.400 = 25.460 \text{ m}^2 = 2{,}55 \text{ ha}$$

que colocaremos na coluna 18 através da fórmula

$$Q = c \cdot i \cdot A = C \cdot 0{,}8 \cdot 373 \cdot 2{,}55 = 760 \text{ ℓ/s}$$

No trecho 11 - 16, a capacidade de transporte é de 509 ℓ/s, e a vazão a escoar é de 760 ℓ/s. Logo, nessa rua a capacidade de transporte é inferior à vazão que chega. Deveremos pegar a diferença

$$760 - 509 = 251 \text{ ℓ/s}$$

---

[6] Essa distância de 220 m é medida na planta com escala 1:2000, ou 1:1000, ou foi levantada pelo topógrafo.

Como a capacidade de engolimento de sua boca de lobo limpa é da ordem de 50 ℓ/s, precisaremos de

$$\frac{251}{50} = 5 \text{ bocas de lobo}$$

Admitamos que colocaremos um par de bocas de lobo em cada uma das ruas que chegam ao trecho 11 - 16. Como são três as ruas que chegam (10 - 11, 6 - 11, 12 - 11), teremos um total de 6 bocas de lobo captando as águas e as distribuindo para a galeria.

Veja:

Tabela M – Cálculo de contribuição

Data: fev/85 — Cidade: Santa Fé — Bairro do Mercado

Nome da rua	Trecho	Cotas do terreno Montante	Cotas do terreno Jusante	Diferença de cotas	Extensão do trecho	Declividade	Largura da rua	Capacidade da rua
Unidade	-	-	m	m	m	m	m/m	m	ℓ/s
Coluna	1	2	3	4	5	6	7	8	9
Cálculo		11 - 16	792,13	792,00	0,13	80	0,0016	10	180

(continua)

Tabela M – Cálculo de contribuição (*continuação*)

Data: fev/85 — Cidade: Santa Fé — Bairro do Mercado

Cotas Montante	Cotas Jusante	Dif.	Distância	Declividade	Tempo de conc.	Itens	Coef. de escoam.	Área contr.	Vazão no trecho	Vazão a captar
m	m	m	m	m/m	min.	ℓ/s ha	-	ha	ℓ/s	ℓ/s
10	11	12	13	14	15	16	17	18	19	20
793,97	792,00	1,84	220	0,0084	13,5	373	0,8	2,55	760	580

Começamos a preencher a Tabela N.

No ponto 11 começa a galeria. Verifiquemos se é adequado o diâmetro 400 mm. Como o recobrimento (mínimo) é de 0,6 m a cota de galeria da tubulação será 792,13 – 792,00 m = 0,13 m.

A declividade do terreno é de 792,13 – 792,00, dividido pela distância 80 m, dando:

$$i = \frac{0,13 \text{ m}}{80 \text{ m}} = 0,00165 \text{ m/m}$$

A declividade mínima da tubulação ø 400 mm é 0,0019 m/m. Logo, a tubulação se afundará no trecho 11 - 16.

Vejamos qual a declividade necessária de tubulação de 400 mm para escoar a vazão de 6 bocas de lobo (6 × 50 = 300 ℓ/s) a seção plena.

Da tabela da p. 149, vê-se que seria uma declividade de 0,022 m/m, muito alta. Optaremos por um diâmetro de 600 mm, que com declividade 0,002 m/m teria capacidade necessária. O recobrimento de uma tubulação de 600 mm é 0,60 m. Logo, a cota de montante de galeria é 792,13 − 0,60 = 791,53 m. Como a declividade da galeria é 0,002 m/m e a extensão de 80 m, o desnível da galeria é 0,002 × 80 = 0,16 m = 16 cm. Logo, a cota de jusante é 791,53 − 0,16 = 791,37 m.

Nota: nos anos 1990 começou a implantação de "piscinões". São enormes reservatórios em áreas públicas que procuram represar águas de chuva durante o pico dessas chuvas e, por meio de comportas, soltam essas águas depois das chuvas, causando, com isso, a depressão da vazão de enchente. Existem piscinões cobertos e descobertos. O primeiro piscinão da cidade de São Paulo foi construído no bairro do Pacaembu. Leia-se o artigo "O reservatório para o controle de cheias da Av. Pacaembu", de Aluisio Pardo Canholi – Revista Engenharia n. 500, 1994, p. 12.

	Rua	Trecho	Extensão	Vazão a escoar	Cotas do terreno		Seção da galeria	Declividade da galeria
					Montante	Jusante		
Unidade	-	-	m	ℓ/s	m	m	mm	m/m
Coluna	1	2	3	4	5	6	7	8
		11 - 16	80	580	792,13	792,00	600	0,002

Tabela N – Cálculo hidráulico da galeria

Cálculo da galeria que vai de

$Q = 580$ ℓ/s   declividade = 0,002 m/m

Capacidade de tubo circular com essa declividade e diâmetro de 600 mm, igual a 274 ℓ/s, que é menor que 580 ℓ/s.

Solução possível:

Usar um tubo de ø 800 mm, que, com essa declividade de 0,002 m/m, tem a capacidade a seção plena (Item B.7.1) de 600 ℓ/s, maior que 580 ℓ/s.

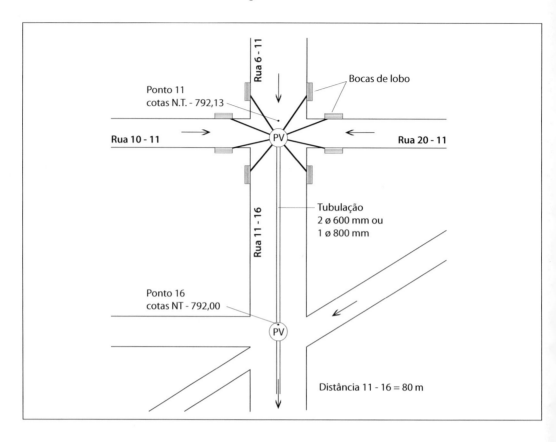

Nota: o PV da parte superior do desenho está supercarregado quanto ao recebimento de ligações. Use duas ligações, no máximo. No caso mostrado, aumente o número de poços de visita, para receber o grande número de tubos.

Capítulo 7
Especificações de construção dos sistemas pluviais

Apresentamos, agora, sugestões de especificações para construção de sistemas pluviais. Comparar com as especificações da NBR 15645.[1]

O empreiteiro (construtor) deve receber ainda na fase da concorrência:

1. relatório do projeto (para entender para o que serve o que ele vai construir);
2. lista de materiais (para servir de roteiro de compra de materiais);
3. lista de prescrições gerais que definem os critérios de relacionamento técnico e financeiro entre o proprietário do empreendimento e o construtor;
4. especificações relativas à obra que dão, em detalhes, o que se requer para a obra em pauta, tanto em relação a produtos quanto a tipo de execução.

Passemos às especificações da obra, especificações essas que se apoiam parcialmente em velhas normas do Departamento de Saneamento da SURSAN – Estado da Guanabara.

7.1 Localização da obra
7.1.1 Topografia da obra

Como primeiro passo de instalação da obra, será feita a topografia de campo, e, tendo em vista além das exatas locações das obras, detectar a exata posição de pontos baixos onde vão ser instalados pontos de captação de águas pluviais, sejam bocas de lobo, bocas de leão, grelhas, escadarias ou rampas.

---

[1] Órgãos públicos podem ou não seguir as normas da ABNT.

A localização dos pontos baixos, feita pelos documentos do projeto, é apenas orientadora, devendo ser verificada no campo.

7.1.2 Estagueamento

A empreiteira deverá estaquear a linha de passagem dos coletores de 20 em 20 m. Deverá ser efetuado o desenho do perfil da tubulação, aí se mostrando as interferências encontradas.

7.1.3 Referências de nível

Ao longo da diretriz do coletor, deverão ser deixadas R.N.s (Ref. de Nível) auxiliares de 200 em 200 m, em locais de fácil visibilidade e de difícil danificação. Esses R.N.s estarão amarrados ao R.N. utilizado no projeto.

7.1.4 Precisão no nivelamento e contranivelamento

Os nivelamentos e contranivelamentos dos R.N.s auxiliares serão feitos pelo sistema geométrico, sendo admissível um erro máximo de 5 mm por quilômetro.

No término da obra, serão entregues os desenhos "como construído", desenhos estes que serão executados paralelamente à execução das obras. Nesses desenhos, além do sistema pluvial, deverá constar a localização de outros serviços públicos subterrâneos encontrados durante a abertura das valas.

7.2 Abertura da vala

7.2.1 Abertura de vala

A abertura da vala será feita de maneira que assegure a regularidade do seu fundo, compatível com o greide da tubulação projetada e a manutenção da espessura prevista para o lastro inferior à tubulação.

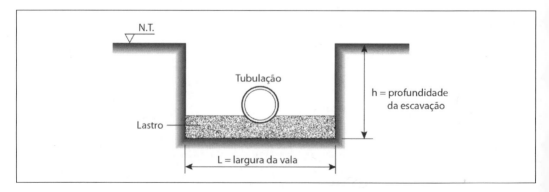

7.2.2 A largura de escavação será aquela necessária para a colocação do tubo, com a vala devidamente escorada.

A largura da vala será igual ao diâmetro do tubo, acrescida de 0,6 m para diâmetro até 0,4 m e de 0,8 m para diâmetros superiores a 0,4 m. Esses valores serão seguidos para valas de profundidade até 2 m. Para profundidades maiores, para cada metro ou fração se acrescenta mais 0,1 m na profundidade da vala.

7.2.3 Proteção contra danificação

Durante a abertura da vala, deverão ser feitas todas as proteções a outros serviços públicos enterrados e proteção a edificações que possam ser danificadas ou prejudicadas pela abertura das valas, ou pelo abaixamento do lençol freático.

7.3 Escoramento da vala

O escoramento da vala atenderá às peculiaridades de escavação, seja quanto à largura, profundidade, localização do lençol freático e geologia da região.

Quando se usar escoramento, este poderá ser descontínuo ou contínuo, ou especial, conforme desenhos a seguir.

Em qualquer caso, o escoramento deverá ser retirado cuidadosamente, à medida que a vala for sendo reaterrada e compactada.

7.4 Esgotamento da vala

Quando a escavação atingir o lençol freático, a vala deverá ser drenada. O esgotamento se fará:

- por bombas;
- por ponteiras drenantes; ou
- outros processos apresentados pelo construtor e aprovado pela fiscalização.

Escoramento descontínuo

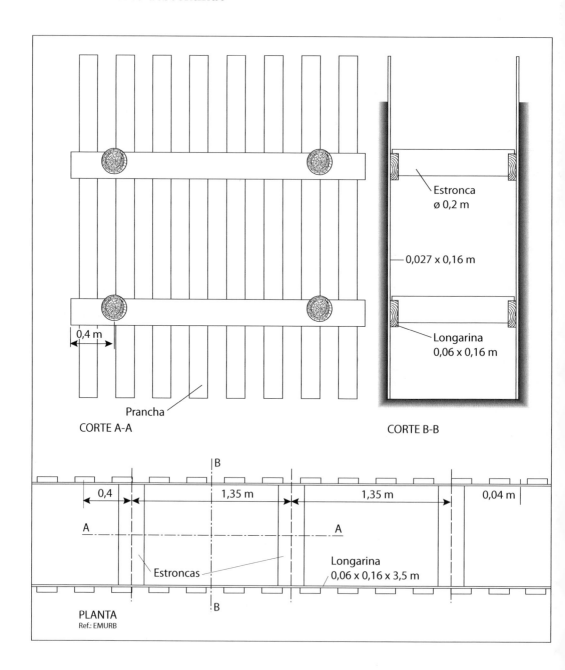

Escoramento especial

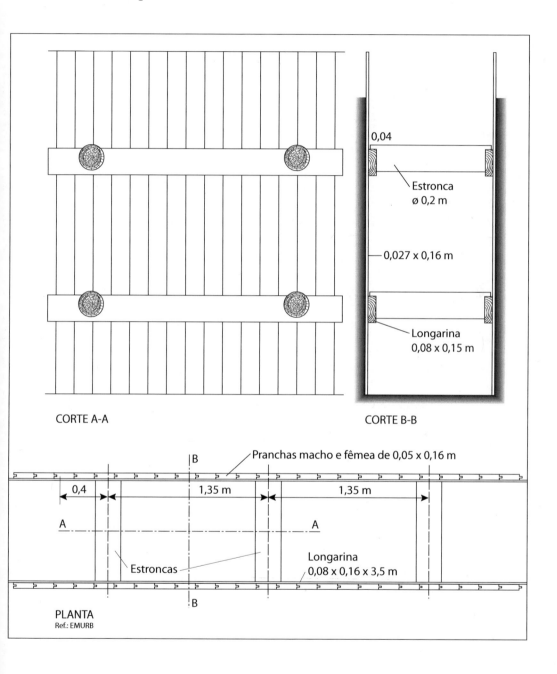

PLANTA
Ref.: EMURB

Escoramento contínuo

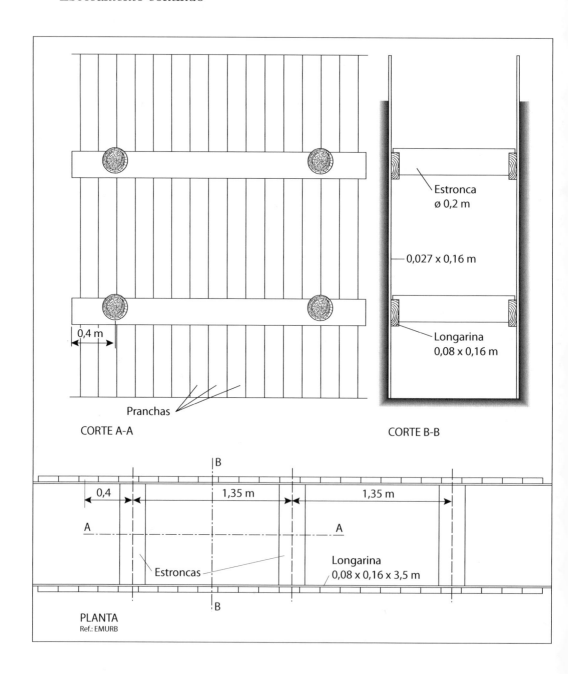

O esgotamento da vala deverá impedir que a água dentro da vala corra pelos tubos há pouco assentados, desagregando a argamassa recém-colocada nas juntas.

O destino das águas esgotadas deve ser tal que não alague as imediações da obra.

7.5 Execução do lastro dos tubos

Será executado com brita, areia ou pó de pedra ou ainda concreto magro ou concreto armado sobre estacas.

Quando usado lastro de pedra, este será de pedras 4 ou 5 bem compactadas e com largura igual a largura da tubulação, mais 0,4 m e espessura de 10 cm (depois de compactado).

Quando usar concreto magro sobre o lastro de pedras, este terá o teor mínimo de l50 kg de cimento por metro cúbico de concreto.

Em qualquer caso, o lastro de pedra deverá ser apilado até boa arrumação de pedras, e preenchidos os vazios com pó de pedra ou areia fina.

Nota: crítica à Norma NBR 15645/2008 – "Execução de obras de esgoto sanitário e drenagem pluvial, usando tubos e aduelas de concreto". Falta na norma:

- indicação da amarração das obras e dos sistemas resultantes de um cuidadoso levantamento topográfico.

7.6 Fornecimento, recebimento e assentamento de tubos

7.6.1 Tubos de concreto

Os tubos de concreto atenderão à normas NBR 8890 e 15396 e peças de ferro fundido segundo a norma NBR 10160. As classes a usar serão definidas em cada trecho no projeto. A par das exigências das normas, seguir-se-ão os seguintes critérios de recebimento dos tubos, baseados em norma do Departamento de Saneamento da SURSAN – Guanabara.

"NORMAS PARA RECEBIMENTO DE TUBOS DE CONCRETO CENTRIFUGADO OU VIBRADO, PELOS DEPÓSITOS E OBRAS DO DEPARTAMENTO DE SANEAMENTO DA SURSAN DO ESTADO DA GUANABARA"[2]

1. Fratura tendo largura maior que 0,0025 m, com o comprimento contínuo, transversal ou longitudinal, numa extensão de 0,3 m ou mais, constituirá motivo de rejeição.

2. Fratura deixando ver duas linhas viáveis de recepção, mesmo não tendo a largura de 0,00025 m ou mais, que se estenda transversal ou longitudinalmente por mais de 0,3 m, constituirá motivo de rejeição.

3. Fratura que se assemelhe a uma simples linha, como se fosse um fio capilar visível, interna e externamente na superfície do tubo, constituirá motivo de rejeição.

---

2 Apesar de existirem as normas ABNT citadas, os órgãos públicos têm a liberdade de impor condições mais severas ou mais brandas.

4. Fratura que se assemelhe a um fio capilar, mas que não seja visível nas duas faces do tubo, não constituirá motivo de rejeição.

5. Mistura imperfeita de concreto ou moldagem constituirá motivo de rejeição.

6. Qualquer superfície do tubo que apresente "ninho de abelha" será motivo para rejeição, pois as superfícies internas ou externas deverão ser suficientemente lisas.

7. Qualquer vestígio de que a superfície do tubo tenha sido retrabalhada após a sua fabricação constituirá motivo de rejeição.

8. Variação na medida do diâmetro interno, fora da especificação das Normas Técnicas da Associação Brasileira de Normas Técnicas, será motivo de rejeição.

9. Quando armado, se a armadura do tubo estiver exposta, constituirá motivo de rejeição.

10. Deficiências na espessura da parede do tubo, em relação ao recomendado pelas Normas Técnicas da Associação Brasileira de Normas Técnicas, constituirá motivo de rejeição.

11. Qualquer obliquidade do corpo do tubo em relação à bolsa constituirá motivo de rejeição.

12. Quando o tubo for percutido com batidas em um martelo leve, deverá emitir som claro, caso contrário constituirá motivo de rejeição.

13. Dever-se-á, para fins de exames tecnológicos, obedecer às normas de tubo para esgotos sanitários e de tubos para águas pluviais da Associação Brasileira de Normas Técnicas (ABNT). A firma deverá fornecer, sem ônus para o Departamento, os tubos necessários para os referidos exames.

14. A falta de data, marca e qualidade do tubo constituirá motivo de rejeição. "Maio/72".

Os tubos serão de ponta e bolsa, junta rígida, (argamassa de cimento e areia ou de junta plástica).

Poder-se-á optar por tubos com junta elástica (de borracha), mas isso deverá ser previsto no projeto, nas especificações, ou nas condições de contratação.

7.6.2 Manilhas cerâmicas de barro vidrado

As manilhas de barro vidrado deverão obedecer às normas da ABNT. As manilhas serão obrigatoriamente vidradas internamente. Não serão aceitas manilhas com fendas, falhas, queimas, borras, saliências ou curvatura. Quando percutidas com martelo, devem dar som indicado de sua perfeita integridade, homogeneidade e cozimento satisfatório.

Em qualquer caso (tubos de concreto ou manilha), tomar-se-ão os seguintes cuidados para os seus assentamentos:

a) O assentamento da tubulação será feito sempre de jusante para montante e com a bolsa colocada a montante do tubo.

b) Durante a obra serão executados testes de qualidade dos tubos, de seu assentamento e de suas juntas por máquina de fumaça, constante de queima de madeira verde e injeção, por fole, da fumaça na tubulação para detectar trincas e falhas de vedação das juntas.

c) As juntas dos tubos serão rígidas, usando-se para isso argamassa de cimento e areia. A argamassa será 1:3 (uma parte de cimento e três de areia média).

Esse tipo de junta será usado em locais secos, devendo a argamassa ser respaldada externamente com uma inclinação de 45° sobre a superfície do tubo.

No caso em que na vala haja entrada de água, as juntas de cimento e areia, após perfeitamente acabadas, serão obrigatoriamente protegidas por um capeamento de argamassa de argila ou argamassa pobre de cimento e areia, ou ainda cimento e tabatinga (1:1 em volume).

d) Para o caso de uso de manilhas, as juntas poderão ser com asfalto (piche de alcatrão). Nesse caso de juntas deverão ser prévia e cuidadosamente vedadas com corda alcatroada para impedir que o material da junta, quando fluido, penetre na tubulação.

7.7 Poços de visita (PV)

As paredes serão de alvenaria de tijolos assentes com argamassa de cimento e areia, traço 1:3, e revestidos internamente com a mesma argamassa na espessura de 2 cm.

A laje inferior deverá ser executada sobre camadas de brita e concreto magro, devidamente regularizado.

As "chaminés do poço de visita" serão circulares, de 0,70 m de diâmetro interno, em alvenaria de tijolos, com espessura de 1 tijolo, assentes com argamassas de cimento e areia, traço 1:3.

Serão revestidas internamente com a mesma argamassa na espessura mínima de 2 cm.

7.8 Argamassas de uso geral

As argamassas de enchimento de juntas e revestimentos em geral serão preparadas em masseiras, em local revestido (tablado), sendo proibida a preparação da mistura diretamente em contato com o solo.

O cimento e a areia devem obedecer às normas da ABNT, e a água deverá ser oriunda do sistema público de distribuição.

7.9 Alvenaria de tijolos ou blocos de concreto

Antes do assentamento e da aplicação das camadas de argamassa, os tijolos serão umedecidos.

O assentamento dos tijolos será executado com argamassa de cimento e areia no traço 1:3, podendo ser utilizada argamassa pré-misturada, a critério da fiscalização. Para a perfeita aderência das alvenarias de tijolos às superfícies de concreto, será aplicado chapisco com argamassa de cimento e areia.

7.10 Concreto

O concreto para todas as obras obedecerá ao fck fixado no projeto e os cuidados de sua preparação atenderão à NBR 6118 e outros documentos da ABNT.

7.11 Reaterro da vala

Instalada a tubulação e aprovada pelo "teste de fumaça",[3] começará o reaterro. O reaterro se fará com camadas de 30 cm de espessura bem compactadas, usando-se equipamento mecânico.

Até 30 cm acima da geratriz superior do tubo, o material do reaterro será escolhido, evitando-se material com pedras e terra vegetal, dando-se preferência aos solos argilosos.

Na compactação do aterro, será feito o controle de umidade do material, procurando-se chegar próximo à umidade ótima e para se dotar um grau de compactação superior a 95%.

Toda a camada de terra para aterro que por motivo de encharcamento tiver umidade excessiva deverá ser escarificada, de maneira a reduzir sua umidade, até alcançar a tolerância de umidade prevista.

7.12 Repavimentação

Pronto o reaterro, recompõe-se a pavimentação original.

7.13 Guias, sarjetas e sarjetões

A base sobre a qual serão assentadas as guias e executadas as sarjetas e o sarjetão será de concreto de cimento de 10 cm de espessura uniforme, e da largura prevista no projeto.

As guias serão de concreto ou granito e serão assentadas sobre uma base de concreto com largura de 22,5 cm e espessura uniforme de 10 cm. Concluída a base

---

[3] Teste de fumaça. Ler meu livro *Manual de primeiros socorros do engenheiro e do arquiteto*, publicado pela editora Blucher.

de concreto, a construção da sarjeta ou sarjetão consistirá nos serviços de formas, preparo, lançamento e acabamento de concreto e execução de juntas.

7.14 Plantio de placas de grama para proteção de taludes contra erosões hidráulicas

Deverá ser plantada grama onde indicado em projeto ou pela fiscalização, seguindo as seguintes instruções:

O terreno deverá ser preparado com solo sílico-argiloso, com espessura de 0,2 m e perfeitamente aplainado, incorporando-se a este solo adubo orgânico ou mineral. O solo natural, antes de receber o adubo, deve ter sido cavocado (escarificado).

Para adubação orgânica, deverão ser utilizados 50 litros de adubo obtido pela industrialização do lixo, por metro quadrado de areia, ou 20 litros por metro quadrado de adubo obtido de estrume curtido de curral.

Para adubação química, deverão ser utilizados 100 (cem) gramas de adubo por metro quadrado de área plantada, e deverá ter na sua composição a seguinte fórmula: NPK 6.10.6.

A grama será do tipo *paspalum notatum* (batatais),[4] e deverá ser fornecida pela contratada, em placas, as quais serão colocadas justapostas na superfície do solo adubado. No caso de terrenos planos, as placas de grama, após sua colocação, deverão ser compactadas com rolo compressor de no máximo 1 (uma) tonelada, recebendo, após esta operação, uma cobertura de solo argiloso de 0,01 a 0,02 m.

Decorridos 3 (três) meses da execução dos serviços, a contratada deverá providenciar o corte do gramado, substituindo as placas de grama nos locais onde existirem falhas.

Não serão aceitas as placas de grama que contiverem pragas (ervas daninhas) ou doenças.

7.15 Canaleta de topo e de pé de talude

As canaletas podem ser de concreto simples (canaleta meia cana), assentada sobre uma argamassa de fixação de cimento e areia (1:6) de forma que essa argamassa regularize o apoio da canaleta.

Lateralmente às canaletas, o terreno será conformado mediante escavações, enchimento e compactação.

---

4   Ou de outro tipo, a critério da fiscalização. A grama do tipo Batatais é o tipo mais rústico, mas sempre vem com algumas pragas. Existem, ainda, a grama Esmeralda e grama São Carlos, que são mais caras e menos usadas para revestimento de talude em grandes áreas.
    A grama Batatais vem em placas e rolos e é fixada no solo por pequenas estacas de madeira e, depois, aguadas. Essa grama exige dois a três cortes por mês.

As juntas entre as partes constituintes das canaletas serão preenchidas com argamassa, cimento e areia traço 1:3.

7.16 Fornecimento de peças de ferro fundido cinzento (tampões de grelhas)

As peças não deverão apresentar defeitos visíveis. As peças deverão ser homogêneas, isentas de falhas, fendas ou trincas.

Os tampões serão do tipo que possibilite serem travados no telar, para evitar trepidações e fáceis arrancamentos. Os bordos dos tampões, ao redor de sua circunferência, deverão ser completamente lisos.

No que for aplicável, será obedecida a NBR 10160 da ABNT. Os furos dos tampões para içamento deverão varar toda a espessura do tampão (furo aberto).

A classe do tampão será: (escolher a classe).

O tampão deverá conter a inscrição "Águas pluviais – P.M. de_____".

Nenhuma peça poderá ter seu peso inferior a 95% do peso da classe indicada na especificação.

7.17 Testes hidráulicos de funcionamento

A critério da fiscalização, poderão ser realizados testes hidráulicos de funcionamento do sistema pluvial construído, principalmente para detectar:

- ocorrência de pontos baixos sem esgotamento;
- correta localização de bocas de lobo;
- funcionamento de escadas hidráulicas.

Para simular as condições hidráulicas, poder-se-á usar água proveniente de carros reservatórios (carros-pipa) descarregada nas sarjetas.

Capítulo 8
Calçadões, as incríveis ruas sem calha

8.1 Preliminares

Os calçadões são a criação (ou transformação) de ruas nos centros das cidades, onde desaparece a diferença calçada × leito carroçavel.

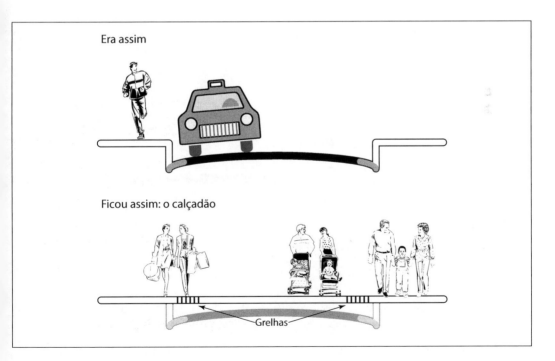

A ilustração acima mostra um exemplo de transformação de rua em calçadões.

O calçadão torna-se uma caixa sem declividade transversal, tendo apenas:

- declividade longitudinal (e, às vezes, nem isso tem);
- largura.

Nos calçadões ocorrem as seguintes situações:

a) é intenso, intensíssimo, o tráfego de pedestres durante o dia, sendo praticamente nulo o trânsito de veículos durante esse período;

b) à noite, as lojas e instituições situadas ao longo do calçadão são abastecidas por caminhões, ou seja, ocorre tráfego pesado noturno nos calçadões;

c) por se tratar de áreas centrais, são as mesmas dotadas de todos os melhoramentos públicos, a maior parte dos quais em galerias enterradas. São estes os melhoramentos no mínimo:

- água;
- esgoto;
- telefone;
- sistemas elétricos;
- gás canalizado;
- águas pluviais;
- redes de telecomunicações (ex. fibra ótica).

d) muitos prédios têm subsolos ventilados por corredor situado sob as antigas calçadas;

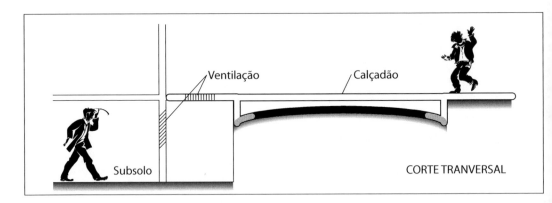

e) são áreas de alto valor comercial (local de bancos, lojas de departamentos, prédios de muitos andares) etc.;

f) o nível dos pisos das lojas, no seu andar térreo, varia muito de loja para loja. Quando pronto o calçadão, muitas lojas resultarão no mesmo nível do calçadão, exigindo-se para isso que o calçadão tenha um excelente sistema pluvial, sem o que as águas de chuva poderão invadir essas lojas.

Resolver o esquema de serviços públicos subterrâneos nessa área é um jogo de xadrez. Lembramos que de todos os serviços públicos subterrâneos, o de maior porte é o sistema pluvial, exigindo, pois, cuidados especiais na fase de planejamento.

Cuidados no projeto dos calçadões:

1. Entrosar o projeto pluvial com o projeto de todas as outras utilidades subterrâneas.
2. Considerar que o sistema pluvial deverá ser apto a recolher todas as águas, não deixando que a lâmina resultante ultrapasse, nos calçadões, mais de 3 (três) a 5 (cinco) cm. A razão da limitação de altura da água a esses valores é exatamente para evitar a inundação de pisos de lojas e pisos de prédios muito rentes ao piso do calçadão.
3. Considerar o uso inovador de galeria de tubulações.

8.2 Critérios adotados em projetos de calçadões

8.2.1. É usado o método racional para o cálculo das vazões a escoar[1]

Logo,
$$Q = C \cdot i \cdot A$$

Onde:
C = coeficiente de defluvio = 0,95;
i = chuva de projeto (intensidade);
A = área da bacia considerada.

Dados do projeto de um calçadão:

Para o cálculo de i, foi fixado um tempo de retorno (recorrência) de 5 anos.
O tempo de concentração foi estabelecido como 5 minutos.
Face a tudo isso, a intensidade da chuva de projeto resultou em 450 ℓ/s/ha.

8.2.2 Captação das águas

A captação das águas foi feita por pares de caixas grelhadas, distantes cada par cerca de 15 m um do outro, cada caixa é ligada a outra por conduto.

A grelha era formada de peça de ferro fundido com aletas (lâminas) dispostas no sentido que se imaginava vir o maior caudal de água. Utilizou-se um tipo de grelha com aletas inclinadas que, do ponto de vista de segurança de transeuntes (cegos com bengalas e mulheres usando salto alto), é de muito maior segurança que grelhas com aletas verticais.

A capacidade de engolimento de cada caixa, para um recobrimento de 3 cm de água, foi estabelecido como 3,2 ℓ/s.

---

1 Estamos nos referindo a um projeto de calçadão realizado pela EMURB para a Cidade de São Paulo.

8.2.3 Escoamento das águas pluviais

O escoamento das águas foi feito em canaletas de meia-cana mista até bocas de lobo ou poços de visita convencionais. O fato de usar meia-cana é devido a falta de espaço na vertical. O cálculo de capacidade hidráulica do tubo é feito, então, para capacidade máxima a meia seção.

Tipo de grelha para calçadão

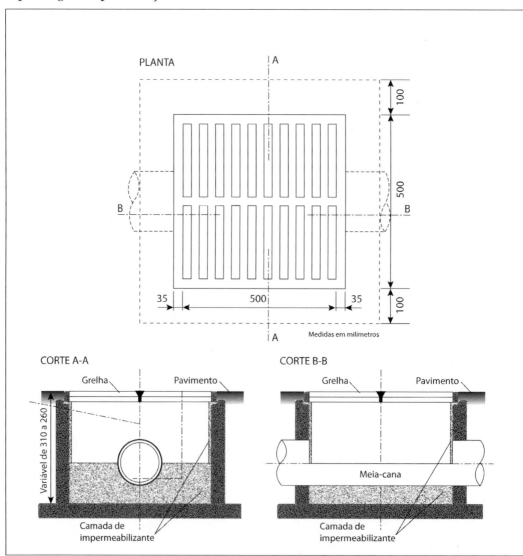

Capítulo 9
Curiosos e diferentes sistemas de águas pluviais: sistemas alternativos

Ao longo de nossa atividade profissional e mais especificamente durante o trabalho de preparação deste livro, coletamos os seguintes exemplos de sistemas não ortodoxos de águas pluviais.

9.1 Sistema afogado

Uma indústria, que soltava pelas chaminés um produto (pó) potencialmente inflamável, exigiu que no projeto do seu sistema pluvial o mesmo fosse previsto para trabalhar sempre sob pressão (afogado). A topografia plana da área industrial favoreceu a adoção do sistema, sempre afogado (dentro da área industrial).

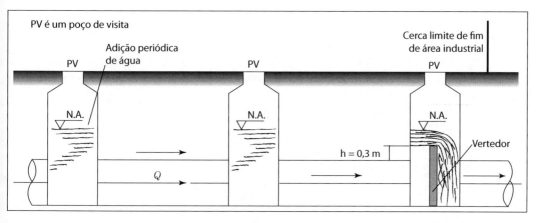

O sistema trabalhava sempre afogado, pela existência de um vertedor de saída no último PV, situado na área industrial. Em um PV a montante fazia-se a adição eventual de água para combater evaporações ou perdas de água por infiltrações.

9.2 O sistema ligando boca de lobo a boca de lobo

Em contato com os colegas de Salvador, BA, fomos informados da existência de um sistema que liga diretamente boca de lobo a boca de lobo, prescindindo de tubo conector (ou prescindindo do tubo principal, se quiserem).

Veja:

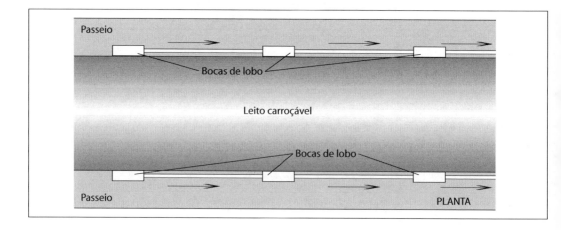

Vantagens:

- o sistema não ocupa o subsolo do leito da rua, deixando-o livre para a rede de água e rede de esgoto;
- as cargas sobre os tubos de ligação são menores do que receberiam se estivessem sob o leito carroçável.

Desvantagens:

As vazões pluviais crescem rapidamente, sendo que, com o crescer dos diâmetros dos tubos, as caixas das bocas de lobo terão que crescer. Destaque-se que o crescimento das capacidades de um sistema pluvial é muito rápido, levando as caixas das bocas de lobo a terem dimensões enormes.

9.3 Bocas de lobo sifonadas

Vem também da "Boa Terra" a experiência de sifonar bocas de lobo para impedir que os esgotos sanitários irregularmente lançados na rede de águas pluviais causem mau cheiro aos transeuntes nas calçadas.

Problema: não é fácil manter o selo hídrico, face à evaporação da água e, além disso, a própria água do selo hídrico pode passar a exalar mau cheiro.

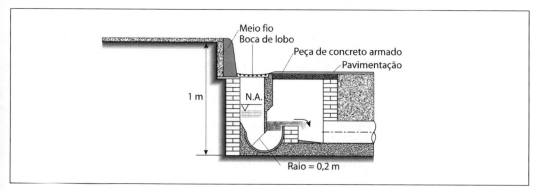

9.4 Sistema com microrreservatórios

Conforme indicado na bibliografia 32, este sistema consiste em criar, casa por casa, prédio por prédio, microrreservatórios que infiltrariam as águas pluviais que caíssem em cada edificação.

Esses reservatórios domiciliares (por exemplo, com capacidade de 10 m^3) receberiam as águas pluviais e as infiltrariam, diminuindo, com isso, drasticamente os caudais que chegariam às calhas das ruas e às vazões dos sistemas pluviais, e laminando as enchentes das ruas. Todo o sistema pluvial, com isso, teria seu custo drasticamente reduzido e as inundações na rua seriam sensivelmente diminuídas. A desvantagem desse sistema é o custo desses microrreservatórios, um em cada edifício da cidade.

9.5 Galeria técnica de serviços

No artigo "Prós e Contras de Galeria Técnica de Serviços", de Eduardo Pacheco Jordão (Ref. Bibliográfica n. 36) são relatadas as experiências de algumas cidades da Europa onde existe uma única galeria enterrada nas ruas e por onde passam as canalizações de águas pluviais, tubulações de esgotos sanitários, rede de água, linhas de eletricidade etc. Nesse artigo, é indicado, em nível preliminar, o que poderia ser essa "Galeria Técnica de Serviços". A ilustração a seguir é baseada em desenho citado nessa bibliografia.

Sobre esse assunto, veja-se também o artigo da revista "A Construção São Paulo", n. 1.743 (pág. 4 a 10), de título "As perspectivas para ocupação do subsolo urbano".

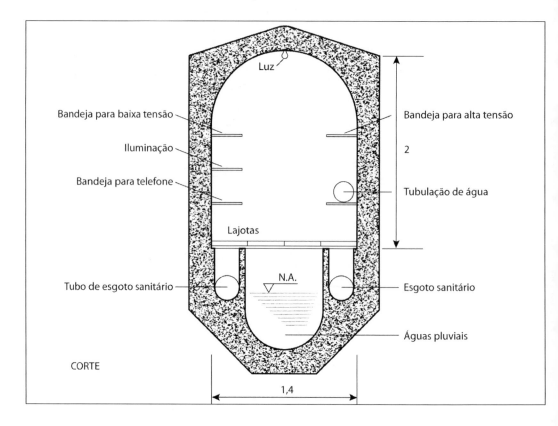

9.6 Construções pluviais com materiais alternativos

Vejamos um método de condução e destino das águas pluviais usando material alternativo.

Na revista "Boletim do Interior", volume 17, n. 8, agosto de 1984 – publicação da Fundação Prefeito Faria Lima – há o artigo "Criatividade, o remédio para poucos recursos". Nele são citadas as experiências das Prefeituras de Alfredo Marcondes, Inúbia Paulista e Flórida Paulista (SP) na fabricação de tubos para uso pluvial com aros de pneus velhos. Esses tubos são usados principalmente como bueiros de pequenas estradas vicinais, sendo que as cabeceiras dos mesmos são feitas de madeira ou de alvenaria. Veja o desenho a seguir.

As vantagens desses tubos são:

- reduzido custo;
- leveza que leva à facilidade de construção;
- dar destino correto, do ponto de vista ambiental, a velhas carcaças de pneus sem valor comercial,

Desvantagens:

- pequena vida útil, pois a amarração dos anéis de aros e pneus é feita com aço, que se oxida com o tempo;

- pequena capacidade de suporte de cargas de aterro;
- possibilidade de estocar água, gerando um foco de mosquitos.

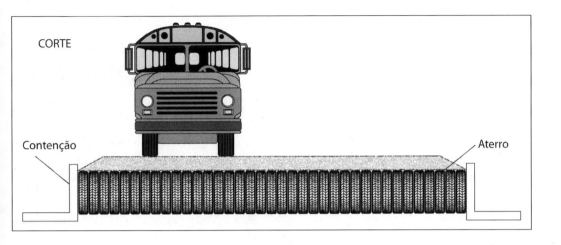

9.7 Tubulação pluvial captora de águas pluviais

Na revista "Dirigente Municipal, julho/agosto de 1984, bibliografia n. 49, é comentada a existência de um sistema que reúne, numa só peça, guia, sarjeta, dispositivo de captação de água e tubo para escoar a água.

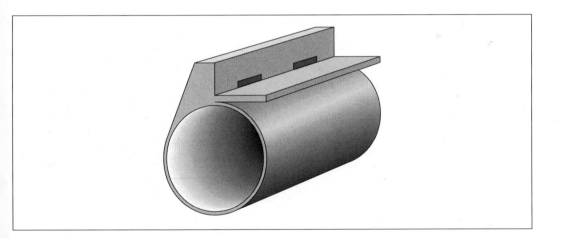

Segundo o artigo da revista, esse sistema vem sendo usado no município de Ribeirão Preto e cidades próximas.

A peça que engloba todas essas funções tem tamanho padrão no comprimento e vários diâmetros, espessuras diversas e dimensionamento para suportar a carga de veículos em caso de guia rebaixada.

9.8 É possível funcionar sistemas pluviais em loteamentos com ruas sem pavimentação? Veja como isso é possível[1]

Um colega, que implantou um loteamento industrial em que as ruas foram entregues sem pavimentação, mas com guias, sarjetas, bocas de lobo e tubulação pluvial, contou-me como procedeu (com sucesso, segundo ele).

Como o terreno era siltoso (facilmente erodível pelas águas pluviais), o mesmo foi coberto nos trechos viários por uma manta de terreno argiloso. Isso só na parte viária, pois, nos lotes, as indústrias estavam se instalando e protegendo cada uma sua parcela do terreno.

A declividade transversal da rua foi aumentada para forçar que a água corresse, sem titubear, para as sarjetas, impedindo que corresse por caminho próprio, paralelo ao escoamento na sarjeta, o que poderia ocasionar, com o tempo, a erosão da base da sarjeta. De trechos em trechos, faziam-se sulcos (leiras) para forçar ainda mais o escoamento das águas para as sarjetas.

Foi implantada uma manutenção do leito das ruas. Tão logo se notasse o início de uma erosão, criando caminho preferencial de águas, a situação era corrigida.

Face a tudo isso, quando da ocorrência de chuvas, a área do loteamento não sofria maiores erosões, e, por conseguinte, as bocas de lobo não se entupiam com terra.

Mais tarde, chegou a pavimentação à área, mas o projeto e a manutenção adequados evitaram a deterioração do loteamento.

---

[1] Um exemplo de sistema pluvial em áreas não pavimentadas é o sistema usado em estradas de terra, composto de valetas laterais e caixas de captação de água, tudo isso para proteger o corpo estradal. Ver Anexo K.

Anexo A
Elementos de hidrologia

Para entendermos as vazões pluviais é necessário entender as chuvas. Vamos, então, entender os parâmetros de medidas das precipitações.

A.1 Intensidade

É a medida da quantidade de chuva que cai numa área num certo tempo. É uma medida volumétrica.

Como a área é fixada convencionalmente em 1 m², a medida volumétrica se transforma em medida de altura.[1] Exemplo de intensidade de chuva: 10 mm/hora. Isso quer dizer que em uma hora caiu 10 mm de água em uma área de 1 m², ou seja, 0,01 m por m² por hora, ou seja, se toda essa água fosse recolhida e não evaporasse nem infiltrasse, teríamos, em uma hora, um volume de precipitação de 0,01 m³ em 1 m².

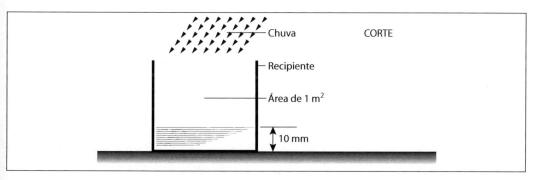

---

1 Normalmente, classificam-se:
   regiões de baixa precipitação < 800 mm/ano;
   regiões de média precipitação – 800 a 1.600 mm/ano;
   regiões de alta precipitação > 1.600 mm/ano.

Conforme sejam as necessidades, a chuva é medida por minutos de ocorrência, em horas de ocorrência e em dias de ocorrência, ou até em anos. Destacamos que não é uma questão de escolha e transformação de unidades.

Há casos que interessa saber a chuva que ocorre em 10 minutos,[2] e há casos que interessa saber a chuva que ocorre em um dia.

Mas como se mede a intensidade da chuva?

Usam-se para isso pluviômetros e pluviógrafos. Iniciemos pelo pluviômetro.

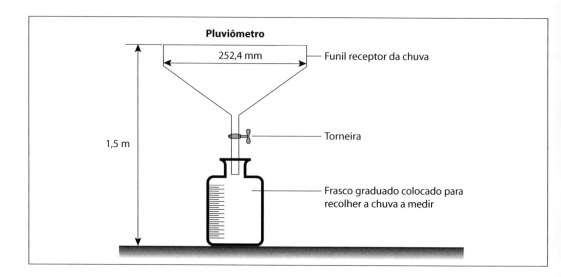

A.1.1 Pluviômetro

Mede a totalidade da precipitação pela leitura do nível do líquido, chuva que caiu e ficou retida no frasco graduado. Normalmente, a leitura é feita uma vez ao dia e às 7 horas da manhã. Como a leitura é de toda precipitação que ocorreu no período de 24 horas, a medida é de x mm/dia. Não dá para medir a intensidade da chuva em minutos de ocorrência.

A leitura do pluviômetro deve ser sagradamente feita dia a dia. Há centenas de pluviômetros instalados no país, em áreas urbanas e rurais. No meio rural são instalados, regra geral, junto a uma escola ou empório de beira de estrada. Os dados medidos são coletados periodicamente e analisada a sua consistência. Houve um posto pluviométrico que acusava fortes precipitações às segundas-feiras. A "causa" do "fenômeno hidrológico" é que o operador não media precipitações no domingo, acumulando tudo na segunda feira (erro de medida).

Passemos ao pluviógrafo:

---

2 Como se verá a seguir, as características médias de uma chuva que ocorre em dez minutos são completamente diferentes das características médias das chuvas que ocorrem durante todo um dia.

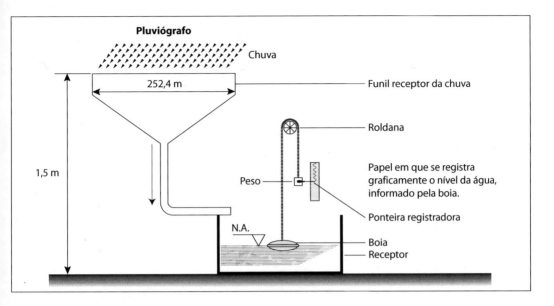

A.1.2 Pluviógrafo

É um coletor (funil) associado a um tanque receptor e um registrador, que registra num gráfico a evolução de quantidade de água que cai. O equipamento possui um dispositivo de tempo que permite o registro da intensidade em função do tempo.

O ideal seria se ter sempre pluviógrafos. O problema é que o pluviógrafo é significativamente mais caro que o pluviômetro.

Entendido o conceito de intensidade, cabe agora introduzir o conceito de duração da precipitação.

A.1.3 Duração

Duração de uma chuva é o tempo que decorre entre o cair da primeira gota até o cair da última gota. A medida da duração é em minutos, horas ou dias, conforme seja o uso a que se destina.

Conhecidas a intensidade e a duração, podemos estimar o volume de água que caiu numa bacia.

Por exemplo:

Se na bacia do Rio Chapéu ocorreu uma precipitação constante de 13 mm/hora durante dez minutos e a área da bacia é de 37 km^2, podemos dizer que a água que caiu foi:

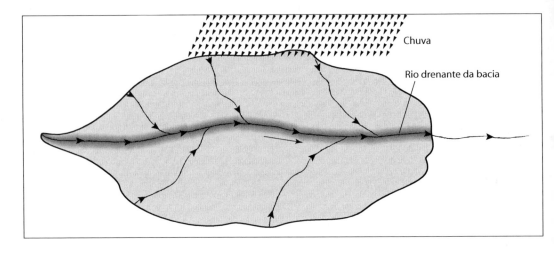

Intensidade (i) = 13 mm/h = 13 · 10^{-3} m/h
Duração (t) = 10 min = 10/60 h
Área = 37 km² = 37.000.000 m² = 37 × 10^6 m²
Volume de água = Área · i · t = 37 · 10^6 m² · 13 · 10^{-3} m/h · 1/6 h
Volume de água = 80.167 m³ [3]

Agora façamos uma observação oriunda de dados experimentais em todo o mundo.

"Chuvas muito fortes (intensas) são de curta duração e chuvas fracas (baixa intensidade) são prolongadas".

A nossa experiência pessoal também mostra isso. Torós e pés-d'água são fortes e acabam rapidamente. Chuva fina dura horas.

O levantamento de dados medidos em pluviógrafos nos mostra sempre a existência dessa lei natural que pode ser expressa graficamente por:

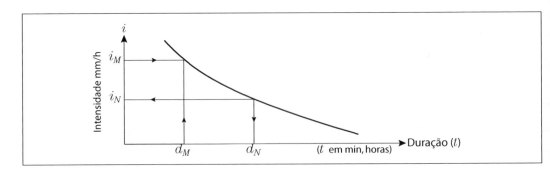

---

3 O volume que calculamos é o volume de água que caiu na bacia. O volume de água que é drenado pelo rio nesse prazo é diferente, pois parte da água se evapora e parte da água se infiltra no terreno, indo alimentar o rio somente horas ou dias depois.

Da leitura do gráfico se vê que:

- chuvas intensas (iM) duram menos (dM);
- chuvas fracas (iN) duram mais (dN).

Entendidos os conceitos de intensidade e duração, fica a pergunta. "Num determinado local ocorre muitas vezes (com alta frequência) uma chuva de 30 mm/h. E uma chuva de 100 mm/h, qual a probabilidade de ocorrência?

Para introduzir o conceito de probabilidade, possibilidade de ocorrência, estabeleçamos o conceito de tempo de retorno (T) (sempre medido em anos). Se dizemos que uma chuva 5 mm/hora tem um tempo de retorno de 5 anos, isso quer dizer que, baseado em dados estatísticos de chuva da região, essa chuva só ocorre com essa intensidade (ou com intensidade maior) uma vez em cada 5 anos. Como 1:5 é 20%, essa é a probabilidade a cada ano.

Essas três grandezas (intensidade, duração e tempo de retorno de chuva) podem ser todas inter-relacionadas, como fez o Eng. Otto Pfafsteter no seu clássico livro "Chuvas Intensas no Brasil", apresentando os dados em gráficos, como se vê a seguir:

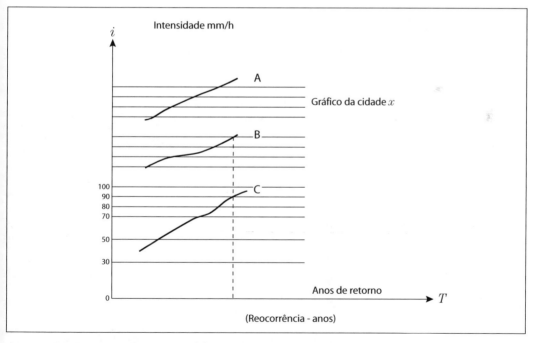

A) Curva de chuva de duração: 5 min.
B) Curva de chuva de duração: 30 min.
C) Curva de chuva de duração: 2 horas.

Fixado um tempo de retorno (T_r), verificamos qual a duração da chuva (A, B ou C) e tem-se a intensidade da precipitação. Além do trabalho do Eng. Pfafsteter, esses três valores podem ser correlacionados analiticamente.

Exemplo: fórmula de Paulo Sampaio Wilken[4] para a cidade de São Paulo com dados coletados de 25 anos.

$$i = \frac{34,627 \cdot T_r^{0,172}}{(t_c + 22)^{1,025}}$$

Onde:
 i = precipitação (mm/min);
 T_r = tempo de retorno (anos);
 t_c = tempo de duração das chuvas (min).

Fórmula de Antonio Garcia Occhipinti e Paulo Marques dos Santos (bibliografia n. 1, p. 58) para $t < 60$ min.

$$i = \frac{27,96 \cdot T_r^{0,112}}{(t_c + 15)^{0,86 \cdot T_r^{-0,0144}}}$$

Onde:
 i = precipitação (mm/min);
 T_r = tempo de retorno (anos);
 t_c = tempo de duração das chuvas (min).

Para Porto Alegre, conforme citado na bibliografia n. 56, tem-se a fórmula de Camilo de Menezes e R. dos Santos Noronha.

$$i = \frac{a}{t + b}$$

Sendo:
 i = precipitação (mm/min);
 Para T_r = 5 anos; a = 23, b = 2,4.
 Para T_r = 10 anos; a = 29, b = 3,9.
 Para T_r = 15 anos; a = 48, b = 8,6.
 Para T_r = 30 anos; a = 95, b = 16,5.

Vamos agora a um caso real. Seja a bacia do Rio Jacu de 32 km², onde se planeja a canalização do rio no seu trecho final. Queremos saber a vazão máxima, se ocorrer uma chuva com período de retorno de 30 anos (ou seja, 1 vez em 30 anos)

---

[4] Sem dúvida, o patrono da engenharia paulista de sistemas pluviais.

a chuva superará a do projeto. Para sabermos a vazão, temos que correlacionar a vazão com a chuva. Isso é feito pela chamada fórmula racional.[5]

Fórmula racional:

$$QB = c \cdot i \cdot S$$

Onde:
- C = Coeficiente de deflúvio;
- i = Intensidade da chuva;
- S = Área da bacia.

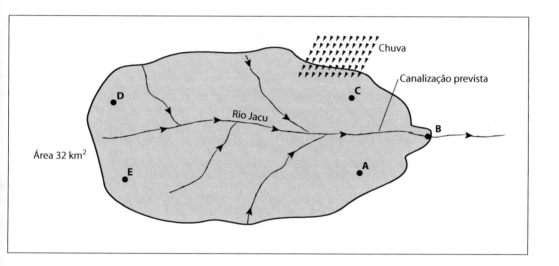

A vazão máxima a passar no rio drenante da bacia (ponto extremo B) é função da chuva i, da área (S) e das condições próprias da bacia, condições essas estimadas pelo coeficiente, chamado coeficiente de deflúvio.

Na bibliografia 56 são apresentados dados do Colorado Highway Departament, que são:

Características da bacia	Coeficiente de deflúvio (%)
Superfície impermeáveis	90-95
Terreno estéril montanhoso	80-90
Terreno estéril ondulado	60-80
Terreno estéril plano	50-70

Continua

---

[5] Segundo vários autores, a fórmula racional é aplicável a bacias de até 50 ha, e com muita cautela para áreas maiores. A explicação é o fato de não podermos admitir a uniformidade de precipitação para áreas muito grandes.

Continuação

Características da bacia	Coeficiente de deflúvio (%)
Prado, campinas, terreno ondulado	40-65
Matas decíduas, folhagem caduca	35-60
Matas coníferas, folhagem permanentes	25-50
Pomares	15-40
Terrenos cultivados em zonas altas	15-40
Terrenos cultivados em vales	10-30

A fórmula racional, usando os dados disponíveis e admitindo o coeficiente de deflúvio médio para toda a bacia igual a 0,2, fica:

$$QB = C \cdot i \cdot S = 0{,}2 \cdot i \cdot 32 \text{ km}^2$$

Nossa última incógnita é i. Como sabemos, a determinação de i depende de dois fatores:

t = tempo de duração;
T = tempo de retorno.

O tempo de retorno é uma escolha humana (por exemplo, o projetista) baseada no risco. Baixos tempos de retorno levam a chuva de menor intensidade e a obras decorrentes de menor porte e de menor custo. Altos tempos de retorno levam a chuvas mais intensas e maiores obras de canalização do rio. No nosso caso, o período fixado foi de 30 anos.

Falta agora definir o tempo de duração. Para definir o tempo de duração da chuva que usaremos, vamos introduzir o conceito de tempo de concentração da bacia.

Como sabemos, chuvas muito intensas são, em geral, rápidas, e chuvas de baixa intensidade são, em geral, de maior duração (t). Ocorrendo na Bacia do Rio Jacu uma precipitação de alta intensidade, a vazão em B (saída da bacia) tende a crescer continuamente, graças à contribuição de parte da bacia, cuja água teve tempo de chegar (digamos de A e C até B). As águas caídas em D e E (pontos mais distantes) ainda estão vindo, ou pelos córregos, ou pelo rio. Nesse instante, cessa a chuva.

Poucos minutos depois, os pontos próximos já não contribuem, enquanto estão chegando as águas dos pontos distantes.

Veja o gráfico a seguir:

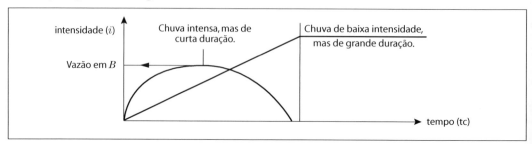

Se ocorrer no Rio Jacu uma chuva de menor intensidade, mas com uma maior duração, então toda a bacia (até os pontos extremos D e E) passará a contribuir, concomitantemente.

A.1.4 Tempo de concentração (t_c)

(t_c) de uma bacia é o tempo necessário de precipitação para que toda seção considerada da bacia contribua.

Do exposto, intere-se que para se saber a máxima vazão que ocorre numa bacia, basta igualar o tempo de concentração da bacia ao tempo de duração da chuva.

No caso do Rio Jacu, o ponto extremo de contribuição é o ponto D. Digamos que esse ponto D esteja a 9 km do B. Admitindo uma velocidade média de água no escoamento superficial de 0,5 m/s, o tempo de concentração será de 5 horas.

$$L = V \cdot t_c \begin{cases} 9.000 \text{ m} = 0,5 \text{ m/s} \cdot t \\ t = 18.000 \text{ s} = 300 \text{ min} = 5 \text{ h} \end{cases}$$

Admitamos que seja aplicável nesse rio a fórmula de Camilo de Menezes e R. Santos Noronha:

$$i = \frac{a}{t_r + b}$$

Onde:
 i = precipitação (mm/min) 30 anos.

Para t_r = 30 anos, a = 95, b = 16,5. Ver página 114 deste livro.

$$i = \frac{95}{t_r + 16,5}$$

$$i = \frac{95}{30 + 16,5} = 2,04 \text{ mm/min} \rightarrow 122,4 \text{ mm/h} \rightarrow 1.883,6 \text{ }\ell/\text{s} \cdot \text{ha}$$

$$\ell \text{ (vazão do rio)} = c \cdot s \cdot i$$

Onde:
 c = 0,2 (área rural);
 s = 32 km² = 3.200 ha;
 i = 1.883,6 mm/h
 ℓ = 0,2 · 3.200 · 1.883,6 = 1.205 ℓ/s.

A.2 Conclusão

Pelos dados, se eu projetar a canalização do rio Jacu com capacidade hidráulica para transportar sem inundar a vazão de ℓ = 1.205 ℓ/s só uma vez a cada 30 anos, o rio apresentará vazão maior e então transbordará.

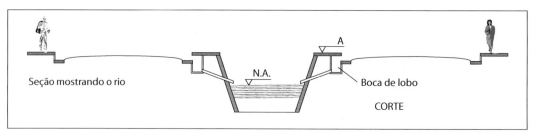

Uma vez em cada 30 anos (5 vezes em cada 150 anos), o rio ultrapassará o nível A e ocupará o leito das ruas. Mas não acredite nisso. Com o tempo, a bacia contribuinte do rio se urbaniza, são construídas casas, ruas são pavimentadas, e com isso, o coeficiente de deflúvio aumenta, e diminui o tempo de concentração da bacia. Com isso, o rio inundará não só uma vez em cada 30 anos, mas 1 vez, talvez, em cada 5 anos. E daí? Ou se convive com o problema, ou se aumenta a caixa do rio. Por exemplo, verticalizam-se as paredes das margens do rio. Com a verticalização aumenta a caixa do rio, aumenta a capacidade de escoamento do rio e diminuem as inundações. Com a diminuição das inundações a região se valoriza, aumenta a urbanização, aumenta o coeficiente de deflúvio, diminui ainda mais o tempo de concentração e vai por aí e quase que não tem fim.

Por exemplo, o Rio Tamanduateí, na Grande São Paulo, foi canalizado em 1910 para uma vazão máxima de projeto pouco maior que 100 m^3/s, e as obras em andamento na década de 1980 para o mesmo rio tinham como vazão de projeto uma vazão próxima a 500 m^3/s.

São as consequências da:

- retificação do córrego a montante do rio;
- impermeabilização progressiva até hoje da superfície de drenagem;
- canalização e retificação de seus afluentes de montante.

Nota lamentável: com todas as custosas obras de canalização de rio com capacidade de 500 m^3/s feitas no começo do século XX, o rio voltou a inundar suas áreas ribeirinhas.

Anexo B
Uma viagem à hidráulica de canais

B.1 Primeiras palavras

Quando a água escoa em um conduto com pressão atmosférica na borda superior do líquido, temos o chamado *escoamento em canal*, também chamado *escoamento livre*. É o tipo de escoamento que ocorre em:

- rios, córregos, arroios,[1] ribeirões;
- galerias pluviais (nosso caso);
- condutos de esgoto;
- canais de drenagem;
- canais de irrigação etc.

Vejamos alguns tipos desses escoamentos ditos livres:

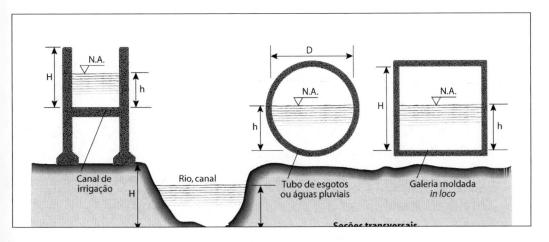

---

[1] Termo gaúcho.

Vejamos agora um exemplo da seção longitudinal de um escoamento em canal:

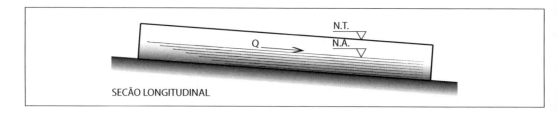

Diferente do escoamento em canal é o escoamento em pressão. No escoamento em pressão, a pressão em qualquer ponto do líquido é superior à pressão atmosférica. Veja:

O escoamento com pressão é usado em redes de água, oleodutos etc.

Voltemos à hidráulica de canais.

Para entender mesmo a hidráulica de canais temos que entender e aceitar que existem dois elementos *principais*, duas realidades-chave, que governam elementos *secundários*.

Os elementos principais são:

- *calha do canal* – construção física, artificial ou natural. São elementos de calha, sua seção, sua rugosidade, sua declividade;
- *vazão* – é a quantidade de água na unidade de tempo que passa na calha do canal.

Da integração vazão e calha do canal, ou seja, jogando-se a vazão de água na calha do canal resultam:

- área molhada;
- velocidade da água;
- profundidade da lâmina de água;
- condições de escoamento (escoamento uniforme, escoamento não uniforme, regime torrencial, regime fluvial etc.);
- etc. etc.

B.2 Definições

Seja um escoamento em canal e consideremos duas seções em seu desenvolvimento. Passemos às definições que nos auxiliarão a entender o assunto.

B.2.1 Quanto à vazão

Regime permanente – O Regime do rio será permanente em M, se ao longo de um tempo considerado, a vazão em M for constante.

Exemplo de regime permanente: um rio de médio ou grande porte, durante o período de meia hora em uma determinada seção, em geral tem uma vazão praticamente constante. Logo, alí o regime é permanente. Exemplo: Rio Amazonas, longe de sua foz.[2]

Regime não permanente – A vazão na seção M varia com o tempo. Pequenos córregos sofrem grandes variações de vazão com a ocorrência de chuvas em suas bacias. Num certo espaço de tempo pode ocorrer, pois, um regime não permanente numa seção M desse córrego.

Regime conservativo – O conceito de regime conservativo se aplica sempre a dois pontos de um escoamento. Se a vazão em M e N forem iguais, o regime será conservativo nesse trecho. Em médios e grandes rios, desde que no trecho MN não chegue um afluente significativo, temos um regime conservativo. Exemplo: Rio São Francisco, entre dois pontos distantes 300 m.

Regime não conservativo – A vazão varia entre dois pontos. Nos pequenos córregos entre dois pontos pode ocorrer uma diferença de vazão pela contribuição de um afluente. É um exemplo de regime não conservativo.

B.2.2 Quanto à calha do canal

Antes de darmos definições relativas à calha do canal, lembremos que a calha é uma realidade física, independente da passagem aí de vazão.[3]

---

[2] Um rio que tenha regime permanente pode, às vezes, ao chegar a sua foz no oceano, ter alterado esse regime permanente. Ao subir, as marés altas podem represar as águas do rio, liberando-as em grande velocidade quando das marés baixas. Seria então um regime não permanente.
[3] Portanto, uma calha tem sempre uma capacidade de transporte hidráulico. Ter ou não vazão na calha é um fato que depende da ocorrência da água.

Chamamos de calha à seção, rasgo, veio, feito pela natureza ou pelo homem. Dividamos agora as calhas em dois tipos:

Calha de características uniformes – Ao longo do traçado da calha são constantes a seção, a rugosidade e a declividade. Por exemplo, a calha de um canal de irrigação de concreto armado será uniforme se forem constantes a sua largura, a sua altura, a sua declividade e a sua rugosidade. Se as características não variarem, temos os canais de calha uniforme. Não confundir altura de calha do canal com a altura de água. A altura da calha é uma realidade física H_3. A altura de água (h) só existe quando há líquido escoando.

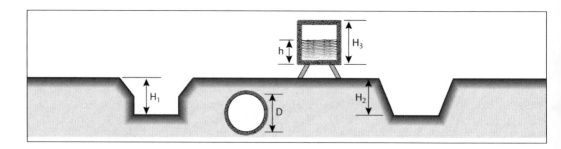

Exemplos de canais com calhas de características uniformes:

- sarjeta da rua;
- galeria de concreto de diâmetro constante, em trecho de declividade constante.

Calha de características não uniformes – Basta, entre dois pontos, variar qualquer uma das características do canal (ou a forma da seção, ou a rugosidade, ou a declividade). Uma extensão de rio que tenha um trecho com margens de terra e outro trecho com margens revestidas de pedra é um exemplo de calha não uniforme.

Tudo claro até aqui?

Vimos definições que relacionam exclusivamente e individualmente cada um dos dois elementos principais, a *calha* e a *vazão*.

Agora vamos jogar a vazão de água na calha do canal e vamos estudar os elementos secundários que surgem nos canais quando neles há vazão. Os elementos secundários são:

- velocidade média da água (V);
- altura da água;
- seção (área) molhada (S);
- perímetro molhado;
- etc. etc.

Lembramos que em qualquer caso vale a chamada equação de continuidade:

$$Q \cdot S \cdot V$$

Onde:
Q = vazão (por exemplo m³/s);
S = área molhada (por exemplo m²);
V = velocidade média da água na seção (por exemplo m/s).

Exemplos:

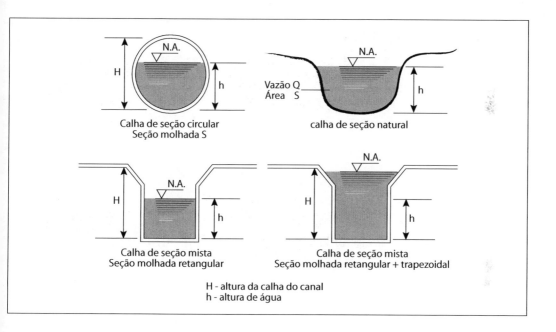

B.3 Tipos de escoamento

Tudo o que será visto daqui por diante, neste livro, parte da premissa sagrada que os nossos escoamentos estão no regime permanente conservativo. Admitiremos também que as calhas tenham características uniformes. Ok, caro leitor?

Admitimos inicialmente um canal de calha trapezoidal de grande altura H e de fundo plano, sem declividade (i = 0) e de enorme extensão. Chamemo-lo de *canal de referência*.

Admitamos que no ponto B desse canal de referência seja introduzida uma vazão Q e no ponto A haja uma queda livre (cachoeira, cascata). Vejamos o que acontece ao longo de B até A:

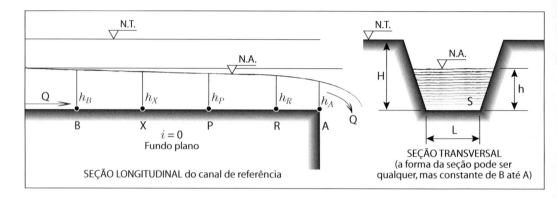

Nesse caso de calha plana com entrada tranquila de água em B e queda em cascata em A, podemos garantir:

$$h_B > h_X > h_P > h_R > h_A$$

Como a seção da calha é constante, diremos, quanto às seções molhadas:

$$S_B > S_X > S_P > S_R > S_A$$

e como

$$Q_B = Q_X = Q_P = Q_A$$

(condição conservativa) e lembrando que sempre $Q = S \cdot V$ então

$$V_B < V_X < V_P < V_R < V_A$$

Esse escoamento e qualquer escoamento onde as alturas de água (assim como a velocidade e as seções molhadas) variam ao longo do canal chama-se *escoamento não uniforme* ou seja é um *escoamento variado*. Admitamos agora, que esse canal de referência tenha uma declividade $i > 0$, digamos $i = 0,005$ m/m.

Veja o que vai acontecer:

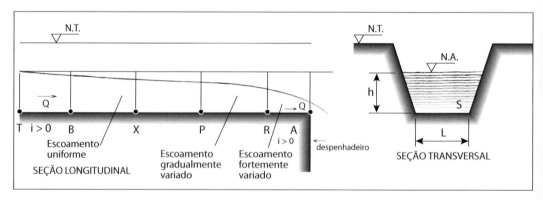

$$h_B = h_X > h_P > h_R \gg h_A$$

Verifica-se neste caso que as alturas de água são crescentes de A até R (rápidamente crescentes) e ligeiramente crescentes de R para P, e a partir de P a altura é constante até B (entrada tranquila de água no canal). Logo, quanto às áreas molhadas:

$$S_T = S_B = S_X > S_P > S_R \gg S_A$$

O escoamento entre T e B é chamado *uniforme* (as características hidráulicas são constantes h. S. V). O escoamento do trecho XR é chamado de *gradualmente variado* (varia lentamente) e entre R e A é chamado de *fortemente variado*.

Como descobrir, no caso, o ponto B a partir do qual, para montante, o escoamento se torna uniforme e a partir do qual para jusante se tem o escoamento gradualmente variado?

Não estudaremos isso no presente livro. Só como "aperitivo" diremos que a determinação do ponto B depende tanto da calha do canal como da vazão.

Para iguais vazões de comparação, o ponto B se afasta mais de A quanto menor for a declividade do canal, e inversamente o ponto X se aproxima de A quando a declividade da calha aumenta.

Quando a declividade da calha for nula, o ponto B foge para infinito a montante ou seja, nunca ocorre o escoamente uniforme em calhas de declividade nula.

Para os que ficaram tristes por não ensinarmos neste livro a localização do ponto B a partir do qual, para a montante, o regime é uniforme (h. S e V constantes), temos uma compensação. Para 90% dos casos de aplicação de dimensionamento hidráulico de canais pluviais, vamos admitir (código de honra) que estaremos no trecho B-X, ou seja, admitiremos que estamos no escoamento uniforme.

Essa hipótese ocorre sempre nos sistemas pluviais?

É lógico que não.

Em calhas de características uniformes, para ocorrer o escoamento uniforme, mostram a teoria e a prática que as extensões das calhas teriam que ser de dezenas, e, às vezes, até de centenas de metros. Nos nossos sistemas pluviais essas extensões uniformes quase nunca ocorrem.

Por que a simplificação adotada? Razões:

a) Seria extremamente demorado calcular trecho por trecho como *escoamento variado*, o que realmente ocorre nas várias partes dos sistemas pluviais.

b) A adoção da premissa do *escoamento uniforme* fica a favor da segurança em boa parte dos casos.

c) A experiência mostra que os resultados obtidos são adequados e compatíveis com o tipo de obra.

Logo, de aqui por diante no nosso livro, admitiremos que estamos sempre no escoamento uniforme, ou seja, estaremos no trecho TB, a menos de expressamente advertido ao contrário.

Mas vejamos uma subdivisão de situações no escoamento uniforme.[4]
- regime fluvial (sub crítico);
- regime crítico;
- regime torrencial[5] (supercrítico).

Vamos entender um pouco essa separação de regimes.

B.4 Regimes fluvial, crítico e torrencial

Voltemos ao nosso canal de referência. Digamos que possamos ir crescendo lentamente a declividade i e vejamos o que acontece num trecho quando lá se introduz uma interferência (joga-se uma pedra ou mergulha-se uma vara).

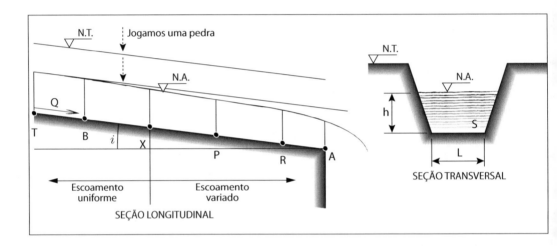

Quando a declividade i for pequena, ao jogarmos uma pedra no curso de água notaremos que as perturbações (ondinhas) se dirigem para cima (montante) e para baixo (jusante). Aumentemos um pouco mais i. O fenômeno continua. Vamos crescendo i. Chegaremos a um certo i (que depende da calha e da vazão), a partir do qual essa perturbação não mais se propaga para montante, e nem para jusante. Esse i chama-se i "crítico". Nesse caso temos o regime crítico. Se aumentarmos algo mais o i, superando ic, se verá com clareza que devido a maior velocidade de água, toda a perturbação só vai para jusante. Estamos no regime torrencial. Veja a tabela.

---

4 Na verdade, os conceitos de regime fluvial e torrencial explanados a seguir são aplicáveis também ao escoamento variado. Deixamos de detalhá-lo pelo fato de, neste livro, valer a premissa de sempre estarmos no escoamento uniforme.

5 Não confundir essa nomenclatura com uma outra ainda em uso no nosso meio técnico e estabelecida pelo hidráulico "Belgrand" para estudos no rio Sena. Segundo Belgrand, os regimes dos rios podem ser torrenciais (quando sua vazão cresce rapidamente quando das chuvas) e tranquilos (quando no inverso). Dentro dessa terminologia, o rio Cubatão (SP) é um exemplo de rio torrencial; face a escarpada topografia de sua bacia, ele reage nervoso às chuvas. Ver bibliografia n. 46 – Anexo I.

$i < i_c$	regime fluvial (subcrítico ou tranquilo)	propagação da perturbação para montante e jusante[6]
$i = i_c$	regime crítico	situação limite
$i > i_c$	regime torrencial (supercrítico ou rápido)	propagação de perturbação só para jusante

A declividade crítica é um ponto de mudança, de alteração, indica a posição de mudança. É uma situação transitória, quase que teórica.

Imaginemos uma situação de colocação de obstáculos em um canal no regime torrencial.

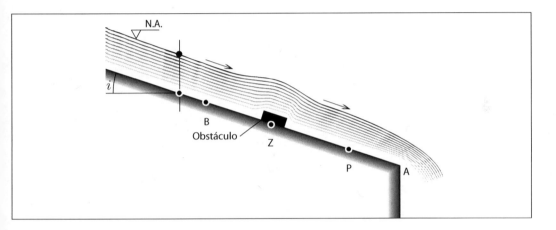

No regime torrencial, a existência de um obstáculo cria uma perturbação local (levanta água, espirra água), mas essa perturbação não se propaga para montante e nem para jusante. É existencialmente uma situação de solidão, pois não se comunica.

No regime torrencial, no local do obstáculo há uma grande agitação, mas a agitação fica aí. A montante (B) ninguém sabe o que aconteceu em Z.

Normalmente nos médios e grandes rios, o regime é fluvial, distante, bem distante das situações críticas. Nesse regime, a perturbação vai para montante e jusante. Nos lagos, o escoamento é fluvial, e se jogarmos uma pedra, as perturbações vão para cima e para baixo. Até esteticamente é lindo.

Nas canalizações pluviais também o regime é fluvial, na maior parte dos casos.

Em ruas acidentadas da cidade, o escoamento nas sarjetas é quase sempre torrencial (supercrítico). Faça a experiência. Coloque um tijolo na sarjeta de uma rua bem inclinada em dia de chuva. A água passa por cima, esborrifa e o escoamento a um metro a montante nem sabe.

---

6 As expressões "regime fluvial", "regime subcrítico" e "regime tranquilo" são simplesmente expressões sinônimas, assim como as expressões "regime torrencial", "regime supercrítico" e "regime rápido" são apenas expressões sinônimas.

Imaginemos agora que na *situação fluvial* colocássemos uma pedra no fundo do canal no ponto Z entre o B e P (trecho de escoamento uniforme). A linha de água se altera (eleva-se) em relação à situação anterior e essa elevação se propaga para montante (rio acima).

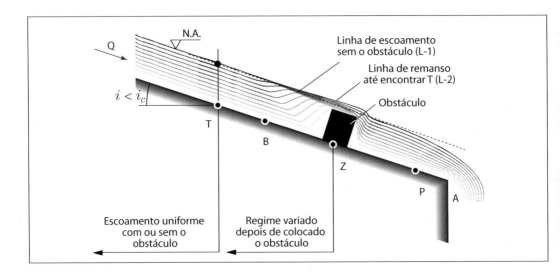

Notar então, enfatizamos, que na situação fluvial ocorre um levantamento de toda a linha de água para vencer o obstáculo, e essa elevação se propaga para montante até um ponto T. É o caso das barragens.

Entre Z e T, o escoamento sofreu a interferência do obstáculo. A linha de água modificada (L_2) é a chamada curva de remanso (vai de Z até T). A montante de T, tudo fica como dantes. É o limite da curva de remanso.

Resumo:

No regime fluvial, os obstáculos criam remansos que se comunicam para montante até uma certa distância.

Devido a essa perturbação no trecho T_Z deixa de ocorrer o escoamento uniforme, que só ocorrerá do ponto T para montante (fim da influência da perturbação).

Melhor exemplo não pode haver do que acontece em um curso de água em condições fluviais do que a construção (obstrução a rigor) de barragens nos médios e grandes rios (Paraná, São Francisco, Tietê etc.). O que acontece? Há uma criação de um remanso de dezenas e dezenas de quilômetros (formação de um lago-reservatório). É um exemplo real e grandioso de se criar obstáculos (úteis no caso) em cursos de água tipicamente subcríticos (fluvial).

Às vezes, acontece de se ter situações de montante torrenciais e de jusante fluviais. A acomodação se dá pelo fenômeno chamado ressalto hidráulico.

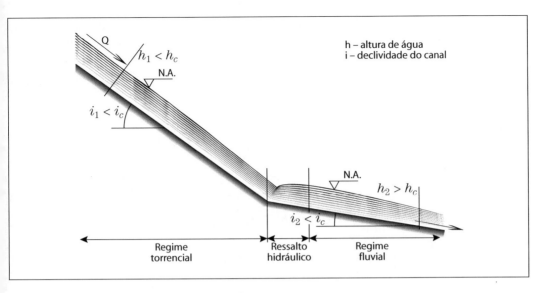

Como saber se estamos em canal de regime fluvial ou torrencial?

Dada uma calha e uma vazão basta verificar qual a calha equivalente[7] que, escoando à vazão em questão, teria a declividade crítica. Se a nossa calha tiver maior declividade que a crítica estaremos no regime torrencial.

Lembrete: dada uma calha de canal, para pequenas vazões as velocidade de água serão baixas e teremos normalmente regimes fluviais (subcríticos). Para essa calha existe uma vazão e só uma vazão que causa a situação crítica. Vazões maiores causarão regimes torrenciais.

Por outro lado, dada uma vazão fixa Q e uma calha de declividade variável, para baixas declividades teremos velocidades baixas e situações fluviais. Se a declividade do canal for crescendo, chegaremos ao regime crítico, e qualquer declividade maior gerará regime torrencial.

Lembramos com ênfase que as teorias de cálculo de canais foram estabelecidas baseadas em experiências do regime fluvial. Usá-las para o regime torrencial é no mínimo desagradável, ou seja, é menor a confiabilidade de resultados da aplicação dessas fórmulas. Sempre que possível deve-se procurar projetar canais para escoamento no regime fluvial, se quisermos ter confiança nas fórmulas (Chézy, Manning etc).

Há casos, entretanto, em que isso é impossível. Um exemplo são as rampas para vencer desníveis. Normalmente aí as velocidades são altíssimas, o regime é torrencial e a previsão do seu real funcionamento só seria possível com auxílio de modelos hidráulicos reduzidos.

---

7 Entenda-se como calha equivalente aquela outra que tem a mesma seção que a primeira.

Uma solução, nesses casos, será trabalhar com coeficiente de segurança para "encobrir" nossas incertezas. Azevedo Netto, na pág. 159 da Bibliografia 6, recomenda:

"No projeto de canais é indispensável verificar as condições de escoamento, determinando-se os regimes hidráulicos que vão prevalecer.

Normalmente os canais são projetados para velocidades baixas, declividades moderadas para funcionar em regime subcrítico.

O escoamento supercrítico, torrencial ou rápido, com velocidades elevadas, traz uma série de riscos, exigindo cuidados especiais no seu projeto. Nesse regime podem ocorrer sobre-elevações e ondas oscilatórias que podem se propagar ao longo do canal.

Além disso, podem ocorrer subpressões perigosas".

Podemos fazer agora um quadro-resumo de todas as situações vistas.

Restaria falar, antes de entrar no quadro, quanto às alturas de água. Dada uma calha e uma vazão, se ocorrer a situação crítica, então a altura de água será a chamada "altura crítica" h_c. Se diminuirmos a declividade da calha (mantendo a vazão), então ocorrerá uma altura (h) que será maior que h_c. Se aumentarmos a declividade da calha e mantivermos a vazão, então ocorrerá um h menor que h_c.

Pronto, vamos ao quadro na página a seguir.

Uma viagem à hidráulica de canais

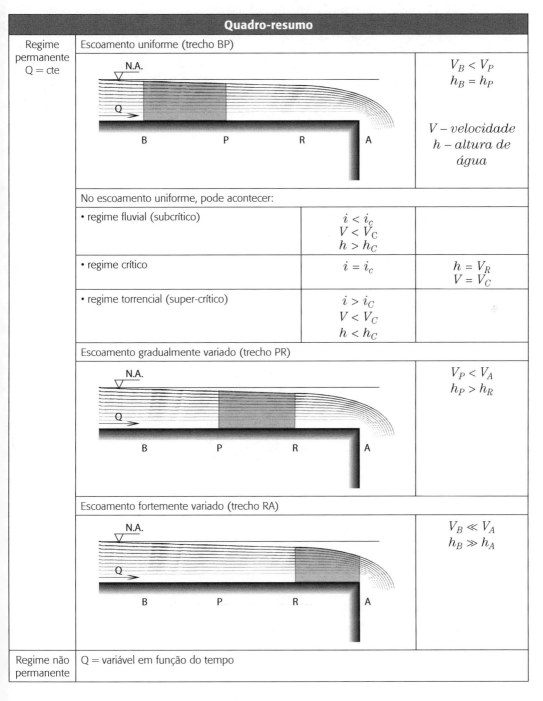

Na hidráulica dos sistemas pluviais urbanos, a menos de explicitamente avisado, admite-se que estamos trabalhando *com canais com calhas de características uniformes em regimes permanentes, escoamento uniforme*. Quanto ao regime, ele será fluvial na maior parte das vezes, exceção, por exemplo, nos casos de calhas de grande declividade.

Observações:

1. Cabe fazer uma observação sobre a ocorrência da altura crítica. Seja um canal de declividade moderada (menor que a crítica) e no qual passa uma vazão Q. A seção do canal pode ser qualquer. Se esse canal de declividade moderada terminar em uma cachoeira (queda livre), pode-se demonstrar teoricamente que lá na extremidade está ocorrendo a altura crítica.

Veja o esquema teórico:

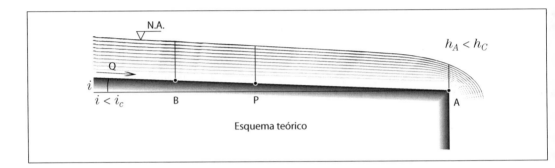

Esquema teórico

A altura crítica (h_C), como sabemos, seria a altura de água no canal se a declividade do canal fosse a declividade crítica para a vazão dada.

A altura crítica é calculável por fórmulas específicas de acordo com a forma da seção molhada do canal. Para seções molhadas retangulares vale:

$$h_c = \sqrt[3]{\frac{\left(\frac{Q}{L}\right)^2}{g}}$$

Onde:
Q = vazão (m³/s);
L = largura do canal (m);
g = aceleração da gravidade (m/s²);
h_c = altura crítica do escoamento.

Na prática, nas quedas a altura crítica ocorre um pouco a montante do ponto extremo A (ponto de queda).

O esquema realista, a seguir, diz tudo.

Pela teoria, o h_c (calculado pelas fórmulas) deveria ocorrer em A e seria a menor das alturas do escoamento.

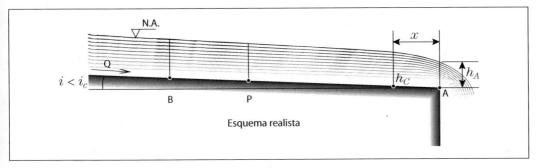

Na prática, h_c ocorre algo a montante e não é a menor das alturas do escoamento. A menor das alturas do escoamento ocorre em A com h_A.

Regra geral para canais retangulares:

$$h_A = 0{,}67 \cdot h_c$$
$$x = 3{,}5 \cdot h_c$$

Exemplo: em um canal retangular de 2,30 m de largura e de baixa declividade está ocorrendo uma vazão de 0,77 m³/s.

Calcular as condições de extremidade se este canal tiver queda livre sem-fim.

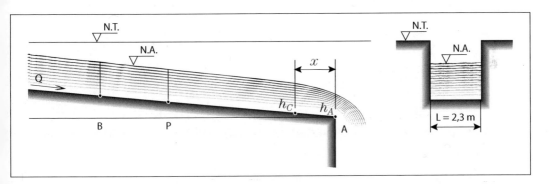

$$h_c = \sqrt[3]{\frac{\left(\frac{Q}{L}\right)^2}{g}}$$

$$h_c = \sqrt[3]{\frac{\left(\frac{0{,}77}{2{,}30}\right)^2}{9{,}8}} = 0{,}23 \text{ m} \quad \therefore \quad h_c = 0{,}23 \text{ m}$$

$$h_A = 0{,}67 \cdot h_c = 0{,}67 \cdot 0{,}23 = 0{,}15 \text{ m}$$
$$x = 3{,}5 \cdot h_c = 3{,}5 \cdot 0{,}23 = 0{,}8 \text{ m}$$

2. Quando há confluência de dois corpos de água (por exemplo, uma galeria chegando em um rio), resta sempre a dúvida se haverá influência do nível do rio na galeria, ou seja, se haverá remanso.

Como sabemos, se em um ponto de escoamento ocorre a altura crítica, nada que acontecer a jusante será carregado para montante.

Então fica fácil de saber da ocorrência de remanso ou não. Veja o exemplo:

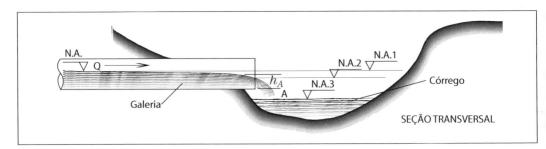

A galeria está escoando a seção quase plena uma vazão Q que é despejada no córrego no ponto extremo de galeria (ponto A).

Como já vimos, no ponto A estará ocorrendo a altura crítica h_A. Estará ocorrendo se a altura de água no córrego for no máximo N.A.2. Qualquer altura de água inferior a N.A.2, (N.A.3, por exemplo) não causa problema na ocorrência de altura crítica h_A. Ocorrendo, pois, no córrego alturas de água inferiores a N.A.2, o escoamento Q, na galeria, é absolutamente independente e livre. Não ocorre remanso (influência) do córrego na galeria.

Se todavia o nível de água no córrego for superior a N.A.2, então haverá remanso dentro da galeria, e então o estudo do que acontece se complicará e talvez a galeria não tenha mais capacidade de escoar a vazão Q.

B.5 Cálculo de canais em escoamento uniforme – Fórmulas de Chézy e Manning

B.5.1 Introdução

Já conhecemos os conceitos. Passemos ao cálculo no escoamento uniforme (torrencial, crítico ou fluvial),[8] ou seja, admitiremos que estamos no trecho BP.

A teoria que se expõe vale para qualquer seção de calha de canal, retangular, triangular, circular, ovoide etc.

$$Q_B = Q_P \quad V_B = V_P \quad h_B = h_P \quad S_B = S_P$$

Tudo o que vamos calcular vale para o trecho BP (escoamento uniforme).

---

8 Ver nota 6 deste capítulo.

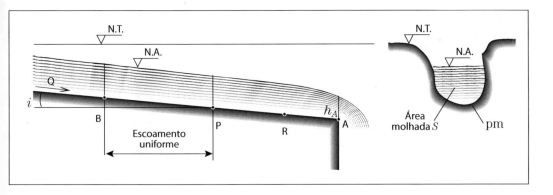

Introduzamos o conceito de perímetro molhado e raio hidráulico.

Perímetro molhado (pm) – Extensão (m) de contato da água com a calha do canal.

Raio hidráulico – Divisão da área molhada (S) pelo perímetro molhado (pm). Então:

$$R_H = \frac{S}{\text{pm}}$$

A fórmula de Chézy nos diz:

$$V = C \cdot \sqrt{R_H \cdot i} = C \cdot R_H^{1/2} \cdot i^{1/2}$$

O coeficiente C foi determinado por vários pesquisadores.

Usaremos neste livro o coeficiente C de Manning.

$$C \to \text{coeficiente} = \frac{R_H^{1/6}}{n}$$

Onde n mede a rugosidade das paredes de calha do canal. O coeficiente n varia entre 0,011 a 0,04.

A fórmula de Chézy com o coeficiente de Manning ficará:

$$V = C \cdot R_H^{1/2} \cdot i^{1/2} = \frac{R_H^{1/6}}{n} \cdot R_H^{1/2} \cdot i^{1/2} = \frac{1}{n} \cdot R_H^{2/3} \cdot i^{1/2}$$

$$V = \frac{1}{n} \cdot R_H^{2/3} \cdot i^{1/2}$$

As unidades mais comuns serão:

V (m/s)
R_H (m)
i (m/m)

Os valores n mais usados são:[9]

$n = 0,011$ canal de perfeita construção, águas limpas;
$n = 0,013$ canal de concreto comum, águas não totalmente limpas;
$n = 0,025$ canais de terra com vegetação rasteira no fundo.

Nos nossos casos, usaremos $n = 0,013$, que é o mais adequado para sistemas pluviais (águas não limpas em paredes de concreto que não são lá essas coisas).

B.6 Resolução de problemas de canais retangulares

Na resolução de canais retangulares há dois tipos principais de problemas:

1. Dada uma calha, estimar a vazão que passa, se conhecermos a altura da água. A resolução deste tipo de problema é *direta*.

2. Dada uma calha, e conhecida a vazão que passa, calcular a altura de água que ocorrerá. A resolução neste caso é por *tentativas*.

Resolvidos os problemas, verifica-se, posteriormente, se estamos no regime fluvial, crítico ou torrencial.

OK?

Respire fundo, ligue a máquina de calcular e avancemos.

1º Problema

Em um canal de calha retangular $i = 0,0004$ m/m, está passando uma vazão que ocasiona uma altura de água de 1,3 m. Qual a vazão? Qual o regime: fluvial, crítico ou torrencial?

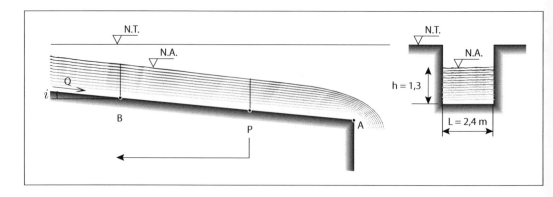

---
9   Ver bibliografia n. 11 – Anexo I.

A partir de P para montante, o escoamento é uniforme, e será para esse escoamento uniforme que calcularemos o canal.

Trecho BP: $\quad Q_B = Q_P \quad V_B = V_P \quad h_B = h_P$

Já sabemos que se o escoamento é uniforme ($V_B = V_p$), a esse regime se estabelecerá a montante de um ponto P. É para esse trecho BP que calcularemos o canal, só para ele.

O primeiro passo é calcular essa vazão. Aplicaremos a fórmula de Chézy com coeficiente de Manning.

$$V = \frac{1}{n} \cdot R_H^{2/3} \cdot i^{1/2}$$

Cálculo:

$$S = L \cdot h = 2{,}4 \cdot 1{,}3 = 3{,}12 \text{ m}^2 \text{ (área molhada)}$$
$$\text{pm} = L + h + h = 2{,}4 + 1{,}3 + 1{,}3 = 5 \text{ m, (perímetro molhado)}$$
$$R_H = \frac{S}{\text{pm}} = \frac{3{,}12}{5} = 0{,}62 \text{ m}$$

Vamos introduzir esses valores na fórmula de Manning.

$$V = \frac{1}{0{,}013} \cdot (0{,}62)^{2/3} \cdot (0{,}0004)^{1/2} = 76{,}9 \cdot 0{,}73 \cdot 0{,}02 = 1{,}12 \text{ m/s}$$

$$Q = S \cdot V = 3{,}12 \cdot 1{,}12 = 3{,}5 \text{ m}^3/\text{s}$$

Fica agora, portanto, a questão:

Estamos no regime fluvial, crítico ou torrencial?

Para sabermos se o regime é fluvial, crítico ou torrencial, façamos um exercício de raciocínio. Admitamos que nessa calha esteja ocorrendo sempre essa vazão de 3,5 m³/s e que a declividade do canal seja variável, ou seja, podemos variar i quanto quisermos.

Seguramente para uma faixa de valores pequenos de i, o regime será fluvial. Aumentando-se i, mantida a vazão, em determinado valor, o escoamento será crítico, e, para valores de i, superior ao i do regime crítico, teremos regimes torrenciais.

Também sabemos que quanto maior i, menor será a altura h do escoamento.

Veja:

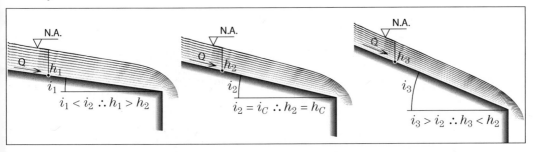

Admitamos que estamos na situação crítica, ou seja, temos $i_2 = ic$, e que esteja passando no canal a vazão de 3,5 m³/s.

Nesse caso (situação crítica), a relação entre vazão e a altura de água nos canais retangulares é dada por:

$$h_c = \sqrt[3]{\frac{\left(\frac{Q}{L}\right)^2}{g}}$$

Como esse h é na situação crítica, chamá-lo-emos de h_C. Calculemos esse valor no nosso caso.

$$h_c = \sqrt[3]{\frac{\left(\frac{Q}{L}\right)^2}{g}} \quad \therefore \quad h_c = \sqrt[3]{\frac{\left(\frac{Q}{L}\right)^2}{g}} = \sqrt[3]{\frac{\left(\frac{3,5}{2,4}\right)^2}{9,8}} = 0,6 \text{ m}$$

Sabemos agora que quando escoar no nosso canal uma vazão de 3,5 m³/s, a situação é crítica, a altura de água será de 0,60 m correspondente a um i_c (ainda não calculado). Ora, no nosso canal ocorre uma vazão de 3,5 m³/s para uma altura de água de 1,3 m.

Podemos concluir, sem necessitarmos de conhecer ic, que a declividade do nosso canal (i = 0,0004 m/m) é menor que i_c, pois h = 1,3 > h_C = 0,6 m.

Estamos seguramente no regime fluvial. Se quisermos saber o valor de ic, é fácil.

Ocorre ic quando Q = 3,5 m³/s e h = 0,6 m, que é a altura crítica. Façamos o cálculo para essa situação.

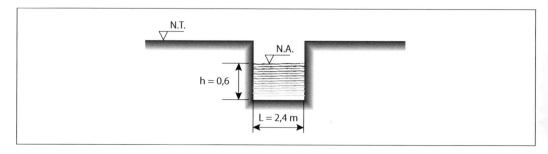

Nesse caso:

$$S = L \cdot h = 2,40 \cdot 0,60 = 1,44 \text{ m}^2$$
$$\text{pm} = L + 2h = 2,40 + 2 \cdot 0,60 = 3,6 \text{ m}$$
$$R_h = \frac{S}{\text{pm}} = \frac{1,44}{3,6} = 0,4 \text{ m}$$
$$Q = S \cdot V \quad V_c = \frac{Q}{S} = \frac{3,5}{1,44} = 2,43 \text{ m/s}$$

Aplicando Chézy:

$$V_c = \frac{1}{n} \cdot R_h^{2/3} \cdot i_c^{1/2},$$

substituindo

$$2,43 = \frac{1}{0,013} \cdot (0,4)^{2/3} \cdot i_c^{1/2}$$

$$2,43 = 76,9 \cdot 0,54 \cdot i_c^{1/2} \quad \therefore \quad i_c^{1/2} = 0,0585$$

$$i_c = (0,0585)^2 \quad i_c = 0,0034 \text{ m/m}$$

Notemos que:

$$i_c > i \quad (0,0034 > 0,0004)$$
$$v_c > v \quad (2,43 > 1,12)$$
$$h_c < h \quad (0,60 < 1,30)$$

Se em um dado projeto de canal cairmos no regime crítico (ou nas suas proximidades), uma das maneiras de escaparmos dele é diminuir a declividade do canal, fugindo-se para o regime fluvial (o mais desejado dos regimes). O problema é que com esse procedimento, aumenta-se h, e o canal deverá ficar, então, com maior altura de construção, ou seja, será mais custoso.

2º Problema

Num canal retangular $L = 2,1$ m e altura de água $h = 0,35$ m, qual a situação, se $i = 0,0085$ m/m? Qual é o regime: fluvial, torrencial ou crítico?

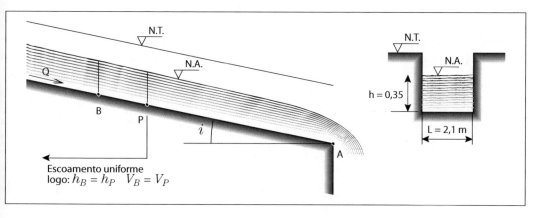

A sequência de cálculo é sempre a mesma:

$$S = L \cdot h = 2,10 \cdot 0,25 = 0,735 \text{ m}^2$$

$$\text{pm} = L + 2h = 2,1 + 0,35 + 0,35 = 2,8 \text{ m}$$
$$R_H = \frac{S}{\text{pm}} = \frac{0,735}{2,8} = 0,26$$
$$i = 0,0085 \text{ m/m}$$
$$V = \frac{1}{n} \cdot R_h^{2/3} \cdot i^{1/2} = \frac{1}{0,013} \cdot (0,26)^{2/3} \cdot (0,0085)^{1/2} = 76,9 \cdot 0,4 \cdot 0,092$$
$$V = 2,82 \text{ m/s} \qquad Q = S \cdot V = 0,735 \cdot 2,82 = 2,07 \text{ m}^3/\text{s}$$

Repitamos o exercício de raciocínio. Qual a declividade i que para a vazão de 2,07 m³/s se tenha situação crítica? Seja i_c que causa o valor h_c igual a:

$$h_c = \sqrt[3]{\frac{\left(\frac{Q}{L}\right)^2}{g}} = \sqrt[3]{\frac{\left(\frac{2,07}{2,1}\right)^2}{9,8}} = 0,46 \text{ m}$$

Como o nosso $h = 0,35$m é inferior a $h_c = 0,46$ m, estamos no regime torrencial. Não é necessário calcular i_c. Todavia, vamos calcular e mostrar que $i_c < 0,0085$ m/m.

Na situação crítica

$$i = ?$$
$$Q = 2,0 \text{ m}^3/\text{s}$$
$$S = L \cdot h = 2,1 \cdot 0,46 = 0,966 \text{ m}^2$$
$$\text{pm} = L + 2h = 2,1 + 0,92 = 3,02 \text{ m}$$
$$Q = S_V$$
$$V = \frac{Q}{S} = \frac{2,07}{0,966} = 2,14 \text{ m/s}$$
$$R_h = \frac{S}{\text{pm}} = \frac{0,966}{3,2} = 0,319 \text{ m}$$
$$V = \frac{1}{n} \cdot R_h^{2/3} \cdot i_c^{1/2}$$
$$2,14 = \frac{1}{0,013} \cdot (0,319)^{2/3} \cdot i_c^{1/2}$$
$$2,14 = 76,9 \cdot 0,47 \, i_c^{1/2}$$
$$i_c^{1/2} = 0,00592 \qquad \therefore \qquad i_c = 0,0035 \text{ m/m}$$

Conclusão (já esperada, aliás):
$$i = 0,0085 > i_c = 0,0035$$

3º Problema

Em um canal retangular de declividade de $i = 0,0006$ m/m, largura de 3,80 m, passa uma vazão de 29 m³/s. O coeficiente n de Manning é 0,013.

Qual a altura da água no regime uniforme?

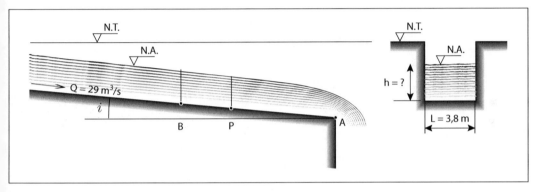

$$i = 0,0006 \text{ m/m}$$
$$h_B = h_P$$
$$V_B = V_P$$
$$n = 0,013$$

Nesse problema em que é dada a calha e a vazão e desconhece-se h, um dos processos possíveis de resolução é por tentativas. O processo por tentativas será o nosso processo. Vamos arbitrar sucessivamente valores de h e calcular os correspondentes valores de Q até acharmos um h que corresponda à Q vazão = 29 m³/s.

1ª hipótese: $h = 2,1$ m (arbitrado).

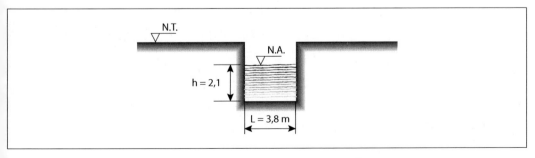

$$S = L \cdot h = 3,8 \cdot 2,1 = 7,98 \text{ m}^2$$

Cálculos pm, e R_h nessa hipótese:

$$pm = 3,8 + 2,1 + 2,1 = 8 \text{ m}$$
$$R_h = \frac{S}{pm} = \frac{7,98}{8} = 1,0 \text{ m}$$

Então apliquemos Chézy na hipótese admitida:

$$V = \frac{1}{n} \cdot R_h^{2/3} \cdot i^{1/2}$$

$$V = \frac{1}{0,013} \cdot 1,0^{2/3} \cdot (0,0006)^{1/2}$$

$$V = 1,88 \text{ m/s}$$

$$Q = S \cdot V = 7,98 \cdot 1,88 = 15 \text{ m}^3/\text{s} < 29 \text{ m}^3/\text{s}$$

Concluímos que com a hipótese $h = 2,1$ m correspondeu uma vazão menor que a desejada. Aumentemos, face a isso, h:

2ª hipótese: $h = 3,4$ m

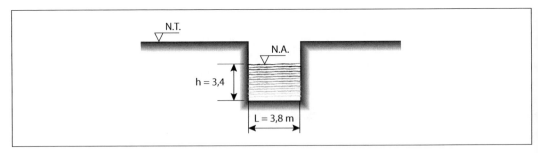

$$S = 3,4 \cdot 3,8 = 13 \text{ m}^2$$
$$pm = 3,8 + 3,4 + 3,4 = 10,6 \text{ m}$$
$$R_h = \frac{S}{pm} = \frac{13}{10,6} = 1,23 \text{ m}$$

$$V = \frac{1}{n} \cdot R_h^{2/3} \cdot i^{1/2} = 76,9 \cdot 1,23^{2/3} \cdot (0,0006)^{1/2}$$

$$V = 76,9 \cdot 1,15 \cdot 0,024$$
$$V = 2,12 \text{ m/s}$$
$$Q = S \cdot V = 13 \cdot 2,12 = 27,6 \text{ m}^3/\text{s}$$

(quase igual a 29 m³/s).

Estamos chegando perto. Aumentemos, agora na 3ª hipótese, h para 3,6 m.

$$S = 3,8 \cdot 3,6 = 13,7 \text{ m}^2$$
$$pm = 3,8 + 3,6 + 3,6 = 11 \text{ m}$$

$$R_h = \frac{S}{\text{pm}} = \frac{13,7}{11,0} = 1,25 \text{ m}$$

$$V = \frac{1}{n} \cdot R_h^{2/3} \cdot i^{1/2} = 76,9 \cdot (1,25)^{2/3} \cdot (0,0006)^{1/2} = 2,14 \text{ m/s}$$

$$Q = S \cdot V = 13,7 \cdot 2,14 = 29,3 \text{ m}^3/\text{s} = 29 \text{ m}^3/\text{s}$$

Ok! Então podemos aceitar h = 3,6 m

Comparemos os resultados:

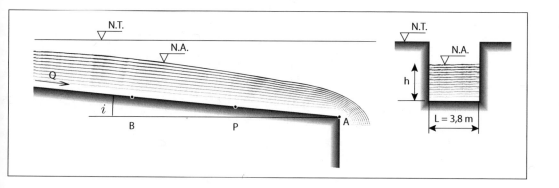

Hipótese	h (m)	S (m²)	pm (m)	R_h (m)	V (m/s)	Q (m³/s)
1ª	2,1	7,98	8	1	1,88	15
2ª	3,4	13	10,6	1,23	2,12	27,6
3ª	3,6	13,7	11	1,25	2,14	29,3

Verifiquem que conforme aumenta a lâmina de água (h), aumentam todos os outros elementos característicos, (S, pm, R_h, V, Q).

Última pergunta. Nesse caso, Q = 29,3 m³/s, estamos em qual regime? Basta calcular h_c. Como o canal é retangular, vale:

$$h_c = \sqrt[3]{\frac{\left(\frac{Q}{L}\right)^2}{g}} = \sqrt[3]{\frac{\left(\frac{29,3}{3,8}\right)^2}{9,8}} = 1,82 \text{ m}$$

Como para a vazão Q = 29,3 m³/s temos uma altura de água h de 3,6 m > 1,82 m, estamos no regime fluvial.

4º Problema

No 1º problema ocorria uma vazão de 3,5 m³/s quando a altura de água era 1,30 m e era admitido o coeficiente de Manning de 0,013. Como ficaria esse canal passando a mesma vazão de 3,5 m³/s, numa situação em que o canal está sujo, com vegetação rasteira?

Diz o nosso sentimento que nas condições de sujeira de canal (grande atrito), a velocidade das águas é menor do que no canal limpo.

Como $Q = SV$, se a velocidade for menor, a área S será maior. Façamos os cálculos nessa situação, admitindo $n = 0,025$:

$$V = \frac{1}{n} \cdot R_h^{2/3} \cdot i^{1/2}$$

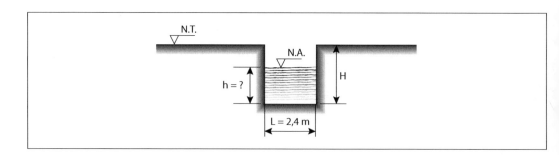

Vamos por tentativas.

Digamos $h = 2,20$ m

$$S = L \cdot h = 2,4 \cdot 2,2 = 5,28 \text{ m}^2$$
$$\text{pm} = L + 2h = 2,4 + 2 \cdot 2,2 = 6,80 \text{ m}^2 \text{ (perímetro molhado)}$$
$$R_h = \frac{S}{\text{pm}} = \frac{5,28}{6,8} = 0,77 \text{ m}$$
$$V = \frac{1}{n} \cdot R_h^{2/3} \cdot i^{1/2} = \frac{1}{0,025} \cdot (0,77)^{2/3} \cdot (0,0004)^{1/2}$$

$$V = 0,67 \text{ m/s}$$
$$Q = S \cdot V = 5,28 \cdot 0,67 = 3,53 \text{ m}^3/\text{s} = 3,5 \text{ m}^3/\text{s}$$

Então a tentativa → $h = 2,2$ m era boa.

Comparemos agora os dois resultados e suas premissas:

Canal 1 - Razoáveis condições de atrito (muito atrito) entre a água e o revestimento. Rugosidade $n = 0,013$ (Manning).

Canal 2 - péssimas condições de atrito (muito atrito) entre a água e o revestimento. Rugosidade $n = 0,025$ (Manning).

Passando a mesma vazão (3,5 m³/s) nesses canais, e tendo esses canais a mesma largura de calha (L), as características hidráulicas são completamente diferentes.

Veja:

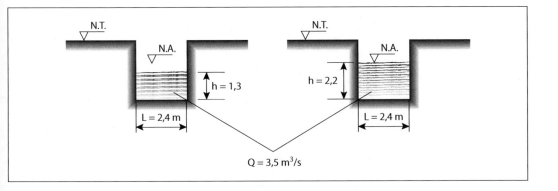

Canal 1	Canal 2
n = 0,013	n = 0,025
Q = 3,5 m3/s	Q = 3,5 m³/s
h = 1,3 m	h = 2,2 m
S = 3,12 m²	S = 5,28 m²
pm = 5 m	pm = 6,80 m
Rh = 0,62 m	Rh = 0,77 m
V = 1,12 m/s	V = 0,67 m

5º Problema

Um rio foi canalizado numa cidade com a calha indicada no desenho. Qual a vazão que está passando quando a altura de água é 1,2 m? A declividade do canal é 0,35 m/km. Declividade do canal = 0,35 m/km = 0,00035 mm

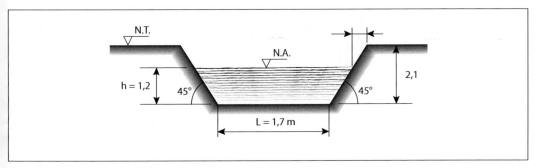

O caminho é sempre o mesmo, qualquer que seja a seção (retangular, trapezoidal, circular, ovoide, irregular etc.)

A área molhada é:

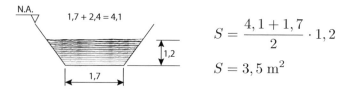

$$S = \frac{4,1 + 1,7}{2} \cdot 1,2$$

$$S = 3,5 \text{ m}^2$$

Cálculo do perímetro molhado:

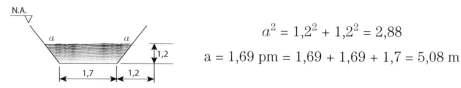

$$a^2 = 1,2^2 + 1,2^2 = 2,88$$

$$a = 1,69 \text{ pm} = 1,69 + 1,69 + 1,7 = 5,08 \text{ m}$$

Cálculo do raio hidráulico:

$$R_h = \frac{Sm}{\text{pm}} = \frac{3,5}{5,08} = 0,69$$

Apliquemos Manning:

$$V = \frac{1}{n} \cdot R_h^{2/3} \cdot i^{1/2} = \frac{1}{0,013} \cdot (0,69)^{2/3} \cdot (0,00035)^{1/2}$$

$$V = 76,9 \cdot 0,78 \cdot 0,0187 = 1,12 \text{ m/s}$$

$$Q = S \cdot V = 3,5 \cdot 1,12 = 3,9 \text{ m}^3/\text{s}$$

Estará esse canal na situação fluvial?

Estará a água escoando em situação torrencial?

Não resolveremos isso neste livro, mas o leitor estudioso poderá resolver esses problemas consultando "O Escoamento nos Canais com Regime Turbulento Uniforme em Relação às Condições Críticas", do Dr. Alfredo Bandini. Revista Engenharia do Instituto de Engenharia de São Paulo, p. 59 a 73. Outubro de 1953.

B.7 Cálculo de canais de calha circular (tubos circulares)

B.7.1 Preliminares – Escoamento a seção plena

A grande maioria dos condutores de águas pluviais são circulares ou por aduelas de concreto, sendo por isso importante o estudo dos canais de seção circular.

O cálculo de canais de seção circular seria extremamente difícil se não fosse o trabalho humanitário de vários colegas que o tabelaram.

Apresentamos a seguir a Tabela B.7.A, preparada pelos colegas José Osmar de Oliveira e Celso R. C. Guimarães.

A tabela dá a capacidade a seção plena e a velocidade correspondente de tubos circulares em função da sua declividade e diâmetro.

A tabela é a B.7.A.

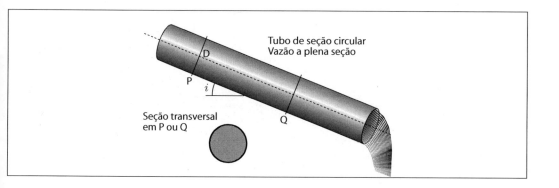

A aplicação é direta nessa tabela de dupla entrada. Qual a vazão que posso escoar a plena seção num tubo de ø 600 mm com declividade de $i = 0,003$? (ver páginas 148 a 151). Com o diâmetro e a declividade conclui-se que a capacidade e a velocidade respectivas são:

$$Q = 337 \ \ell/s$$
$$V = 1,19 \ m/s$$

Notas:

1. A precisão indicada vem de cálculos eletrônicos. Na prática, esses valores seriam:

$$Q = 330 \ \ell/s$$
$$V = 1,2 \ m/s$$

2. Se você, caro leitor, quiser mesmo entender a hidráulica dos canais, um dia com previsão de chuvas fortes, vá até uma rua que tenha um trecho plano e um trecho com forte declividade. Leve um tijolo consigo.

Durante a chuva forte, coloque o tijolo na sarjeta do trecho plano criando um obstáculo ao escoamento da água da sarjeta. Você verá que, nesse caso, o tijolo impede o escoamento da água para baixo, ou seja, o tijolo represa a água, formando um mui pequeno lago. Estamos no regime pluvial.

Depois, coloque o tijolo na sarjeta no trecho com forte declividade. Você verá que o tijolo não represará a água que chega e esta começa a passar por cima do tijolo. Estamos, então, no regime torrencial.

Águas de chuva

Tabela B.7.A Fórmula de Ganguillet-Kutter. Escoamento a seção plena (n = 0,013)

Declividade m/m	ø 150 V m/s	ø 150 Q ℓ/s	ø 200 V m/s	ø 200 Q ℓ/s	ø 250 V m/s	ø 250 Q ℓ/s	ø 300 V m/s	ø 300 Q ℓ/s	ø 350 V m/s	ø 350 Q ℓ/s
0,0001										
0,0002										
0,0003										
0,0004										
0,0005									0,32	30,86
0,0006							0,31	22,14	0,35	33,93
0,0007							0,33	23,98	0,38	36,75
0,0008					0,31	15,49	0,36	25,70	0,40	39,37
0,0009					0,33	16,46	0,38	27,31	0,43	41,83
0,0010					0,35	17,38	0,40	28,83	0,45	44,15
0,0011			0,31	9,80	0,37	18,26	0,42	30,27	0,48	46,36
0,0012			0,32	10,25	0,38	19,09	0,44	31,65	0,50	48,46
0,9013			0,34	10,68	0,40	19,89	0,46	32,98	0,52	50,48
0,0014			0,35	11,09	0,42	20,66	0,48	34,25	0,54	52,43
0,0015			0,36	11,49	0,43	21,40	0,50	35,47	0,56	54,30
0,0016			0,37	11,88	0,45	22,11	0,51	36,66	0,58	56,11
0,0017	0,30	5,47	0,39	12,25	0,46	22,81	0,53	37,80	0,60	57,86
0,0018	0,31	5,63	0,40	12,61	0,47	23,48	0,55	38,92	0,61	59,56
0,0019	0,32	5,79	0,41	12,97	0,49	24,13	0,56	40,00	0,63	61,22
0,0020	0,33	5,95	0,42	13,31	0,50	24,77	0,58	41,05	0,65	62,83
0,0021	0,34	6,10	0,43	13,64	0,51	25,39	0,59	42,08	0,66	64,40
0,0022	0,35	6,24	0,44	13,97	0,52	26,00	0,60	43,09	0,68	65,94
0,0023	0,36	6,39	0,45	14,29	0,54	26,59	0,62	44,07	0,70	67,44
0,0024	0,36	6,53	0,46	14,60	0,55	27,17	0,63	45,03	0,71	68,90
0,0025	0,37	6,66	0,47	14,91	0,56	27,74	0,65	45,97	0,73	70,34
0,0030	0,41	7,31	0,52	16,35	0,61	30,42	0,71	50,40	0,80	77,12
0,0035	0,44	7,90	0,56	17,67	0,66	32,88	0,77	54,48	0,86	83,35
0,0040	0,47	8,45	0,60	18,91	0,71	35,17	0,82	58,27	0,92	89,15
0,0045	0,50	8,97	0,63	20,06	0,76	37,32	0,87	61,83	0,98	94,59
0,0050	0,53	9,46	0,67	21,16	0,A0	39,35	0,92	65,19	1,03	99,73
0,0060	0,58	10,37	0,73	23,19	0,87	43,13	1,01	71,45	1,13	109,30
0,0070	0,63	11,21	0,79	25,06	0,94	46,61	1,09	77,20	1,22	118,10
0,0080	0,67	11,99	0,85	26,80	1,01	49,84	1,16	82,55	1,31	126,28
0,0090	0,71	12,72	0,90	28,43	1,07	52,87	1,23	87,58	1,39	133,97
0,0100	0,75	13,41	0,95	29,97	1,13	55,74	1,30	92,33	1,46	141,23
0,0110	0,79	14,07	1,00	31,44	1,19	58,47	1,37	96,85	1,53	148,15
0,0120	0,83	14,69	1,04	32,85	1,24	61,08	1,43	101,17	1,60	154,75
0,0130	0,86	15,30	1,08	34,19	1,29	63,58	1,48	105,31	1,67	161,08
0,0140	0,09	15,88	1,12	35,49	1,34	65,99	1,54	109,30	1,73	167,17
0,0150	0,93	16,43	1,16	36,73	1,39	68,31	1,60	113,14	1,79	173,05
0,0160	0,96	16,98	1,20	37,94	1,43	70,56	1,65	116,86	1,85	178,74
0,0170	0,99	17,50	1,24	39,11	1,48	72,73	1,70	120,46	1,91	184,25
0,0180	1,01	18,01	1,28	40,25	1,52	74,84	1,75	123,96	1,97	189,60
0,0190	1,04	18,50	1,31	41,35	1,56	76,90	1,80	127,36	2,02	194,80
0,0200	1,07	18,98	1,35	42,43	1,60	78,90	1,84	130,67	2,07	199,87
0,0210	1,10	19,45	1,38	43,48	1,64	80,85	1,89	133,91	2,12	204,81
0,0220	1,12	19,91	1,41	44,51	1,68	82,76	1,93	137,06	2,17	209,64
0,0230	1,15	20,36	1,44	45,51	1,72	84,62	1,98	140,15	2,22	214,36
0,0240	1,17	20,80	1,47	46,49	1,76	86,44	2,02	143,16	2,27	218,97
0,0250	1,20	21,23	1,51	47,45	1,79	88,23	2,06	146,12	2,32	223,49
0,0300	1,31	23,26	1,65	51,98	1,96	96,66	2,26	160,08	2,54	244,85
0,0350	1,42	25,13	1,78	56,15	2,12	104,41	2,44	172,92	2,74	264,48
0,0400	1,52	26,86	1,91	60,04	2,27	111,63	2,61	184,87	2,93	282,76
0,0450	1,61	28,49	2,02	63,66	2,41	118,41	2,77	196,09	3,11	299,92
0,0500	1,70	30,04	2,13	67,13	2,54	124,02	2,92	206,71	3,28	316,15
0,0600	1,86	32,91	2,34	73,54	2,78	136,74	3,20	226,45	3,59	346,34
0,0700	2,01	35,55	2,52	79,44	3,90	147,79	3,46	244,60	3,88	374,11
0,0800	2,15	38,00	2,70	84,02	3,21	157,90	3,69	261,50	4,15	399,95
0,0900	2,20	49,31	2,86	90,08	3,41	167,48	3,92	277,37	4,40	424,21
0,1000	2,40	42,49	3,02	94,95	3,59	176,55	4,13	292,37		
0,1500	2,94	52,04	3,70	116,30	4,40	216,24				
0,2000	3,40	60,10	4,27	134,30						

(continua)

Tabela B.7.A Fórmula de Ganguillet-Kutter. Escoamento a seção plena (n = 0,013) *(continuação)*

Declividade m/m	ø 400 V m/s	ø 400 Q ℓ/s	ø 450 V m/s	ø 450 Q ℓ/s	ø 500 V m/s	ø 500 Q ℓ/s	ø 600 V m/s	ø 600 Q ℓ/s	ø 700 V m/s	ø 700 Q ℓ/s
0,0001										
0,0002									0,33	128,77
0,0003					0,32	63,18	0,36	104,28	0,41	159,03
0,0004	0,31	39,71	0,34	54,96	0,37	73,44	0,42	121,09	0,47	184,50
0,0005	0,35	44,62	0,38	61,73	0,41	82,46	0,48	135,87	0,53	206,91
0,0006	0,39	49,05	0,42	67,84	0,46	90,59	0,52	149,20	0,59	227,14
0,0007	0,42	53,12	0,46	73,44	0,49	98,06	0,57	161,45	0,63	245,72
0,0008	0,45	56,89	0,49	78,65	0,53	105,00	0,61	172,84	0,68	262,99
0,0009	0,48	60,44	0,52	83,54	0,56	111,52	0,64	183,53	0,72	279,21
0,0010	0,50	63,79	0,55	88,16	0,59	117,67	0,68	193,63	0,76	294,53
0,0011	0,53	66,97	0,58	92,55	0,62	123,52	0,71	203,23	0,80	309,10
0,0012	0,55	70,01	0,60	96,74	0,65	129,11	0,75	212,39	0,83	323,02
0,0013	0,58	72,92	0,63	100,76	0,68	134,46	0,78	221,18	0,87	336,36
0,0014	0,60	75,72	0,65	104,62	0,71	139,61	0,81	229,64	0,90	349,19
0,0015	0,62	78,42	0,68	108,35	0,73	144,58	0,84	237,79	0,93	361,57
0,0016	0,64	81,03	0,70	111,95	0,76	149,38	0,86	245,67	0,97	373,54
0,0017	0,66	83,56	0,72	115,45	0,78	154,04	0,89	253,31	1,00	385,14
0,0018	0,68	86,01	0,74	118,83	0,80	158,55	0,92	260,73	1,03	396,40
0,0019	0,70	88,40	0,76	122,13	0,82	162,95	0,94	267,94	1,05	407,34
0,0020	0,72	90,73	0,78	125,34	0,85	167,22	0,97	274,96	1,08	418,01
0,0021	0,74	92,99	0,80	128,47	0,87	171,39	0,99	281,81	1,11	428,40
0,0022	0,75	95,21	0,82	131,52	0,89	175,46	1,02	288,49	1,13	438,55
0,0023	0,77	97,37	0,84	134,50	0,91	179,44	1,04	295,02	1,16	448,47
0,0024	0,79	99,48	0,86	137,42	0,93	183,33	1,06	301,42	1,19	458,18
0,0025	0,80	101,56	0,88	140,28	0,95	187,15	1,08	307,68	1,21	461,68
0,0030	0,88	111,34	0,96	153,78	1,04	205,15	1,19	337,23	1,33	512,57
0,0035	0,95	120,33	1,04	166,19	1,12	221,69	1,28	364,40	1,43	553,84
0,0040	1,02	128,69	1,11	177,74	1,20	237,08	1,37	389,68	1,53	592,23
0,0045	1,08	136,54	1,18	188,58	1,28	251,53	1,46	413,42	1,63	628,29
0,0050	1,14	143,97	1,25	198,83	1,35	265,20	1,54	435,87	1,72	662,38
0,0060	1,25	157,77	1,37	217,88	1,48	290,61	1,68	477,61	1,88	725,78
0,0070	1,35	170,46	1,48	235,40	1,59	313,97	1,82	515,99	2,03	784,07
0,0080	1,45	182,27	1,58	251,71	1,70	335,71	1,95	551,70	2,17	838,12
0,0090	1,53	193,36	1,67	267,02	1,81	356,13	2,06	585,24	2,31	889,27
0,0100	1,62	203,85	1,76	281,50	1,91	375,44	2,18	616,95	2,43	937,45
0,0110	1,70	213,82	1,85	295,27	2,00	393,80	2,28	647,12	2,55	983,27
0,0120	1,77	223,35	1,93	308,42	2,09	411,34	2,39	675,94	2,66	1.027,05
0,0130	1,85	232,49	2,01	321,04	2,18	428,17	2,48	703,58	2,77	1.069,04
0,0140	1,92	241,28	2,09	333,18	2,26	444,35	2,58	730,17	2,88	1.109,44
0,0150	1,98	249,76	2,16	344,89	2,34	459,97	2,67	755,83	2,98	1.148,43
0,0160	2,05	257,97	2,23	356,22	2,41	475,08	2,76	780,65	3,08	1.186,13
0,0170	2,11	265,92	2,30	367,20	2,49	489,72	2,84	804,70	3,17	1.222,67
0,0180	2,17	273,64	2,37	377,86	2,56	503,93	2,92	828,05	3,26	1.258,14
0,0190	2,23	281,15	2,44	388,23	2,63	517,76	3,00	850,77	3,35	1.292,65
0,0200	2,29	288,46	2,50	398,32	2,70	531,22	3,08	872,89	3,44	1.326,26
0,0210	2,35	295,59	2,56	408,17	2,77	544,36	3,16	894,46	3,53	1.359,03
0,0220	2,40	302,55	2,62	417,79	2,83	557,18	3,23	915,53	3,61	1.391,04
0,0230	2,46	309,36	2,68	427,18	2,90	569,71	3,31	936,12	3,69	1.422,32
0,0240	2,51	316,02	2,74	436,38	2,96	581,98	3,38	956,27	3,77	1.452,93
0,0250	2,56	322,55	2,80	445,39	3,02	593,99	3,45	976,00	3,85	1.482,91
0,0300	2,81	353,36	3,06	487,94	3,31	650,73	3,78	1.069,22	4,22	1.624,53
0,0350	3,03	381,70	3,31	527,06	3,57	702,90	4,08	1.154,94		
0,0400	3,24	408,97	3,54	563,47	3,82	751,46	4,36	1.234,72		
0,0450	3,44	432,84	3,75	597,67	4,05	797,07				
0,0500	3,63	456,26	3,96	630,02	4,27	840,20				
0,0600	3,97	499,83	4,33	690,18						
0,0700	4,29	539,90								
0,0800										
0,0900										
0,1000										
0,1500										
0,2000										

(continua)

Tabela B.7.A Fórmula de Ganguillet-Kutter. Escoamento a seção plena (n = 0,013) *(continuação)*

Declividade m/m	ø 800 V m/s	ø 800 Q ℓ/s	ø 900 V m/s	ø 900 Q ℓ/s	ø 1.000 V m/s	ø 1.000 Q ℓ/s	ø 1.100 V m/s	ø 1.100 Q ℓ/s	ø 1.200 V m/s	ø 1.200 Q ℓ/s
0,0001							0,32	310,46	0,34	393,94
0,0002	0,36	185,62	0,40	256,04	0,43	341,15	0,46	442,02	0,49	559,61
0,0003	0,45	228,93	0,49	315,42	0,53	419,82	0,51	543,43	0,60	681,48
0,0004	0,52	265,41	0,57	365,44	0,61	486,12	0,66	628,93	0,10	195,21
0,0005	0,59	297,50	0,64	409,46	0,69	544,48	0,14	104,21	0,18	890,20
0,0006	0,64	326,48	0,70	449,22	0,16	591,20	0,81	112,23	0,86	915,99
0,0007	0,70	353,10	0,76	485,75	0,82	645,66	0,81	834,15	0,93	1.054,86
0,0008	0,75	377,86	0,81	519,74	0,81	690,14	0,93	892,92	0,99	1.128,24
0,0009	0,79	401,11	0,86	551,64	0,93	133,05	0,99	941,54	1,05	1.191,15
0,0010	0,84	423,08	0,91	581,80	0,98	773,01	1,05	999,18	1,11	1.262,30
0,0011	0,88	443,96	0,95	610,47	1,03	811,11	1,10	1.048,28	1,17	1.324,26
0,0012	0,92	463,91	1,00	637,86	1,07	841,45	1,15	1.095,19	1,22	1.383,45
0,0013	0,96	483,04	1,04	664,12	1,12	882,30	1,19	1.140,11	1,21	1.440,21
0,0014	0,99	501,44	1,08	689,39	1,16	915,82	1,24	1.183,45	1,32	1.494,83
0,0015	1,03	519,19	1,12	713,76	1,20	948,16	1,28	1.225,19	1,36	1.547,51
0,0016	1,06	536,36	1,15	737,33	1,24	919,43	1,33	1.265,57	1,41	1.598,46
0,0017	1,10	552,99	1,19	760,16	1,28	1.009,14	1,31	1.304,69	1,45	1.647,84
0,0018	1,13	569,13	1,22	782,34	1,32	1.039,16	1,41	1.342,68	1,49	1.695,18
0,0019	1,16	584,83	1,26	803,90	1,35	1.061,18	1,45	1.319,62	1,54	1.142,41
0,0020	1,19	600,12	1,29	824,89	1,39	1.095,64	1,48	1.415,60	1,58	1.181,82
0,0021	1,22	615,03	1,32	845,37	1,42	1.122,82	1,52	1.450,69	1,61	1.832,10
0,0022	1,25	629,59	1,36	865,36	1,46	1.149,35	1,56	1.484,95	1,65	1.815,34
0,0023	1,28	643,82	1,39	884,90	1,49	1.115,29	1,59	1.518,43	1,69	1.911,61
0,0024	1,30	657,74	1,42	904,02	1,52	1.200,61	1,63	1.551,20	1,73	1.958,96
0,0025	1,33	671,38	1,45	922,75	1,56	1.225,52	1,66	1.583,28	1,76	1.999,46
0,0030	1,46	735,76	1,58	1.011,18	1,10	1.342,89	1,82	1.134,84	1,93	2.190,16
0,0035	1,58	794,95	1,71	1.092,48	1,84	1.450,80	1,91	1.814,18	2,09	2.366,64
0,0040	1,69	850,03	1,83	1.168,13	1,97	1.551,22	2,10	2.003,86	2,23	2.530,33
0,0045	1,79	901,75	1,94	1.239,18	2,09	1.645,53	2,23	2.125,64	2,31	2.684,06
0,0050	1,89	950,67	2,05	1.306,36	2,20	1.134,12	2,35	2.240,81	2,50	2.829,45
0,0060	2,07	1.041,62	2,24	1.431,31	2,41	1.900,58	2,58	2.455,01	2,74	3.099,84
0,0070	2,23	1.125,25	2,43	1.546,19	2,61	2.053,09	2,79	2.651,96	2,96	3.348,41
0,0080	2,39	1.203,09	2,59	1.653,11	2,19	2.195,03	2,98	2.835,26	3,16	3.519,81
0,0090	2,53	1.276,18	2,75	1.753,52	2,96	2.328,33	3,16	3.007,41	3,35	3.797,19
0,0100	2,67	1.345,31	2,90	1.848,49	3,12	2.454,40	3,33	3.110,22	3,53	4.002,14
0,0110	2,80	1.411,05	3,04	1.938,81	3,27	2.574,31	3,49	3.325,08	3,11	4.198,23
0,0120	2,93	1.473,87	3,18	2.025,10	3,42	2.688,81	3,65	3.413,03	3,81	4.385,02
0,0130	3,05	1.534,11	3,31	2.107,87	3,56	2.198,15	3,00	3.614,94	4,03	4.564,16
0,0140	3,16	1.592,08	3,43	2.187,51	3,69	2.904,48	3,94	3.151,48	4,18	4.736,54
0,0150	3,27	1.648,01	3,55	2.264,34	3,82	3.006,49	4,08	3.883,22	4,33	4.902,86
0,0160	3,38	1.702,11	3,67	2.338,66	3,95	3.105,15	4,22	4.010,64	4,41	5.063,12
0,0170	3,49	1.754,53	3,78	2.410,68	4,07	3.200,17	4,35	4.134,14		
0,0180	3,59	1.805,44	3,89	2.480,62	4,19	3.293,61	4,41	4.254,05		
0,0190	3,69	1.854,95	4,00	2.548,63	4,30	3.383,91				
0,0200	3,78	1.903,17	4,11	2.614,88	4,42	3.411,86				
0,0210	3,87	1.950,20	4,21	2.679,49						
0,0220	3,97	1.996,12	4,31	2.742,58						
0,0230	4,06	2.041,00	4,40	2.804,25						
0,0240	4,14	2.084,93								
0,0250	4,23	2.127,94								
0,0300										
0,0350										
0,0400										
0,0450										
0,0500										
0,0600										
0,0700										
0,0800										
0,0900										
0,1000										
0,1500										
0,2000										

(continua)

Uma viagem à hidráulica de canais

Tabela B.7.A Fórmula de Ganguillet-Kutter. Escoamento a seção plena (n = 0,013) *(continuação)*

Declividade m/m	ø 1.300 V m/s	ø 1.300 Q ℓ/s	ø 1.400 V m/s	ø 1.400 Q ℓ/s	ø 1.500 V m/s	ø 1.500 Q ℓ/s	ø 1.600 V m/s	ø 1.600 Q ℓ/s	ø 1.700 V m/s	ø 1.700 Q ℓ/s
0,0001	0,36	490,22	0,38	600,00	0,40	723,97	0,42	862,80	0,44	1.017,13
0,0002	0,52	695,10	0,55	849,22	0,57	1.022,96	0,60	1.217,23	0,63	1.432,87
0,0003	0,64	853,16	0,67	1.041,58	0,70	1.253,83	0,74	1.491,02	0,77	1.754,16
0,0004	0,14	986,50	0,78	1.203,90	0,81	1.448,71	0,85	1.722,20	0,89	2.025,50
0,0005	0,83	1.103,91	0,87	1.346,93	0,91	1.620,47	0,95	1.925,97	0,99	2.264,73
0,0006	0,91	1.210,14	0,95	1.476,23	1,00	1.775,75	1,04	2.110,23	1,09	2.481,07
0,0007	0,98	1.301,16	1,03	1.595,11	1,08	1.918,54	1,13	2.279,68	1,18	2.680,04
0,0008	1,05	1.398,60	1,10	1.705,75	1,16	2.051,44	1,21	2.437,41	1,26	2.865,26
0,0009	1,11	1.483,89	1,17	1.809,65	1,23	2.176,25	1,28	2.585,54	1,33	3.039,23
0,0010	1,17	1.564,56	1,23	1.907,91	1,29	2.294,30	1,35	2.725,65	1,41	3.203,77
0,0011	1,23	1.641,21	1,30	2.001,36	1,36	2.406,56	1,42	2.858,91	1,48	3.360,27
0,0012	1,29	1.714,55	1,35	2.090,63	1,42	2.513,82	1,48	2.986,23	1,54	3.509,81
0,0013	1,34	1.184,83	1,41	2.176,26	1,48	2.616,70	1,54	3.108,34	1,60	3.653,24
0,0014	1,39	1.852,45	1,46	2.258,64	1,53	2.715,68	1,60	3.225,84	1,67	3.791,25
0,0015	1,44	1.911,69	1,51	2.338,12	1,59	2.811,18	1,66	3.339,21	1,72	3.924,41
0,0016	1,49	1.980,18	1,56	2.414,99	1,64	2.903,54	1,71	3.448,85	1,78	4.053,19
0,0011	1,53	2.041,92	1,61	2.489,49	1,69	2.993,05	1,76	3.555,12	1,84	4.178,02
0,0018	1,58	2.101,29	1,66	2.561,83	1,74	3.079,97	1,81	3.658,30	1,89	4.299,22
0,0019	1,62	2.159,03	1,70	2.632,17	1,79	3.164,50	1,86	3.758,65	1,94	4.417,10
0,0020	1,68	2.215,26	1,75	2.700,69	1,83	3.246,83	1,91	3.856,40	1,99	4.531,91
0,0021	1,71	2.210,10	1,79	2.767,51	1,88	3.327,13	1,96	3.951,72	2,04	4.643,89
0,0022	1,15	2.323,64	1,84	2.832,76	1,92	3.405,53	2,01	4.044,80	2,09	4.753,23
0,0023	1,19	2.315,99	1,88	2.896,54	1,97	3.482,17	2,05	4.135,79	2,14	4.860,11
0,0024	1,82	2.421,20	1,92	2.958,94	2,01	3.557,16	2,10	4.224,82	2,18	4.964,69
0,0025	1,86	2.411,35	1,96	3.020,05	2,05	3.630,59	2,14	4.312,01	2,23	5.067,11
0,0030	2,04	2.714,26	2,14	3.308,74	2,25	3.977,51	2,34	4.723,89	2,44	5.550,96
0,0035	2,20	2.932,09	2,32	3.574,19	2,43	4.296,51	2,53	5.102,63	2,64	5.995,89
0,0040	2,36	3.134,83	2,48	3.821,24	2,59	4.593,41	2,71	5.455,15	2,82	6.410,02
0,0045	2,50	3.325,23	2,63	4.053,27	2,75	4.872,25	2,87	5.786,23	2,99	6.798,96
0,0050	2,64	3.505,30	2,77	4.272,72	2,90	5.135,98	3,03	6.099,36	3,15	7.166,84
0,0060	2,89	3.840,20	3,04	4.680,85	3,18	5.626,47	3,32	6.681,75	3,45	7.851,04
0,0070	3,12	4.148,14	3,28	5.056,14	3,43	6.077,51	3,58	7.217,30	3,73	8.480,22
0,0080	3,34	4.434,16	3,51	5.405,44	3,67	6.497,31	3,83	7.715,77	3,99	9.065,84
0,0090	3,54	4.703,94	3,72	5.733,50	3,89	6.891,59	4,07	8.183,94	4,23	9.615,87
0,0100	3,13	4.958,54	3,92	6.043,78	4,11	7.264,50	4,29	8.626,73	4,46	10.136,09
0,0110	3,91	5.200,68	4,11	6.336,89	4,31	7.619,18	4,50	9.047,88		
0,0120	4,09	5.432,05	4,30	6.620,86	4,50	7.958,07				
0,0130	4,25	5.653,95	4,47	6.891,30						
0,0140	4,42	5.861,46								
0,0150										
0,0160										
0,0170										
0,0180										
0,0190										
0,0200										
0,0210										
0,0220										
0,0230										
0,0240										
0,0250										
0,0300										
0,0350										
0,0400										
0,0450										
0,0500										
0,0600										
0,0700										
0,0800										
0,0900										
0,1000										
0,1500										
0,2000										

B.7.2 Escoamento a seções parcialmente cheias

O cálculo do escoamento a seção parcial em tubos circulares é extremamente facilitado usando-se a Tabela B.7.B a seguir:

$\dfrac{h}{D}$	$\dfrac{Q_2}{Q_1}$	$\dfrac{V_2}{V_1}$
0,10	0,02	0,40
0,20	0,09	0,62
0,30	0,19	0,77
0,40	0,33	0,90
0,50	0,50	1,00
0,60	0,68	1,06
0,70	0,82	1,12
0,80	0,98	1,13
0,90	1,07	1,12
1,00	1,00	1,00

Tabela B.7.B – Escoamento em seções parciais

B.7.3 Capacidade hidráulica de tubos circulares de concreto escoando a seção plena ou seção parcialmente plena

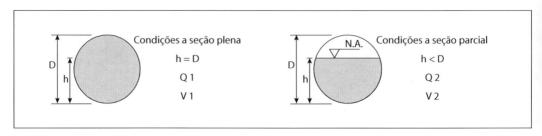

Com ela, podemos resolver o seguinte problema:

Qual a declividade que se tem para, em se usando um tubo de 400 mm de diâmetro, se transportar 45 ℓ/s com altura de água de 250 mm?

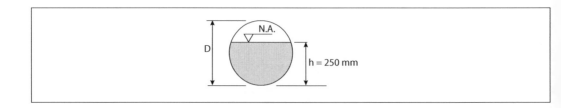

1º Cálculo

$$h = 250 \text{ mm} \qquad D = 400 \text{ mm}$$

$$\frac{h}{D} = \frac{250}{400} = 0,625 \qquad \text{da tabela B.7.B} \qquad \frac{Q_2}{Q_1} = 0,71$$

$$Q_2 = 45 \ \ell/s \qquad Q_1 = \frac{Q_2}{0,71} = \frac{45}{0,71} = 63,3 \ \ell/s$$

Ora, temos que procurar uma declividade tal que a seção plena (Ql) tenha uma capacidade de 65 ℓ/s.

Essa declividade será 0,001 m/m (Tabela B.7.A, D = 400 mm e Q = 65 ℓ/s). Podemos até estimar a velocidade da água nas duas situações.

Quando ocorrer a vazão Q_1 (65 ℓ/s), a velocidade da água será algo como 0,50 m/s. Com a vazão de 45 ℓ/s, a velocidade será (ver Tabela B.7.B).

$$\frac{h}{D} = 0,625 \longrightarrow \frac{V_2}{V_1} = 1,07$$

$$V_1 = 0,5$$

$$V_2 = 1,07 \cdot 0,5 = 0,53 \text{ m/s}$$

B.7.4 Considerações sobre condições críticas nos escoamentos nas galerias circulares

Sabemos que o escoamento crítico tem as seguintes características:

- a partir dele, para velocidades maiores, a confiabilidade das fórmulas hidráulicas de escoamento decresce;
- o regime crítico tem grande variabilidade de oscilações;
- o regime crítico secciona um escoamento. Ocorrendo um regime crítico em um ponto de um escoamento, o que acontece a jusante do mesmo não se comunica para montante do mesmo.
- a altura da queda de água na extremidade de um tubo (hA) é bastante próxima da altura de água que ocorreria se a tubulação tivesse a declividade crítica.

Vamos aprender a calcular a situação crítica em escoamentos em tubos circulares. Seja por exemplo:

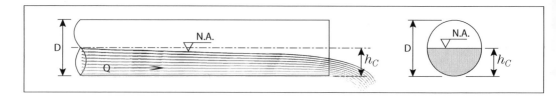

Em qualquer canalização, toda a vez que há uma queda livre, lá ocorre a altura crítica. Para os tubos circulares, para se calcular a altura crítica, faz-se a seguinte rotina de cálculos.[10]

1) Cálculo de quantidade

$$T = \frac{\frac{Q}{\sqrt{g}}}{D^{2,5}}$$

(unidades m, m³/s, m/s²)

2) Com a quantidade T, entra-se na tabela B.7.C., a seguir, e descobre-se

$$T = \frac{h_c}{D}$$

Tabela B.7.C

0,01	0,10	0,40	0,65
0,02	0,14	0,50	0,71
0,03	0,17	0,60	0,80
0,04	0,20	0,70	0,84
0,05	0,24	0,80	0,90
0,10	0,31	0,90	0,92
0,20	0,45	1,00	1,0
0,30	0,54		

Exemplo de aplicação:

Calcular a altura crítica em um tubo de 600 mm de vazão de 490 ℓ/s.

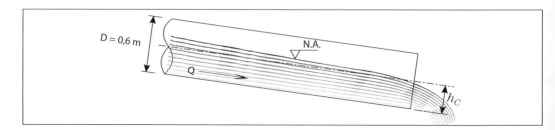

---

10 Baseado no *Manual de hidráulica geral*, Lencastre, p. 325 – Referência Bibliografica n. 17 – Anexo I.

Primeiro passo:

$$T = \frac{\frac{Q}{\sqrt{g}}}{D^{2,5}} = \frac{\frac{0,49}{\sqrt{9,8}}}{0,6^{2,5}}$$

$$T = 0,75$$

Com o valor $T = 0,56$, entra-se na tabela e tira-se

$$T = \frac{h_c}{D} = 0,75$$

Calcular a mesma altura crítica para o dobro de vazão ($Q = 980$ ℓ/s).

$$T = \frac{\frac{Q}{\sqrt{g}}}{D^{2,5}} = \frac{\frac{980}{\sqrt{9,8}}}{0,6^{2,5}} = 1,16 > 0,9 \quad \therefore \quad \frac{h_c}{D} = 1$$

Conclusão: seguramente, para o tubo de diâmetro 0,6 m, a vazão de 980 ℓ/s se dará com declividades superiores à declividade que causa seção plena ($hc = D$) no tubo.

Cálculo da mesma altura crítica para uma vazão de 240 ℓ/s.

$$T = \frac{\frac{Q}{\sqrt{g}}}{D^{2,5}} = \frac{\frac{0,49}{\sqrt{9,8}}}{0,6^{2,5}} = 0{,}27 \text{ cm}$$

Qual a altura crítica para uma vazão de 200 ℓ/s, diâmetro de 1,00 m?

$Q = 0,2$ m³/s
$D = 1$ m
Cálculo de T

$$T = \frac{\frac{Q}{\sqrt{g}}}{D^{2,5}} = \frac{\frac{0,2}{\sqrt{9,8}}}{1^{2,5}} = 0,06389$$

$$T = 0,06389 \qquad \text{Da tabela } \frac{h_c}{D} \simeq 0,25 \text{ m}$$

$$h_c = D \cdot 0,25 \text{ m} = 0,25 \text{ m}$$

Logo:

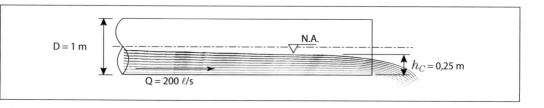

Pessoal, a matéria acabou!!!

Aqui você faz suas anotações pessoais

Anexo C
Normas e especificações

C.1 Normas da Prefeitura do Município de São Paulo, relacionadas com sistemas pluviais

IE-01	(1966)	Serviços Preliminares para Pavimentação
IE-02	(1966)	Preparo do Terreno de Fundação de Guias e Sarjetas
IE-03	(1966)	Assentamento de Guias
IE-04	(1966)	Execução de Sarjetas de Concreto
EM-20-T	(1979)	Guias de Concreto PMSP tipo 75
IE-29	(1979)	Instruções Gerais para Pavimentação de Ruas da Periferia do Município
IE-31	(1979)	Assentamento De Guias de Concreto PMSP tipo 75
IE-32	(1979)	Execução de Sarjetas de Concreto PMSP tipo 30

Nota: destino das águas pluviais.

1. Referente ao assunto em pauta, os primeiros serviços que existiram na humanidade foram canalizações de águas pluviais. Posteriormente foram permitidos lançamentos de esgotos sanitários a essas galerias.

2. Da prática resultou a técnica, ou seja, foi institucionalizado o sistema *tout-a-légout* ou *sistema unitário* em que os esgotos são enviados ao sistema de águas pluviais. Esses sistema foi muito usado na Europa.

3. No sistema *tout-a-légout*, as águas misturadas são enviadas para o tratamento numa estação de tratamento de esgotos que está dimensionada para

tratar uma vazão de época seca e algo mais. A rede de esgotos está dimensionada para as chuvas, pois é também um sistema pluvial. Quando as chuvas chegam, a rede leva os esgotos e águas pluviais para a Estação de Tratamento de Esgotos (ETE). Na entrada da ETE há um extravasor para só deixar entrar a vazão que corresponde à capacidade da ETE. O restante vai para o rio. Parte-se da hipótese de que, com as chuvas:

- as águas que chegam à ETE são mais diluídas, pois são misturadas com água pluvial;
- os rios têm sua vazão aumentada face às chuvas, tendo então maior capacidade de diluição, podendo então receber o extravasado da ETE.

4. No Brasil, face à posição de Saturnino de Brito, usa-se o "sistema separador absoluto" que divide esgotos das águas pluviais. Só que na prática o que ocorre é uma mistura total, face a maus hábitos. Há água pluvial nos esgotos e esgotos nas águas pluviais. E temos pouquíssimas estações de tratamento de esgotos, e de alguma forma tudo acaba indo para os rios sem tratamento.

5. Na Europa estão revendo os seus critérios e o "sistema separador absoluto" está sendo adotado no planejamento dos novos bairros. O sistema *tout-a-légout* perdeu a disputa para o "sistema separador absoluto".

6. Nos Estados Unidos onde impera o "sistema separador absoluto", a ideia original de que as águas pluviais não precisam ser tratados de há muito está sofrendo mudanças. Em determinados casos críticos (áreas de mananciais como um exemplo), as águas pluviais do sistema separador absoluto são enviadas para tratamento como se esgotos fossem, principalmente depois de uma longa seca, uma chuva:

- não aumenta significativamente a vazão do rio;
- mas carrega toda a sujeira que o período de seca deixou acumular na cidade e em áreas urbanas e suburbanas.

Essa primeira chuva vai possivelmente agravar a poluição dos rios ainda secos e com a pior condição sanitária. Vem daí a frase filosófica:

"O auge da poluição dos rios que atravessam áreas urbanas vem no fim da seca, após a chegada da primeira chuva..."

Anexo D
Fotos

É bonito o desenho formado pelas gotas da chuva, porém, em excesso, as chuvas causam grandes problemas. Basta um pouco de água empoçada no leito carroçável das ruas, para causar a aquaplanagem, que ocorre quando os pneus perdem o contato com o chão e se desgovernam. Se muita, a água causa inundações, prejuízos e doenças.

Erosão, o grande mal do descuido das pessoas com encostas, taludes e todo tipo de solo desprotegido contra a ação das chuvas.

Vemos estradas, pontes, casas e um sem-número de terrenos, os mais diversos, sendo carregados pela chuva, levando consigo o que estiver construído em cima.

Na lavoura, a erosão do solo é o método mais prático de perder terra fértil, restando apenas um terreno nulo, estéril, sem nenhuma utilidade.

As ruas são construídas, via de regra, com uma inclinação para os lados, a inclinação transversal, e inclinação longitudinal, a inclinação que segue com o comprimento da rua. Isso é muito importante para o escoamento das águas pluviais. O grande problema é que muitas pessoas descartam seu lixo em plena rua. Os problemas são do conhecimento de todos.

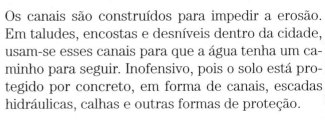

Os canais são construídos para impedir a erosão. Em taludes, encostas e desníveis dentro da cidade, usam-se esses canais para que a água tenha um caminho para seguir. Inofensivo, pois o solo está protegido por concreto, em forma de canais, escadas hidráulicas, calhas e outras formas de proteção.

Escadaria hidráulica em uma estrada.

Terrível escadaria hidráulica no Jardim Damasceno, São Paulo, SP.

Pluviômetro
Um aparelho de medida essencial para formar o conhecimento necessário para o engenheiro trabalhar em projetos de obras de contenção de águas.

Pluviógrafo
Este aparelho mede e registra, consecutivamente, a quantidade de água que cai em determinado lapso de tempo. Com essa informação, podem-se tomar as providências necessárias para a proteção do patrimônio e da vida. Mede e registra o valor da chuva.

Sarjetão, uma espécie de calha que serve para guiar as águas da chuva em certa direção. Trata-se de uma valeta rasa, colocada na confluência das ruas, que permite a passagem dos veículos, ao mesmo tempo que dirige as águas na direção proposta.

Sendo um sistema pluvial superficial, não acarreta maiores custos, pois sua construção se dá ao mesmo tempo da pavimentação do leito carroçável da rua.

Bocas de lobo funcionam da mesma maneira que um ralo na pia da cozinha, porém com muito maior responsabilidade. Vemos nessas fotos uma boca de lobo que mais parece um buraco perdido, uma bem-arrumada boca de lobo com grelha metálica, uma boca de lobo quebrada e depois reparada e uma construída de qualquer maneira.

Trabalho necessário. A limpeza das bocas de lobo. Depende deste esforço dos funcionários das prefeituras locais o bom escoamento das águas pluviais. As embalagens dos produtos consumidos, jornais, panfletos e uma infinidade de objetos são jogados na rua, acarretando com isso o entupimento das bocas de lobo com consequentes inundações locais que tanto prejudicam as pessoas.

Fotos de limpeza de bocas de lobo. Mecanizada (acima) e manual (abaixo).

O descaso com as áreas pobres das cidades, geralmente instaladas nas várzeas dos rios, dos lagos e represas, resultam em ruas que, quando calçadas, são executadas de maneira negligente, com materiais de péssima qualidade, que deterioram rapidamente, isso quando nem calçamento existe.

O que diria do saneamento básico, esse importante insumo que fica escondido em baixo da terra. Simplesmente não existe, resultando em prejuízo aos moradores, que perdem suas posses, quando não suas próprias casas e vidas.

A construção de valas para colocação de tubos para água pluvial e esgoto segue princípios rígidos, pois deles dependem o escoamento das águas, evitando, assim, as enchentes. No caso dos esgotos, as exigências são bastante rígidas.

Vemos nas fotos máquinas cavando as trincheiras e a colocação das pranchas fixadas pelas longarinas que, por sua vez, são suportadas pelas estroncas. E, na última foto, os tubos chegando ao poço de visita.

Anexo E
Explicando as necessidades e funções dos sistemas de águas pluviais nas cidades

Criação: arquiteto Angelo Salvador Filardo Jr.

ERA UMA VEZ UMA GRANDE ÁREA LIVRE PRÓXIMA A UMA CIDADE QUE CRESCIA. ESSA ÁREA LIVRE ERA COBERTA DE VEGETAÇÃO E SULCADA POR CURSOS DE ÁGUA. SUA FORMA, SUA CONFORMAÇÃO, ERA RESULTADO DE ANOS DE TRANSFORMAÇÃO. A AÇÃO DA CHUVA E A AÇÃO DOS VENTOS A MOLDARAM NA SUA SECÇÃO DE "MELHOR EQUILÍBRIO" (A MAIS ESTÁVEL) E QUE RESULTARA DO EQUILÍBRIO DE AÇÕES EROSIVAS VERSUS SUA CONSTITUIÇÃO OU NATUREZA (SUA TOPOGRAFIA E SUA GEOLOGIA)

UM DIA, A CIDADE SE APROXIMOU DESSA ÁREA, A ÁREA SE VALORIZOU E DECIDIU-SE URBANIZÁ-LA E LOTEÁ-LA...

A URBANIZAÇÃO E O LOTEAMENTO DE UMA ÁREA SIGNIFICAM, NA PRÁTICA:

CRIA-SE, POIS, UMA NOVA SITUAÇÃO, QUE NÃO TEM MAIS NADA A VER COM A MILÊNICA SITUAÇÃO DE EQUILÍBRIO ANTERIOR. MAS AS ÁGUAS DE CHUVA CONTINUARÃO A CAIR NA ÁREA E ESCOARÃO POR ELA. ESSAS ÁGUAS DE CHUVA, AO ESCOAR, SEGUIRÃO CAMINHOS PRÓPRIOS E INDEPENDENTES DOS DESEJOS DOS NOVOS OCUPANTES DA REGIÃO.
SE NÃO SE TOMAREM CUIDADOS NA ÁREA RECÉM-URBANIZADA PODERÃO ACONTECER:
① EROSÕES NOS TERRENOS;
② DESBARRANCAMENTOS;
③ ALTAS VELOCIDADES DAS ÁGUAS NAS RUAS;
④ CRIAÇÃO DE PONTOS BAIXOS ONDE A ÁGUA SE ACUMULARÁ;
⑤ OCUPAÇÃO POR PRÉDIOS DE LOCAIS DE ESCOAMENTO NATURAL DAS ÁGUAS (PONTOS BAIXOS E FUNDOS DE VALE). A OCUPAÇÃO DESSES LOCAIS IMPEDE A ÁGUA DE ESCOAR, EXIGINDO OBRAS POSTERIORES DE CORREÇÃO;
⑥ ASSOREAMENTO DOS CÓRREGOS PELO ACÚMULO DE MATERIAL ERODIDO DOS TERRENOS.

TODOS ESSES FENÔMENOS SÃO AGRAVADOS PELA IMPERMEABILIZAÇÃO DA ÁREA. AS VAZÕES PLUVIAIS (SUPERFICIAIS) QUE OCORRERÃO SERÃO ENTÃO MUITO MAIORES QUE AS QUE ANTES OCORRIAM, POIS ANTES SIGNIFICATIVA PARTE DAS ÁGUAS QUE CAÍAM SE INFILTRAVA NO TERRENO, E AGORA, COM A IMPERMEABILIZAÇÃO, AS ÁGUAS CORREM EM MAIOR PARTE PELA SUPERFÍCIE, SEM PODER SE INFILTRAR.

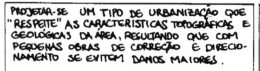

TUDO ISSO VAI OCORRER EM MAIOR OU MENOR ESCALA, DEPENDENDO DOS CUIDADOS TOMADOS E DO TIPO DE URBANIZAÇÃO A SER ADOTADO:

PROJETAR-SE UM TIPO DE URBANIZAÇÃO QUE "RESPEITE" AS CARACTERÍSTICAS TOPOGRÁFICAS E GEOLÓGICAS DA ÁREA, RESULTANDO QUE COM PEQUENAS OBRAS DE CORREÇÃO E DIRECIONAMENTO SE EVITEM DANOS MAIORES.

☐ ALTERNATIVA "A"

ADOTAR-SE UM TIPO DE URBANIZAÇÃO SEM ATENDER ÀS CARACTERÍSTICAS NATURAIS DO TERRENO E AO MESMO TEMPO FAZEREM-SE CUSTOSAS OBRAS DE PROTEÇÃO (MUROS DE ARRIMO, COMPLEXO SISTEMA DE ÁGUAS PLUVIAIS, CANALIZAÇÃO DE CÓRREGOS ETC.)

☐ ALTERNATIVA "B"

ADOTAR-SE UM TIPO DE URBANIZAÇÃO SEM ATENDER ÀS VOCAÇÕES DO TERRENO, NÃO SE FAZENDO AS OBRAS DE CONTENÇÃO.

☐ ALTERNATIVA "C"

☒ ALTERNATIVA "C"

AS CONSEQUÊNCIAS DESSA ALTERNATIVA SERÃO DANOSAS E TAMBÉM PERIGOSAS. OS CUSTOS DAS FUTURAS OBRAS DE RECUPERAÇÃO SERÃO ALTOS E ÀS VEZES QUASE QUE PROIBITIVOS.

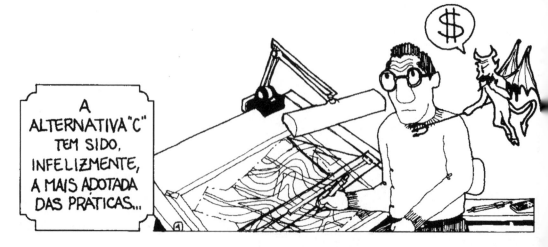

A ALTERNATIVA "C" TEM SIDO, INFELIZMENTE, A MAIS ADOTADA DAS PRÁTICAS...

Explicando as necessidades e funções dos sistemas de águas pluviais nas cidades 173

EVOLUI A CIDADE, ALTERA-SE A FUNÇÃO DO SISTEMA VIÁRIO.

ADMITAMOS QUE A ÁREA LIVRE EM QUESTÃO FOI LOTEADA DENTRO DA ALTERNATIVA "C".

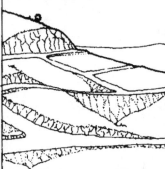

ACONTECERAM ENTÃO EROSÕES NO TERRENO. FACE A ISSO, PERDERAM-SE LOTES...

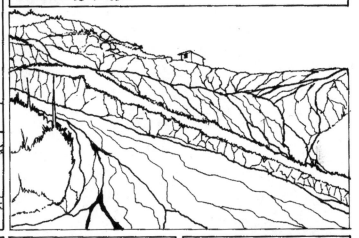

... OS CÓRREGOS FORAM ASSOREADOS PELO MATERIAL ERODIDO CARREADO PELAS ENXURRADAS...

...MAS MESMO ASSIM O LOTEAMENTO FOI SENDO OCUPADO E OS LOTES FORAM SENDO EDIFICADOS.

FACE A TUDO ISSO, A ÁREA FOI SENDO IMPERMEABILIZADA E AUMENTARAM OS PICOS DE VAZÃO PLUVIAL QUE CORREM PELAS RUAS PELAS DIFICULDADES DE INFILTRAÇÃO DAS ÁGUAS. DEVIDO A ISSO, EM ALGUNS LOCAIS AS ENXURRADAS AUMENTADAS ACELERARAM AS EROSÕES

COM O TEMPO, A PREFEITURA INTERVEIO PARCIALMENTE NA ÁREA, CORRIGINDO O TRAÇADO DAS RUAS, BASTANTE TRANSFORMADO PELAS EROSÕES, ...

... PAVIMENTOU O SISTEMA VIÁRIO E CRIOU O SISTEMA PLUVIAL.

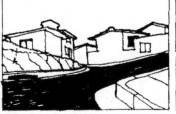

ALGUNS LOTES FORTEMENTE ERODIDOS SE PERDERAM, RESULTANDO GROTAS QUE SE ESTABILIZARAM COM O TEMPO, ESTABILIDADE ESTA CONTRA A EROSÃO AJUDADA PELA VEGETAÇÃO QUE VOLTARA A CRESCER.

PORTANTO, A UM ALTO CUSTO SOCIAL, A REGIÃO PROGRESSIVAMENTE CICATRIZA-SE E EQUILIBRA-SE ...

... E A OCUPAÇÃO DOS LOTES COMPLETA-SE QUASE QUE TOTALMENTE.
COM A ÁREA AGORA QUASE QUE TOTALMENTE URBANIZADA, OS PICOS DE VAZÃO NAS RUAS AUMENTAM AINDA MAIS, CRIAM-SE NOVAS NECESSIDADES DE GALERIAS PLUVIAIS...

... E OS RIOS DA REGIÃO COMEÇAM AGORA A INUNDAR ÁREAS NUNCA DANTES INUNDADAS.

ENTRA NOVAMENTE A PREFEITURA PARA TOMAR MEDIDAS CORRETIVAS CONTRA AS INUNDAÇÕES DOS CÓRREGOS. OBRAS CARAS DE DESASSOREAMENTO SÃO FEITAS. O RIO É RETIFICADO NO SEU TRAÇADO. PARA ISSO, SÃO NECESSÁRIAS PROVIDÊNCIAS DE DESAPROPRIAÇÃO E REMOÇÃO DE HABITANTES, POIS OS FUNDOS DE VALE ESTÃO PARCIALMENTE OCUPADOS POR EDIFICAÇÕES E FAVELAS.

AUMENTA-SE AINDA UMA VEZ A IMPERMEABILIZAÇÃO DA ÁREA...

... E O CÓRREGO, AUMENTADAS MAIS UMA VEZ SUAS VAZÕES, COMEÇA A INUNDAR NOVAS ÁREAS

AÍ O PODER PÚBLICO (LEIA-SE RECURSOS PÚBLICOS) INTERVÉM MAIS UMA VEZ E O CÓRREGO TEM SUA CAIXA AUMENTADA, SENDO ENTÃO CANALIZADO EM GALERIAS DE CONCRETO ARMADO.

QUANDO TUDO PARECIA RESOLVIDO, COMEÇA-SE A LOTEAR UMA ÁREA A JUSANTE DE NOSSA ÁREA EM ESTUDO, E TUDO COMEÇA OUTRA VEZ, COM O AGRAVANTE DE QUE O RIO TEM AGORA OUTRO COMPORTAMENTO. ELE FICOU NERVOSO E SENSÍVEL, PELA IMPERMEABILIZAÇÃO DA ÁREA A MONTANTE E PELA RETIFICAÇÃO E CANALIZAÇÃO DO SEU TRAÇADO, ELE AGORA REAGE RAPIDAMENTE ÀS CHUVAS. SUAS VAZÕES DE ENCHENTE CRESCEM RAPIDAMENTE EM RELAÇÃO À SITUAÇÃO DA ÉPOCA DA IMPLANTAÇÃO DO LOTEAMENTO.

Explicando as necessidades e funções dos sistemas de águas pluviais nas cidades   175

NOTAR QUE RIOS E RIACHOS SEMPRE TÊM ENCHENTES PERIÓDICAS...

SÓ OCORREM INUNDAÇÕES QUANDO A ÁREA NATURAL DE PASSAGEM DA ENCHENTE DE UM RIO FOI OCUPADA PARA CONTER UMA AVENIDA (AVENIDA DE FUNDO DE VALE) OU FOI OCUPADA POR PRÉDIOS

RIO NA ENCHENTE
VÁRZEA NÃO OCUPADA.
NÃO HÁ INUNDAÇÃO.

RIO NA ENCHENTE
CASAS NA VÁRZEA
INUNDAÇÃO

ASSIM, PODER-SE-Á DIZER QUE TODO CURSO DE ÁGUA TEM ENCHENTE. QUANDO INUNDA, É QUE A URBANIZAÇÃO FALHOU!

Aqui você faz suas anotações pessoais

Anexo F
Problemas sanitários e de meio ambiente relacionados com as chuvas

As águas de chuva, ao caírem nas cidades transportam tudo o que existe nas ruas e no meio ambiente. Vários autores já alertaram das consequências disso. Veja-se:

1. Max Lothar Hess

    "Chuva – Agente de poluição das águas" – Revista DAE

2. Sérgio João de Luca e outros

    "Contaminação de chuva e de drenagem pluvial" – Revista Ambiente, vol. 4, n. 1, 1990.

3. No Canadá ocorrem as chuvas ácidas. Veja-se o disposto no "Plano Verde Canadense – 1990":

    "A chuva ácida[1] contribui para agravar os problemas de saúde, especialmente em nossas crianças. Já matou peixes em aproximadamente 150.000 lagos, ameaça a indústria florestal, desfolhando as árvores, danifica a agricultura e afeta o turismo.

    De cada dez canadenses, oito vivem em áreas com altos índices desses poluentes provenientes da fundição de ferro no leste canadense, da queima de carvão no Canadá e nos Estados Unidos e dos milhões de carros dos dois lados da fronteira.

    Em 1985, o Canadá implantou um plano nacional para combater a chuva ácida. Tivemos sucesso na redução de grande parte das emissões causadoras de chuva ácida e atingiremos nosso objetivo nacional de 50% de redução até 1994".

---

[1] A chuva ácida é uma precipitação com baixo pH (pH ácido), causada por vapores tóxicos industriais.

Nota 1: uma das doenças trazidas pela chuvas quando ocorre inundação é a LEPTOSPIROSE. Seu agente vem da urina dos ratos. Os habitantes de áreas inundáveis correm o risco de pegar essa doença das enchentes. Os funcionários de serviços de água pluvial (e esgotos), estão quase que permanentemente expostos a essa doença. Os micróbios vetores de doença penetram por qualquer ponto da pele lacerada (ferida). Sempre temos lacerações, então todo o funcionário é alvo fácil para essa doença. Como medida de proteção, a recomendação é que todo o operário tenha equipamento de proteção individual (EPI).

As roupas recomendadas como equipamento de proteção individual (EPI) são aquelas tipo macacão totalmente impermeável.[2]

Nota 2: o excelente artigo "Segurança do trabalho em serviços de manutenção em poços de visita e galerias de esgoto", de Plinio dos Santos e Orlando Trindade Farias, mostra a importância da ventilação quando um funcionário entra na rede de esgotos. Na Telesp (antiga concessionária do sistema de telefonia fixa de São Paulo), era rotina insuflar prévia e permanentemente a galeria enterrada para entrada posterior de seres humanos.

---

2 Neste ano de 2017, MHC Botelho crê que nenhuma prefeitura do Brasil forneça esses macacões totalmente impermeáveis aos seus empregados, que são obrigados a se relacionar com sistemas pluviais entupidos. Se alguma prefeitura usar esses macacões impermeáveis, solicita-se que informe ao autor.

Anexo G
Dissipador de energia

Muitas vezes, quando temos que dispor a água coletada de um sistema de águas pluviais num rio ou num córrego, essas águas estão com excesso de velocidade. Isso é comum de acontecer quando os últimos trechos são de grande desnível. Para evitar que essas águas provoquem erosão no corpo receptor, usam-se dispositivos de quebra de velocidade. São os dissipadores de energia. O mais usado é o denominado Dissipador de Energia Peterka, cujos dados estão a seguir no desenho que é auto-explicativo. Na saída da água, ela está com velocidade sensivelmente diminuída e pode ser disposta. Referência: "Primeiro Simpósio de Drenagem" – Sociedade Mineira de Engenheiros – 1984 – artigo do Prof. Azevedo Netto, p.176.

Tabela de correlação entre vazão e valor W	
Q (ℓ/s)	W (m)
500	1,5
1.000	2,1
1.500	2,45
2.000	2,75
3.000	3,2
5.000	3,85
7.500	4,6
10.000	5,15

A estrutrura do dissipador de energia deve ser de concreto armado.

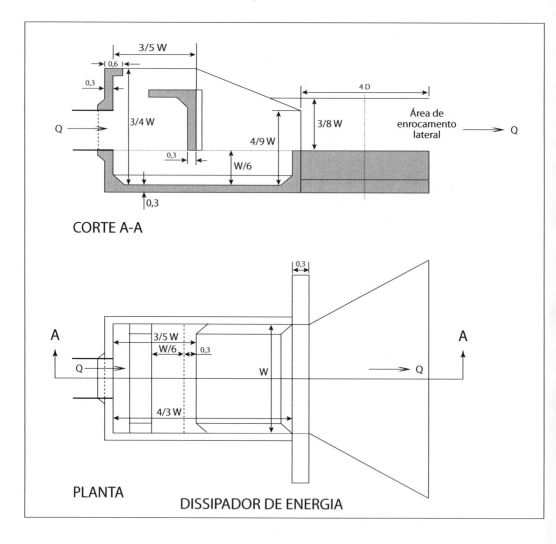

Pergunta de um leitor:

Em um sistema a energia total é constante. A energia da água pluvial no caso é a sua energia cinética (de velocidade). Para onde vai essa energia, depois de passar a água pelo dissipador de energia?

Resposta:

O termo comum "dissipador de energia", é um termo incorreto, pois energia não se dissipa e, sim, se transforma. A energia cinética do fluxo de água pluvial, vira energia térmica, ou seja, a água aumenta ligeiramente de temperatura.

Anexo H
Uma viga chapéu diferente

De tanto ver bocas de lobo quebradas, passei a filosofar o porquê.

Uma razão é que os operários que fazem as placas de concreto, que são as tampas da boca de lobo, muitas vezes as colocam invertidas e a armadura fica em posição errada.

Outra razão é erro de dimensionamento de placa da viga chapéu que é a peça que cobre o orifício de entrada.

Vejamos como ela deveria ser a partir da recomendação ao autor, do saudoso Eng. Paulo Winters.

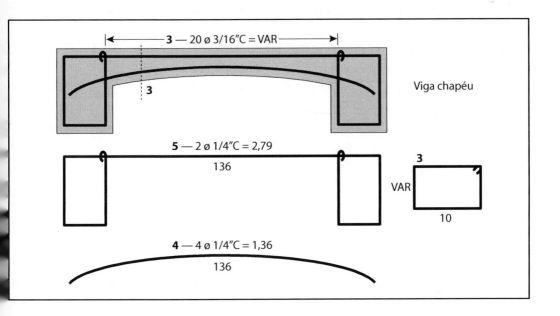

Nota: fuja da "boca de lobo que engole gente". O uso de boca de lobo com enorme entrada é um risco urbano, podendo haver o engolimento de pessoas. O jornal *O Estado de S. Paulo*, de 14 de abril de 2000, p. C8, conta que uma pessoa em Betim, MG, bairro Jardim das Alterosas, foi engolida numa boca de lobo e ficou presa na tubulação por cinco dias. São as chamadas "bocas de lobo que engolem gente", um absurdo. Diminuir a entrada ou colocar uma grade. O coitado, além do risco de afogamento e da situação de prisão, ainda pode contrair a doença transmitida pela urina de ratos, a leptospirose.

O certo é colocar grelha ou anteparo nas duas bocas de lobo, impedindo que alguém de porte pequeno seja "engolido". Essas duas bocas de lobo da foto estão situadas em ponto baixo e na frente de uma rampa inclinada, então é claro que alguém pode escorregar e ficar preso nelas ou ser "engolido".

Anexo I
Bibliografia de aprofundamento

Fornecemos aqui uma listagem de livros, artigos e trabalhos para o aprofundamento do estudo. Só indicamos material de referência que seja de acesso possível ao leitor, seja em livrarias, seja em bibliotecas brasileiras.

1. Engenharia de drenagem superficial. São Paulo, 1978. Paulo Sampaio Wilken. CETESB.
2. Manual da técnica de bueiros e drenos ARMCO, 7. ed.
3. Manual de hidráulica. São Paulo, 1982. Azevedo Netto, Alvarez. Editora Blucher.
4. Anais do curso Capacitação Básica em Irrigação. Departamento de águas e energia elétrica – Associação Brasileira de Irrigação e Drenagem, 1984.
5. Artigos sobre drenagem no suplemento agrícola do jornal O Estado de S. Paulo. Geraldo Guimarães, n.1.404 (23/06/1982) e 1.406 (07/07/1982).
6. Anais do 1.º Simpósio de Drenagem Sociedade Mineira de Engenheiros, 1984.
7. Drenagem urbana: manual de projeto – CETESB – DAEE. 1979.
8. Subsídio para a elaboração de águas pluviais. Eng. Sebastião Lemi Furquim – Tecnosan. Trabalho para o 92.º Congresso Brasileiro de Engenharia Sanitária.
9. Sistemas de drenagem urbana. E. Q. Orsini, L. B. Testa, P. Além Sobrinho – Escola Politécnica da Universidade de São Paulo (apostila).
10. Fundos de Vale. Bento Afini Junior, Revista DAE n. 90.
11. Hidráulica geral e aplicada: condutos livres. Takudy Tanaka (apostila), 1974.

12. Projeto de sistemas de galerias pluviais – CETESB. 1976 (apostila).

13. Instruções para apresentação de projetos de galerias de águas pluviais de seção circular. Revista municipal de engenharia. PDF, novembro, 1937.

14. As inundações e os aguaceiros. Ulysses M. A. de Alcântara. Revista municipal de engenharia. PDF, Rio de Janeiro, out./dez. 1951.

15. Os primeiros planos de escoamento de águas pluviais do Rio de Janeiro. Revista municipal de engenharia. PDF, jul./set. 1952. Ulysses M. Alcântara.

16. Padronização de dispositivos de drenagem superficial. Eng. Luiz Miguel de Miranda. Ministério dos Transportes. Departamento Nacional de Estradas de Rodagem – Diretoria de planejamento. Divisão de estudos e projetos. Reimpressão, 1975.

17. Manual de hidráulica geral. Armando Lencastre. Editora Blucher, 1972.

18. Sugestões para a execução dos serviços de manutenção mecânica do sistema de esgotamento pluvial público da cidade do Rio de Janeiro. Ary Conceição Quinhões; Ana Cristina da Silva Sá. XII Congresso Brasileiro de Engenharia Sanitária e Ambiental, 1983.

19. Drenagem pluvial urbana, impacto no meio ambiente e medidas corretivas. Sergio João de Luca e Carlos Nobuyoshi Ide. XII Congresso Brasileiro de Engenharia Sanitária e Ambiental, 1983.

20. Sarjetas para drenagem urbana. Sebastião Virgílio Almeida Figueiredo. XXII Congresso Brasileiro de Engenharia Sanitária e Ambiental, 1983.

21. Instruções para projetos de canalizações para macrodrenagem urbana. Jonas Machado Bastos e Alvaro Rodrigues Fernandes – DNOS. XII Congresso Brasileiro de Engenharia Sanitária e Ambiental, 1983.

22. Diagramas para dimensionamento de bocas de lobo. Benjamin C. A.; Marques; Sebastião V. A. Figueiredo.

23. Chuvas intensas no Brasil. Otto Pfafstetter – DNOS.

24. Aspectos qualitativos das águas pluviais urbanas. L. A. Gomes. Dissertação de mestrado hidráulico e saneamento. Escola Engenharia de São Carlos, São Paulo.

25. Liberação de fundos de vale para construções sanitárias. Mauro Garcia. 39º Congresso de Engenharia Sanitária. Anais. 39 v. 1.719/26, 1965.

26. Contribuição ao estudo da relação altura de precipitação área: duração para chuvas intensas. Antonio Carlos Tatit Holtz. Revista DAE n. 67. São Paulo, dez. 1967.

27. Galerias de águas pluviais. Isaac Milder. Escola de Engenharia da Universidade Federal do Paraná, 1954.

28. Drenagem de estradas para fins de pavimentação. Francisco Maia de Oliveira. Curso de Especialização de Pavimentação Rodoviária. A-11-59 Conselho Nacional de Pesquisas. Rio de Janeiro, 1961.

29. Acerca do tempo de concentração. George Ribeiro. Revista do Clube de Engenharia n. 230, out. 1955, Rio de Janeiro.

30. Abaco e considerações gerais sobre o cálculo de vazão de dimensionamento de bueiros. Nelson L. de Souza Pinto. Antonio Carlos Tatit Holtz, Carlos J. J. Massuci. Revista DAE.

31. Chuvas: agente de poluição das águas. Max Lothar Hess. Revista DAE n. 42, set. 1961, São Paulo.

32. O sistema MR (Microrreservatório) no controle de cheias em bacias fluviais urbanizadas. Anady B. Tavares, Iwao Hirata, Claudio J. M. Ippolito.

33. Tubos de concreto. Boletim n. 56 da Associação Brasileira de Cimento Portland. 1949.

34. Minimização de custos de interceptores de seção retangular. Annibal de Barros Fagundes Junior, Maurício Adeodato Boaventura, Hiroyassu Uehara. Revista SANESP.

35. Sistemas de drenagem urbana na Cidade do México. Henrique Fernandes Braga, Revista DAE n. 136. p. 30.

36. Prós e contras da galeria técnica de serviços. Eduardo Pacheco Jordão. p. 43. Revista DAE n. 121.

37. Norma para projeto de drenagem urbana. Thierry Celso de Rezende, Sérgio Bianconcini. Apostila. São Paulo.

38. Roteiro para o projeto de galerias pluviais de secção circular. Eng. Ulisses M. A. de Alcântara. Publicado como capítulo da 4. ed. do Manual de hidráulica, de Azevedo Netto.

39. Bueiros. Eng. Sérgio Thenn de Barros. Boletim do DER n. 61. dez. 1950.

40. Utilização de valetões laterais em rodovias como alternativa para a drenagem estradal. Eng. Roberto Edison Vaine. 1º Simpósio de Drenagem – Sociedade Mineira de Engenheiros. ago./set. 1984.

41. Revista a construção São Paulo – Vários artigos: "Erosão – Causas e efeitos do fenômeno que vem destruindo o solo brasileiro". n. 1768. dez. 1981. "ABGE propõe laudos geotécnicos para aprovação de loteamentos" n. 1.790. maio 1982. "As perspectivas para ocupação do subsolo paulistano" n. 1 743, jul. 1981. "Comissão conclui normas para tubos de concreto" n. 1.604, nov. 1978, p. 20. "Tubos de concreto, as normas e as concorrências". n. 1.580, maio 1978. p. 10. "Vantagens e desvantagens dos tubos coletores

para redes de esgoto" n. 1.742, jun. 1981. "Iniciada a concretagem da segunda fase da canalização Pirajussara". n. 1.764, nov. 1981.

42. Open – channel hydraulics. Ven Te Chow. McGraw – Hill Intern. Book Company. 1981.

43. Projeto e construção de esgotos sanitários e pluviais. Tradução do Manual prático n. 9 da WPCF. 1960. 3. ed. 1963.

44. Cálculo da descarga através de bueiro de seção circular. Prof. Jack C. Hwang. E. E. de São Carlos. USP. Revista DAE.

45. Boca de lobo de máxima eficiência. Eng. Oly Miranda Vaine. Adm. de Recursos Hídricos – Estrada do Paraná.

46. Contribuição para o estudo Hidrométrico do Rio Paraíba do Sul. F. E. Magarinos Torres, Assistente Chefe da Seção de Hidrometria. Parte 11. 1936. Ministério da Agricultura, Departamento Nacional de Produção Mineral – Serviço de Águas.

47. Curso de hidráulica geral. Carlito Flávio Pimenta. 4. ed., 1981. Editora Guanabara Dois.

48. Boletim do interior. Governo do Estado de São Paulo. n. 8 v. 17, ago. 1984.

49. Guias e sarjetas por máquinas ou pelo método tradicional. Revista Dirigente Municipal, jul./ago. 1984.

50. O escoamento nos canais com regime turbulento uniforme em relação às condições críticas. Alfredo Bandini. Revista do Instituto de Engenharia, out. 1953.

51. Drenagem dos pavimentos de rodovias e aeródromos. Hany Cerdergren-M. Transportes – DNER – Livros Técnicos e Científicos Editora. Rio de Janeiro, 1980.

52. Drenagem de estradas. Eng. Francisco Maia de Oliveira.

53. Wastewater engineering. Metcalf & Eddy. 1972. Mc Graw Hill.

54 Hidrologia aplicada. Swami Vilella, Arthur Mattos. Editora Mc Graw Hill, 1975.

55. Hidrologia. Lucas Nogueira Garcez. Editora Blucher, 1974.

56. Hidrologia básica. Nelson de Souza Pinto, Antonio Carlos Tatit Holtz, José Augusto Martins, Francisco Luiz Sibut Gomide. Editora Blucher.

57. O problema das voçorocas. Revista Engenharia. São Paulo, out. 1961. Artigo da Associação Brasileira de Cimento Portland.

58. Má ocupação do solo dificulta drenagem urbana. Revista Dirigente Municipal. jan./fev. 1985.

59. Deflúvio superficial. Conjunto de quatro artigos publicados pelo Eng. Otto Pfafstetter na Revista Saneamento. Último artigo n. 26, jan./mar. 1972. Departamento Nacional de Obras de Saneamento – DNOS.
60. Hidrologia. Chester O. Wisler; Ernest F. Brater. Ao Livro Técnico, 1964.
61. Galerias de águas pluviais: dimensionamento de condutos. Lucas Nogueira Garcez. Revista Politécnica, jul./ago. 1952.
62. Galerias de águas pluviais: métodos para avaliação das vazões a escoar. Lucas Nogueira Garcez. Revista Politécnica, maio/jun. 1952.
63. Águas pluviais. Icarahy da Silveira. Revista Municipal da Engenharia. Rio de Janeiro. nov. 1941.
64. Método de Ven te Chow para cálculo das vazões de projeto em bacias pequenas. Paulo Sampaio Wilken. São Paulo, 1969. Transcrição revista da Tese de Concurso.
65. Tubos de concreto de seção circular. Salvador E. Giammusso. Revista a construção. São Paulo, n. 1.936. 18 mar. 1985 e n. 1.942 de 29 abr. 1985.
66. Caderno de projetos da RENURB, Salvador, BA. Assunto: escadarias hidráulicas.
67. Especificações gerais para assentamento de coletores – DES-SURSAN. 1964.
68. Projetos estruturais de tubos enterrados. Waldemar Zaidler Editora Pini. 1983.
69. Ficha de componentes para conjuntos habitacionais. 1. Caderno 1.982 – COHAB/SP. João Honório Filho, Hatsumi Ito, Paulo Sérgio Moreira.
70. Normas para projeto de esgotamento pluvial. Instituto de Engenharia Sanitária. Estado da Guanabara, 1970.
71. Drenagem superficial e subterrânea de estradas. Eng. Renato G. Michelin, Miltilibri. 2.ª ed. 1975.
72. Caderno de projetos da RENURB. Salvador, Bahia.
73. Sopra Gli Scaricatori a scala di stramazzi. Bruno Poggi. Revista L'Energia Elettrica. Milano. v. 26 n. 10, p. 600-604. ott. 1949, e v. 33 n. 1, p. 33-40, gen. 1956. Essas revistas encontram-se na Escola Politécnica da Universidade de São Paulo, Departamento de Energia Elétrica.
74. Walter Rand Flow Geometry at straight drops spill ways. Procedings ASCE, v. 81, p. 1-13. sept. 1955.
75. Charles A. Donnel, Fred W. Blaisdell. Straight drop spillway stilling basin, V. of Minnesota, St. Anthony Falls Hydraulic Lab, Techn Paper 15 (series B). nov. 1954.

76. O reservatório para o controle de cheias da Avenida Pacaembu. Aluísio Pardo Canholi. Revista Engenharia n. 500, 1994.

77. Cálculos hidrológicos e hidráulicos para obras municipais (piscinões, galerias, bueiros, canais...) de Plinio Tomaz <www.pliniotomaz.com.br>, e-mail: pliniotomaz@uol.com.br, 2002.

78. Manual técnico de drenagem e esgoto sanitário. ABTC – Associação Brasileira de Fabricantes de Tubos de Concreto. www.abtc.com.br

79. Apresentação de projeto de drenagem e manejo ambiental em áreas endêmicas de malária. www.funasa.gov.br

80. Drenagem em rodovias não pavimentadas, de José Roberto Hortênsio Romero. Publicação ABTC.

Anexo J
Execução de obras[1]

Pedro Jorge Chama Neto

1 Introdução

As obras de execução de redes coletoras de esgoto, interceptores, emissários e galerias de drenagem urbana, executadas com tubos de concreto, devem obedecer rigorosamente a NBR 8890 – Tubo de Concreto, de seção Circular, para águas pluviais e esgotos sanitários – Requisitos e métodos de ensaio, às plantas, desenhos e detalhes de projeto elaborado segundo a NBR 9649 – Projeto de redes coletoras de esgoto sanitário, NBR 12207 – Projeto de interceptores de esgoto sanitário, NBR 9814 – Execução de rede coletora de esgoto sanitário, NBR 12266 – Projeto e execução de valas para assentamento de tubulação de água, esgoto ou drenagem urbana e às recomendações específicas dos fabricantes dos materiais a serem empregados e demais elementos que a fiscalização de obras venha a fornecer. Eventuais modificações no projeto devem ser efetuadas ou aprovadas pelo projetista, sendo que, aspectos particulares, casos omissos e obras complementares, não consideradas no projeto, devem ser especificados e detalhados pela fiscalização de obras.

Caso haja divergências entre elementos do projeto devem ser adotados os seguintes critérios:

- Divergências entre cotas assinaladas e suas dimensões medidas em escala: prevalecerão as primeiras,
- Divergências entre os desenhos de escalas diferentes: prevalecerão os de maior escala.

O projeto hidráulico deve conter desenhos em planta e perfil, onde sejam assinalados: diâmetro nominal, declividade da tubulação, posicionamento da tubulação

---

[1] Transcrição do Capítulo 9 do *Manual técnico de drenagem e esgoto sanitário* da Associação Brasileira de Fabricantes de Tubos de Concreto (ABTC).

na via pública, profundidades, cobrimentos mínimos, pontos de passagem obrigatória, interferências e tipo de pavimento.

A construção da obra deve:

- ser acompanhada por equipe designada pelo contratante e chefiada por profissional legalmente habilitado,
- ter a frente dos trabalhos profissional legalmente habilitado designado pelo contratado,
- ser executada com materiais que obedeçam à NBR 8890,
- ter sua demarcação e acompanhamento executado por equipe de topografia,
- observar a legislação do Ministério do Trabalho que determina obrigações no campo de Segurança, Higiene e Medicina do Trabalho, e
- ser considerada em suas diversas etapas, a saber: locação, sinalização, levantamento ou rompimento da pavimentação, escavação, escoramento, esgotamento, assentamento incluindo tipos de apoio e envolvimento, juntas, reaterro, poços de visita, reposições de pavimento e cadastramento.

Durante a execução das obras não é permitido o bloqueio, obstrução ou eliminação de cursos d'água e canalizações existentes, salvo nos casos em que o construtor apresentar projeto para análise do responsável pela interferência, que fornecerá a aprovação, mediante termo circunstanciado.

2 Segurança, higiene e medicina do trabalho

O construtor será responsável quanto ao uso obrigatório e correto, pelos operários, dos equipamentos de proteção individual de acordo com as Normas de Serviço de Segurança, Higiene e Medicina do Trabalho, devendo promover, por sua conta, o seguro de prevenção de acidentes de trabalho, dano de propriedade, fogo, acidente de veículos, transporte de materiais e outro tipo de seguro que achar conveniente.

Caso seja necessário o uso de explosivos, o construtor deve obedecer às normas específicas de segurança e controle para armazenamento de explosivos e inflamáveis estabelecidos pelas autoridades competentes.

O uso de explosivos em áreas urbanas deve ser autorizado previamente pelas autoridades competentes, cabendo ao construtor tomar as providências para eliminar a possibilidade de danos físicos e materiais.

3 Etapas da obra

3.1 Canteiro de obras

A contratada antes de iniciar qualquer trabalho, deverá providenciar para aprovação da fiscalização a planta geral do canteiro, indicando: localização do terreno; acessos; redes de água, esgoto, energia elétrica e telefone; localização e dimensão de todas as edificações.

Serão de responsabilidade da contratada a segurança, a guarda e a conservação de todos os materiais, equipamentos, ferramentas, utensílios e instalações da obra.

A contratada deverá manter livre o acesso aos extintores, mangueiras e demais equipamentos situados no canteiro, a fim de poder combater eficientemente o fogo no caso de incêndio, ficando proibida a queima de qualquer espécie de material no local das obras.

Os equipamentos de proteção individual (EPIs) devem ser armazenados de forma adequada e ser de uso obrigatório na obra, conforme norma regulamentadora NR 6 da Portaria n° 3.214 de 08/06/1978 do Ministério do Trabalho.

3.2 Recepção e estocagem dos materiais

Por ocasião da entrega dos tubos a fiscalização deve estar presente na obra para verificar o material e supervisionar sua descarga e estocagem, sendo que, os tubos e acessórios devem ser entregues, preferencialmente acompanhados dos relatórios de inspeção.

Os tubos que através de verificação visual, apresentarem danos além dos limites estabelecidos pela NBR 8890, em função do processo de carga no fabricante, transporte e descarga na obra, não devem ser aplicados, devendo ser devolvidos ao fabricante para substituição.

3.2.1 Descarga

Deve ser feita adotando-se todos os cuidados necessários à segurança dos operários e de modo a evitar danos aos tubos e acessórios, devendo-se observar o seguinte:

a) O construtor deve providenciar em tempo hábil os dispositivos e equipamentos eventualmente necessários para descarga e empilhamento dos tubos.

b) A descarga deve ser feita pelas laterais do caminhão, com os equipamentos adequados em função do diâmetro e peso dos tubos e, preferencialmente, o mais próximo possível do local de aplicação, de maneira a evitarem-se sucessivas manipulações que venham a provocar danos mecânicos e dimensionais por choque. Recomendam-se equipamentos, tais como, cabo de aço, fita de nylon, tesouras, ganchos, etc. Em nenhuma hipótese deve-se laçar os tubos pelo diâmetro interno. Quando da utilização dos meios mecânicos na descarga dos tubos, deve-se tomar os devidos cuidados e providências para que os cabos não danifiquem os mesmos.

c) Os tubos não devem ser rolados do caminhão em direção ao solo, utilizando-se pranchas de madeira e não devem ser arrastados, a fim de que os mesmos não sejam danificados.

d) Estando os tubos suspensos devem ser tomados todos os cuidados necessários para evitar golpes entre tubos ou contra o terreno.

e) Os anéis de borracha devem ser descarregados em suas embalagens originais.

3.2.2 Estocagem

a) A fiscalização deve designar locais planos, limpos, livres de pedras ou objetos salientes, apropriado para a estocagem dos tubos.

b) Os tubos não devem ser estocados por um longo período de tempo em condições expostas. Caso não seja possível, os tubos devem ser protegidos principalmente do contato com o solo e sol.

c) Todos os materiais devem ser estocados de maneira a serem mantidos limpos e de forma que seja evitada a contaminação ou degradação dos mesmos, principalmente dos anéis de borracha, que devem ser estocados protegidos do calor, raios solares, óleo e graxas.

d) Os tubos devem ser estocados preferencialmente na posição vertical. Quando houver necessidade de estocagem na posição horizontal os tubos devem ser apoiados sobre pontos isolados da ponta e bolsa obedecendo-se as recomendações do fabricante.

e) Quando os tubos forem estocados de forma empilhada, os mesmos devem ser obrigatoriamente calçados, por motivo de segurança e o fabricante deve informar a altura máxima permitida para empilhamento dos mesmos, em função do diâmetro, de maneira que seja evitado o dano por sobrecarga dos tubos posicionados na parte inferior da pilha. Recomenda-se, de maneira geral, que os tubos não sejam empilhados próximo ao local de abertura das valas e que a altura de empilhamento não exceda os valores indicados na tabela abaixo:

ALTURA MÁXIMA DE EMPILHAMENTO	
DIÂMETRO NOMINAL (mm)	NÚMERO DE PILHAS DE TUBOS
300 – 400	4
500 – 600	3
700 – 1000	2
> 1000	1

f) No caso dos tubos serem descarregados alinhados ao longo da lateral da vala, deve-se ter atenção para que os mesmos sejam colocados no lado oposto ao local adequado para colocação do material oriundo da escavação e de forma que não prejudique a movimentação do equipamento de escavação.

3.3 Locação

A locação e nivelamento das tubulações deverão ser feitos de acordo com o projeto executivo, a partir de marcos de apoio, com elementos topográficos calculados a partir das coordenadas dos vértices do projeto. A precisão da locação deverá garantir um desvio máximo do ponto locado de 1:3000 da poligonal de locação, sendo as cotas do fundo das valas verificadas de 20 em 20 m, antes do assentamento da tubulação e as cotas da geratriz superior verificada logo após o assentamento da tubulação e também antes do reaterro das valas, para correção do nivelamento.

Em todos os nivelamentos não deverão ser permitidas visadas superiores a 60 m e a tolerância ou erro máximo de nivelamentos permitido em mm é de t = 10 raiz quadrada de K, onde K é a distância em quilômetros do percurso a nivelar, computado em um só sentido. Os erros, dentro da tolerância podem ser compensados. O nivelamento e contra nivelamento devem ser efetuados sobre o centro dos tampões, conforme figura 1, os quais não deverão ser utilizados como pontos de mudança do nivelamento e contranivelamento.

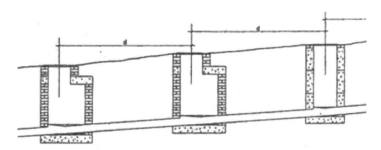

Figura 1 – Locação, nivelamento e contra-nivelamento da rede.

Em complemento às providências anteriores, o construtor tendo em mãos o projeto deve visitar o local das obras e reconhecer o local de implantação da mesma, providenciando o seguinte:

a) Implantação de no mínimo um RN secundário por quadra e PSs (pontos de segurança) em pontos notáveis da via pública não sujeitos as interferências da obra, pelo menos nos cruzamentos. Recomenda-se locar os PSs sobre o passeio, preferencialmente à distância de até 0,30 m do alinhamento predial, numerados seqüencialmente e materializados em campo.

b) Restabelecer a locação primeira reconstituindo os piquetes do eixo da vala e do centro dos PVs (poços de visita).

c) Demarcar no terreno as canalizações, dutos, caixas, etc, subterrâneos que interferem com a execução da obra. Existindo serviços públicos situados nos limites das áreas de delimitação das valas, ficará sob a responsabilidade do construtor a não interrupção daqueles serviços, até que os remanejamentos sejam autorizados.

d) O construtor deve providenciar os remanejamentos de instalações que interferem nos serviços a serem executados. Os remanejamentos devem ser programados pelo construtor com a devida antecedência e de comum acordo com a fiscalização, proprietários e/ou concessionárias dos serviços cujas instalações precisem ser remanejadas.

e) Os danos que porventura sejam causados às instalações existentes durante o remanejamento são de responsabilidade exclusiva do construtor, que deverá obter todas as informações a respeito das instalações a remanejar.

3.4 Desmatamento e limpeza

Para o caso de obras não localizadas no perímetro urbano ou em locais onde não existe arruamento, é de responsabilidade do contratante fornecer as licenças necessárias. O construtor somente deve iniciar os serviços após a obtenção de autorização junto aos órgãos competentes para desmatamento, principalmente no caso de árvores de grande porte. Devem ser preservadas as árvores, a vegetação e a grama, localizadas em áreas que pela situação, não interfiram no desenvolvimento dos serviços.

3.5 Sinalização

Para obras localizadas em perímetro urbano, devem ser obedecidas as posturas municipais e exigências dos órgãos públicos locais ou concessionárias de serviços. Neste caso, independente das exigências, a execução das obras deve ser protegida e sinalizada contra riscos de acidentes.

Com este fim, deve-se:

- proteger e sinalizar a área através do uso de cavaletes e tapumes para cercar o local de trabalho e fazer a contenção do material escavado,
- prever dispositivos de sinalização em obediência as leis e posturas municipais,
- deixar passagem livre e protegida para pedestres,
- manter livre o escoamento superficial das águas de chuvas, e
- prever sistema de vigilância efetuado por pessoal devidamente habilitado e uniformizado.

Independente das exigências acima, sempre deve ser utilizado sinalização preventiva com placas indicativas, cones de sinalização (borracha), cavaletes, dispositivos de sinalização refletiva e iluminação de segurança ao longo da vala, conforme figuras ilustrativas 2 e 3.

Execução de obras

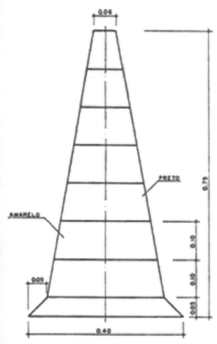

Figura 3 – Cone de sinalização

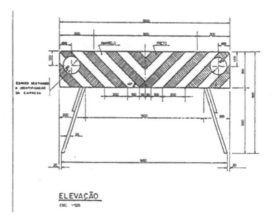

Figura 2 – Cavalete para sinalização

Os tapumes a serem utilizados para cercar o perímetro de todas as obras urbanas podem ser do tipo de placas laterais, chapas de madeira compensada, tábuas de madeira ou chapas de metal, conforme modelos apresentados nas figuras 4 e 5. Deve ser provida a permanente manutenção na parte externa do tapume, devendo ser periodicamente pintado ou caiado, de forma a garantir sua permanente limpeza e visibilidade.

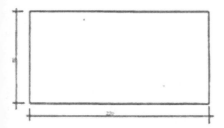

a) chapa de madeira compensada pintada

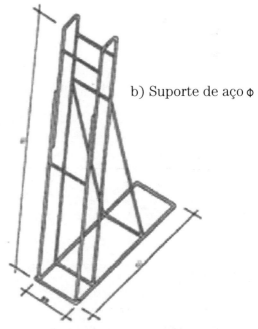

b) Suporte de aço ϕ

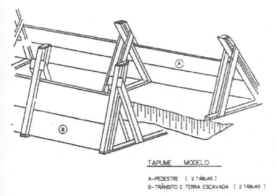

Figura 4 – Tapume de madeira

Figura 5 – Tapume de chapa compensada com suporte metálico

3.6 Posicionamento da vala

O posicionamento da vala deve ser feito de acordo com o projeto. Quando o posicionamento não estiver bem definido ou for inexeqüível, deve ser observado o seguinte:

a) As valas devem ser localizadas no leito carroçável quando:

- Os passeios laterais não tiverem a largura mínima necessária ou existirem interferências de difícil remoção,
- Resultar em vantagem técnica ou econômica,
- A vala no passeio oferecer risco às edificações adjacentes,
- Os regulamentos oficiais impedirem sua execução no passeio.

b) As valas devem ser localizadas no passeio quando:

- O projeto previr rede dupla,
- Os passeios tiverem espaço disponível,
- Houver vantagem técnica e econômica,
- A rua for de tráfego intenso e pesado,

c) Regulamentos municipais impedirem sua execução no leito carroçável da rua.

Para valas localizadas no leito carroçável da rua devem ser cumpridas as seguintes condições:

a) A distância mínima entre as tubulações de água e tubulações de esgoto ou águas pluviais deve ser no mínimo 1,00 m e a tubulação de água deve ficar, no mínimo, 0,20 m acima das outras.

b) Nas redes duplas, as tubulações devem ser localizadas o mais próximo possível dos meios fios, uma em cada terço lateral do leito.

Para valas localizadas nos passeios devem ser cumpridas as seguintes condições:

a) O eixo das tubulações deve ser localizado a uma distância mínima de 0,80 m do alinhamento dos lotes,

b) A distância mínima entre as tubulações de água e tubulações de esgoto ou águas pluviais deve ser no mínimo 0,60 m e a tubulação de água deve ficar, no mínimo, 0,20 m acima das outras.

3.7 Levantamento ou rompimento de pavimentação

A remoção da pavimentação deve ser executada de acordo com as normas, regulamentos e instruções adotadas pelo órgão público municipal. Na inexistência destas exigências recomenda-se:

a) remover a pavimentação na largura da vala acrescida de:

- 15 cm para cada lado, no leito da rua, e
- 10 cm para cada lado, no passeio.

No caso de pavimento asfáltico o corte deve ser feito preferencialmente com marteletes pneumáticos ou discos de corte. Após o corte o material deve ser removido e imediatamente transportado para bota fora.

No caso de paralepipedos ou blocos a remoção deve ser feita preferencialmente com alavancas ou com picaretas. Após a retirada do pavimento deve-se estocar convenientemente e a uma distância segura da vala os elementos removidos, para posterior recolocação.

No caso de passeios a remoção deve ser feita com marteletes ou picaretas e posteriormente o material deve ser removido e transportado para bota fora.

3.8 Escavação

A escavação compreende na remoção dos diferentes tipos de solo, desde a superfície natural do terreno até a cota especificada no projeto. Poderá ser manual ou mecânica, em função das particularidades existentes.

Para os serviços de movimento de terra deverão ser considerados os seguintes aspectos:

- A abertura das valas e travessias em vias e logradouros públicos só poderá ser iniciada após a comunicação e aprovação do órgão municipal.
- As escavações sob ferrovias, rodovias ou em faixa de domínio de concessionárias de serviços públicos só poderão ser iniciadas depois de cumpridas as exigências estabelecidas pelas mesmas.
- Ao iniciar a escavação, deverá ser feito a pesquisa de interferências, para que não sejam danificados quaisquer tubos, caixas, cabos, postes ou outros elementos e estruturas existentes próximas a área de escavação. Caso a escavação venha a interferir com galerias ou tubulações, as mesmas deverão ser remanejadas ou escoradas e sustentadas. Deverão ser mantidas livres as grelhas, tampões e bocas de lobo das redes dos serviços públicos, juntos as valas, não devendo estes componentes serem danificados ou entupidos.
- As valas deverão ser abertas no sentido de juzante para montante, a partir dos pontos de lançamento.
- Os equipamentos a serem utilizados deverão ser adequados aos tipos de escavação, sendo que, para valas de profundidade até 4,00 m, com escavação mecânica, recomenda-se utilizar retroescavadeiras, podendo ser utilizada escavação manual no acerto final da vala. Para escavação mecânica de valas com profundidade além de 4,00 m recomenda-se o uso de escavadeira hi-

dráulica. Caso a empresa não disponha de escavadeira hidráulica poderá ser utilizada retroescavadeira, desde que seja feito o rebaixamento do terreno para se atingir a profundidade desejada.

- No caso de escavação em terreno de boa qualidade, ao se atingir a cota indicada no projeto, deverão ser feitas a regularização e limpeza do fundo da vala. Caso ocorra a presença de água a escavação deverá ser ampliada para conter o lastro. As operações somente poderão ser executadas com a vala seca ou com a água do lençol freático totalmente desviada para drenos laterais, junto ao escoramento, quando houver.

- Quando o greide final da escavação estiver situado em terreno cuja capacidade suporte do terreno não for suficiente para servir como fundação direta, o fundo da vala deverá ser rebaixado para comportar um colchão de bica corrida, pedra britada e pedra de mão compactada em camadas, com acabamento em brita 1 (um). Havendo necessidade ou previsão em projeto poderá ser usado lastro, laje e berço.

- Se o material escavado for apropriado para utilização no aterro, em princípio, deverá ser depositado ao lado ou perto da vala, em distância superior a 1,00 m, sendo que, caso seja possível, recomenda-se que esta distância seja ampliada para uma distância igual a profundidade da vala.

- Se o fundo da vala estiver situado em cota onde haja a presença de rocha ou material indeformável, será necessário aprofundar a vala e executar embasamento com material desagregado, de boa qualidade, normalmente areia ou terra, em camada de espessura não inferior a 0,15 m.

- Qualquer excesso de escavação ou depressão no fundo da vala deve ser preenchido com material granular fino compactado.

- As cavas para os poços de visita terão dimensão interna livre, no mínimo igual à medida externa da câmara de trabalho ou balão, acrescida de 0,60 m.

- Somente serão permitidas valas sem escoramento para profundidades até 1,25 m, sendo que, a largura da vala deve ser no mínimo, igual ao diâmetro do coletor mais 0,50 m para tubos até 500 mm de diâmetro e 0,60 m para tubos de diâmetros iguais ou superiores a 500 mm. Como orientação, em função do tipo de escoramento, poderá ser utilizada a tabela 1, apresentada a seguir.

Tabela 1 – Dimensões de vala para assentamento de tubulações de esgoto e drenagem – Tubos de concreto (NBR 12266)

DIÂMETRO (mm)	PROFUNDI-DADE (m)	LARGURA DA VALA EM FUNÇÃO DO TIPO DE ESCORAMENTO E PROFUNDIDADE			
		S/ ESCORA-MENTO E PON-TALETEAMENTO	DESCONTÍNUO E CONTÍNUO	ESPECIAL	METÁLICO--MADEIRA
300	0-2	0,80	0,80	0,90	-
	2-4	0,90	1,00	1,20	1,85
	4-6	1,00	1,20	1,50	2,00
	6-8	1,10	1,40	1,80	2,15
400	0-2	0,90	1,10	1,20	-
	2-4	1,00	1,30	1,50	2,15
	4-6	1,10	1,50	1,80	2,30
	6-8	1,20	1,70	2,10	2,45
500	0-2	1,10	1,30	1,40	-
	2-4	1,20	1,50	1,70	2,35
	4-6	1,30	1,70	2,00	2,50
	6-8	1,40	1,90	2,30	2,65
600	0-2	1,20	1,40	1,50	-
	2-4	1,30	1,60	1,80	2,45
	4-6	1,40	1,80	2,10	2,60
	6-8	1,50	2,00	2,40	2,75
700	0-2	1,30	1,50	1,60	-
	2-4	1,40	1,70	1,90	2,55
	4-6	1,50	1,90	2,20	2,70
	6-8	1,60	2,10	2,50	2,85
800	0-2	1,40	1,60	1,70	-
	2-4	1,50	1,80	2,00	2,65
	4-6	1,60	2,00	2,30	2,80
	6-8	1,70	2,20	2,60	2,90
900	0-2	1,50	1,70	1,80	-
	2-4	1,60	1,90	2,10	2,75
	4-6	1,70	2,10	2,40	2,90
	6-8	1,80	2,30	2,70	3,05
1000	0-2	1,60	1,80	1,90	-
	2-4	1,70	2,00	2,10	2,85
	8	1,80	2,20	2,50	3,00
	6-8	8	2,40	2,80	8

3.9 Escoramento

Deverá ser utilizado escoramento sempre que as paredes laterais da vala, poços e cavas forem constituídas de solo possível de desmoronamento, bem como nos casos em que, devido aos serviços de escavação, seja constatada a possibilidade de alteração da estabilidade do que estiver próximo à região dos serviços.

É obrigatório o escoramento para valas de profundidades superiores a 1,25 m, conforme Portaria nº 18, do Ministério do Trabalho – item 18.6.5.

Na execução do escoramento, devem ser utilizadas madeiras duras, como peroba, canafístula, sucupira etc., sendo as estroncas de eucalipto, com diâmetro não inferior a 0,20 m, colocadas perpendicularmente ao plano do escoramento. Se por algum motivo o escoramento tiver de ser deixado definitivamente na vala, deverá ser retirada da cortina de escoramento uma faixa de aproximadamente 0,90 m abaixo do nível do pavimento ou da superfície do terreno.

Para se evitar a sobrecarga do escoramento, o material escavado deverá ser colocado numa distância mínima da lateral da vala, conforme explicitada no item 10.3.8 – Escavação, e deverão sempre ser realizadas vistorias para evitar a penetração de água na vala.

Quando a vala for aberta em solos saturados, as fendas entre tábuas e pranchas do escoramento devem ser calafetadas a fim de impedir que o material do solo seja carreado para dentro da vala, evitando-se o solapamento desta e o abatimento da via pública.

As especificações mínimas das peças e os espaçamentos máximos usuais dos escoramentos, quando não especificados em projeto, devem ser:

3.9.1 Pontaleteamento

Normalmente este tipo de escoramento é utilizado em terrenos argilosos de boa qualidade com profundidades até 2,00 metros. Consiste em escorar utilizando-se tábuas de madeira de 2,7 cm x 30 cm, espaçadas de 1,35 m, travadas transversalmente por estroncas de eucalipto de diâmetro igual a 20 cm, espaçadas verticalmente de 1,00 m, conforme figura 6.

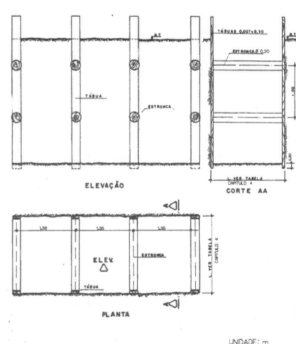

Figura 6 – Pontaleteamento

3.9.2 Escoramento descontínuo

Normalmente este tipo de escoramento é utilizado em terrenos firmes, sem a presença de lençol freático, com profundidades até 3,00 metros. Consiste em escorar utilizando-se tábuas de madeira de 2,7 cm x 30 cm, espaçadas a cada 30 cm e travadas horizontalmente por longarinas de 6 cm por 16 cm em toda extensão, espaçadas verticalmente de 1,00 m. O travamento transversal é garantido por estroncas de eucalipto de diâmetro igual a 20 cm, espaçadas a cada 1,35 m. As estroncas não devem coincidir com o final das longarinas devendo ficar sempre a uma distância mínima de 40 cm das extremidades da longarina, conforme figura 7.

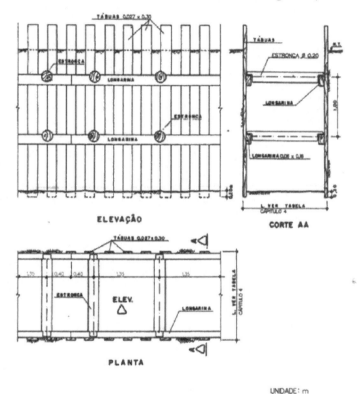

Figura 7 – Escoramento descontínuo

3.9.3 Escoramento contínuo

Normalmente este tipo de escoramento é utilizado em qualquer tipo de solo, com exceção dos arenosos, na presença de lençol freático, com profundidades de valas de até 4,00 metros. Consiste em escorar utilizando-se pranchas de madeira de 2,7 cm x 30 cm, encostadas uma na outra e travadas horizontalmente por longarinas de 6 cm por 16 cm em toda extensão, espaçadas verticalmente de 1,00 m. O travamento transversal é garantido por estroncas de eucalipto de diâmetro igual a 20 cm, espaçadas a cada 1,35 m. As estroncas não devem coincidir com o final das longarinas devendo ficar sempre a uma distância mínima de 40 cm das extremidades da longarina, conforme figura 8.

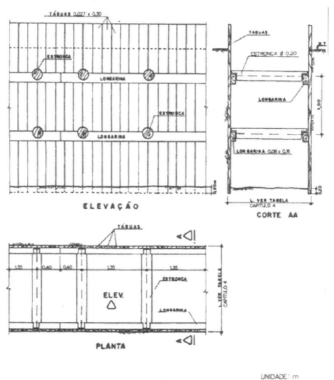

Figura 8 – Escoramento contínuo

3.9.4 Escoramento especial

Normalmente este tipo de escoramento é utilizado em qualquer tipo de solo e principalmente nos arenosos na presença de lençol freático, onde as pranchas macho-fêmea não permitem a passagem do solo junto com água.

Pode ser utilizado para substituir o escoramento contínuo nas valas com profundidades acima de 4,00 metros. Consiste em escorar utilizando-se pranchas de peroba de 6 cm x 16 cm do tipo macho-fêmea, encostadas uma na outra e travadas horizontalmente por longarinas de 8 cm por 18 cm em toda extensão, espaçadas verticalmente de 1,00 m. O travamento transversal é garantido por estroncas de eucalipto de diâmetro igual a 20 cm, espaçadas a cada 1,35 m. As estroncas não devem coincidir com o final das longarinas devendo ficar sempre a uma distância mínima de 40 cm das extremidades da longarina, conforme figura 9

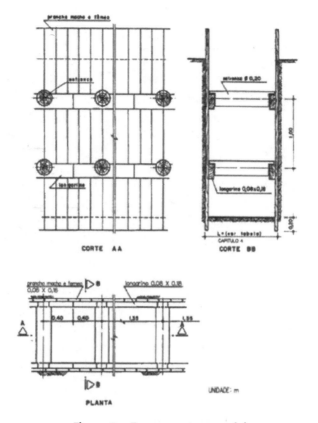

Figura 9 – Escoramento especial

3.9.5 Escoramento metálico madeira

A contenção do solo lateral é feita através de vigas de peroba de 6 cm x 16 cm, encaixadas em perfis metálicos duplo T, com dimensões variando de 25 a 30 cm (10" a 12"), cravados no terreno e espaçados de 2,00 m um do outro. Os perfis são contidos por longarinas metálicas duplo T de 30 cm (12") e travadas por estroncas metálicas duplo T de 30 cm (12") espaçadas a cada 3,00 m. Para valas com profundidades até 6,00 m no geral, basta um quadro de estroncas— longarinas. Para valas com profundidade entre 6,00 m e 7,50 m haverá necessidade de um quadro adicional e para profundidades maiores o escoramento deverá ser calculado.

A cravação do perfil metálico poderá ser feita por bate-estacas (queda livre), martelo vibratório ou pré-furo. Detalhe do escoramento pode ser visualizado na figura 10

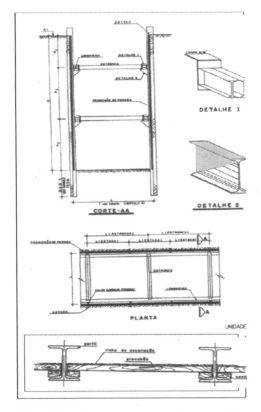

Figura 10 – Escoramento metálico-madeira

Caso na localidade em que será executada a obra, as bitolas comerciais de tábuas, pranchas e vigas não coincidam com as indicadas, devem ser utilizadas peças com o módulo de resistência equivalente ou com dimensões imediatamente superiores.

Dependendo dos tipos de solos e profundidades das valas podem ser usados outros tipos de contensão lateral, tais como, estacas pranchas metálicas de encaixe, caixões deslizantes, etc. As estacas-prancha e tábuas podem ser cravadas por bate-estacas ou por marreta, sendo que o topo da peça à cravar deve ser protegido para evitar lascamento.

A ficha do escoramento deve ser de pelo menos 7/10 da largura da vala, com um mínimo de 0,50 m.

3.9.6 Remoção do escoramento

O escoramento não deve ser retirado antes do reenchimento atingir 0,60 m acima da tubulação ou 1,50 m abaixo da superfície natural do terreno, desde que seja de boa qualidade. Caso contrário o escoramento somente deve ser retirado quando a vala estiver totalmente reaterrada.

Nos escoramentos metálico-madeira o contraventamento de longarinas deve ser retirado quando o aterro atingir o nível dos quadros e as estacas metálicas devem ser retiradas quando a vala estiver totalmente reaterrada.

O vazio deixado pelo arrancamento dos perfis e estacas metálicas deve ser preenchido com areia compactada por vibração ou por percolação de água.

3.10 Esgotamento

Quando a escavação atingir o lençol d'água, deve-se manter o terreno permanentemente drenado.

O esgotamento deve ser obtido por meio de bombas, executando-se no fundo da vala drenos junto ao escoramento, fora da faixa de assentamento da tubulação, para que a água seja coletada pelas bombas em poços de sucção, protegidos por cascalho ou pedra britada, a fim de evitar erosão por carreamento do solo.

Em casos excepcionais, o rebaixamento do lençol deve ser feito por meio de ponteiras filtrantes, poços profundos ou injetores.

O construtor e a fiscalização devem estar atentos quanto a possibilidade de abatimento das faixas laterais à vala, que pode provocar danos em tubulações, galerias e dutos diversos, ou ainda recalque das fundações dos prédios vizinhos, para que possam adotar em tempo hábil as medidas necessárias de proteção.

Não havendo especificação no projeto deve ser dada preferência às bombas para esgotamento do tipo auto-escorvante ou submersa.

As instalações de bombeamento deverão ser dimensionadas com suficiente margem de segurança e deverão ser previstos equipamentos de reserva, incluindo grupo moto-bombas diesel, para eventuais interrupções de energia elétrica.

3.11 Assentamento

O assentamento da tubulação deverá seguir paralelamente à abertura da vala, de juzante para montante, com a bolsa voltada para montante. Sempre que o trabalho for interrompido, o último tubo assentado deverá ser tamponado, a fim de evitar a entrada de elementos estranhos. Nas valas inundadas pelas enxurradas, findas as chuvas e esgotadas as valas, os tubos já assentados deverão ser limpos internamente.

A descida dos tubos na vala deverá ser feita cuidadosamente, manualmente ou com o auxílio de equipamentos mecânicos. Os tubos devem estar limpos internamente e sem defeitos, não podendo ser assentadas as peças trincadas. Cuidado especial deve ser tomado principalmente com as bolsas e pontas dos tubos, contra possíveis danos na utilização de cabos e/ou tesouras.

À medida que for sendo concluída a escavação e o escoramento da vala, deve ser feita a regularização e o preparo do fundo da vala. O greide do coletor poderá ser obtido por meio de réguas niveladas com a declividade do projeto (visores) que devem ser colocadas na vertical do centro dos PVs e em pontos intermediários do trecho, conforme figura 11.

Quando a declividade for menor que 0,001 m/m, ou quando se desejar maior precisão no assentamento, o greide deve ser determinado por meio de instrumento topográfico, ou aparelho emissor de raio laser, desde que o levantamento topográfico inicial tenha sido feito com precisão igual ou maior. A utilização de raio laser é indicada para travessias subterrâneas de ruas com tráfego intenso, ferrovias e rodovias, casos em que os serviços não podem ser feitos a céu aberto, exigindo o emprego de métodos não destrutivos, tais como, tubos cravados, minitúnel (minishield), etc.

Durante o assentamento das tubulações, as mudanças de direção, diâmetro ou declividades devem ser obrigatoriamente feitas nos poços de visita. No caso de mudança de diâmetro o assentamento das tubulações deve ser feito de tal forma que as geratrizes superiores externas sejam coincidentes.

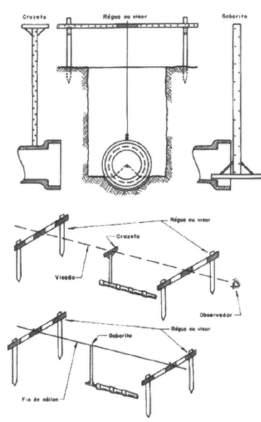

Figura 11 – Controle do greide no assentamento das tubulações de tal forma que as geratrizes superiores externas sejam coincidentes.

3.11.1 Preparo do fundo de vala

O fundo da vala deve ser regular e uniforme, obedecendo à declividade prevista em projeto e isento de saliências e reentrâncias. As eventuais reentrâncias devem ser preenchidas com material adequado, convenientemente compactado, de modo a se obter as mesmas condições de suporte do fundo da vala normal.

    a) Em terrenos firmes e secos, com capacidade de suporte satisfatória, o apoio do tubo pode ser feito diretamente sobre o solo (Apoio direto), conforme figura 12.

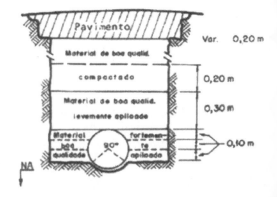

Figura 12 – Assentamento com apoio direto no solo

b) Em terrenos firmes, com capacidade suporte satisfatória, porém situado abaixo do nível do lençol freático, após o necessário rebaixamento do fundo da vala, deve ser preparado um lastro de brita 3 e 4 ou cascalho grosso com a espessura variando de 10 cm a 15 cm, com uma camada adicional de 5 cm de material granular fino, conforme figura 13.

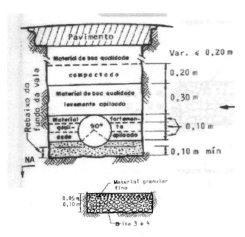

Figura 13 – Assentamento sobre leito de material granular

Nos casos (a) e (b), uma vez concluído o nivelamento e o adensamento do material, deve-se preparar uma cava para o alojamento da bolsa do tubo, abrangendo no mínimo um setor de 90° da secção transversal.

c) Em terrenos compressíveis e instáveis (p.ex. argila saturada ou lodo), sem condições mecânicas mínimas para o assentamento dos tubos, o apoio da tubulação é feito sobre laje de concreto simples ou armado, conforme figura 14, executada sobre um dos tipos de fundação:

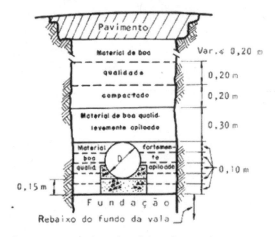

Figura 14 – Apoio sobre laje e berço de concreto

- Lastro de brita 3 e 4, ou cascalho grosso com espessura mínima de 15 cm, conforme figura 15.

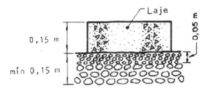

Figura 15 – Laje sobre lastro de brita (fundação)

- Embasamento de pedra de mão, com espessura máxima de 1,00 m, conforme figura 16.

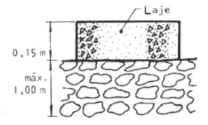

Figura 16 – Laje sobre embasamento de pedra de mão (fundação)

- Estacas com diâmetro mínimo de 0,20 m e comprimento mínimo de 2,00 m, conforme figura 17.

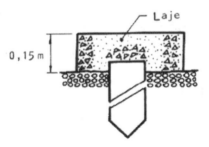

Figura 17 – Laje sobre estaca (fundação)

Para o perfeito apoio dos tubos sobre a laje, deve ser executado um berço contínuo de concreto com altura de 1/3 a 1/2 diâmetro do tubo.

d) Em terrenos rochosos a escavação que foi aprofundada, de pelo menos 15 cm, deve ser reenchida com material granular fino para garantir um perfeito apoio à tubulação, conforme figura 18.

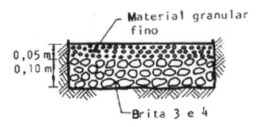

Figura 18 – Assentamento sobre leito de material granular fino

3.11.2 Juntas

Antes da execução das juntas, deve ser verificado se as extremidades dos tubos estão perfeitamente limpas.

a) Juntas elásticas

A execução das juntas elásticas deve obedecer a seguinte seqüência:

- Verificar se os anéis correspondem ao especificado pela NBR 8890 e se estão em bom estado e livre de sujeiras, principalmente óleos e graxas.
- Limpar as faces externas das pontas dos tubos e as internas das bolsas e, principalmente, a região de encaixe do anel. Verificar se o chanfro da ponta do tubo não foi danificado.
- Colocar o anel no chanfro situado na ponta do tubo, observando-se que o mesmo não deve sofrer movimento de torção, durante o seu posicionamento.
- Posicionar a ponta do tubo junto a bolsa do tubo já assentado, proceder o alinhamento da tubulação e realizar o encaixe, empurrando-o manualmente (alavancas) ou através de equipamentos (tirfor). Tomar o devido cuidado para não danificar o tubo na operação de encaixe e não provocar esforços no anel, tais como, tração, torção, ou compressão.
- Verificar se o anel de borracha permaneceu no seu alojamento.

Não utilizar, em hipótese alguma, lubrificante nos anéis, que possam afetar as características da borracha, tais como, graxas ou óleos minerais.

b) Juntas elásticas incorporadas

A execução das juntas elásticas deve obedecer a seguinte seqüência:

- Verificar se o anel incorporado ao tubo corresponde ao especificado e se esta em bom estado e livre de sujeiras, principalmente óleos e graxas.
- Limpar as faces externas das pontas dos tubos e as internas das bolsas e, principalmente a região do anel. Verificar se o chanfro da ponta do tubo não foi danificado.

- Posicionar a ponta do tubo junto a bolsa do tubo já assentado, proceder o alinhamento da tubulação e realizar o encaixe, empurrando-o manualmente (alavancas) ou através de equipamentos (tirfor). Tomar o devido cuidado para não danificar o tubo na operação de encaixe e não provocar esforços no anel, tais como, tração, torção, ou compressão.

- Verificar se o anel de borracha não foi danificado.

Não utilizar, em hipótese alguma, lubrificante no anel, que possa afetar as características da borracha, tais como, graxas ou óleos minerais.

c) Juntas rígidas

A execução das juntas rígidas deve obedecer a seguinte seqüência:

- Limpar as faces externas das pontas dos tubos e as internas das bolsas e verificar se o tubo não foi danificado.

- Após o correto posicionamento da ponta do tubo junto a bolsa do tubo já assentado, proceder o alinhamento da tubulação e realizar o encaixe. Tomar o devido cuidado para não danificar o tubo na operação de encaixe.

- Executar a junta com argamassa de cimento e areia no traço 1:3, respaldadas com uma inclinação de 45° sobre a superfície do tubo.

- Verificar se a argamassa foi colocada em todo o perímetro do tubo, principalmente na base da geratriz inferior do tubo.

Este tipo de junta não deve ser executada em redes de esgoto, pelo fato de permitir infiltração e vazamento, em decorrência do deslocamento por efeito de retração e deterioração da argamassa pelo ataque do esgoto.

d) Conexão no poço de visita

- A execução da conexão do tubo ao poço de visita, deve ser realizada por métodos que garantam a perfeita estanqueidade, principalmente nas redes de esgotos, de forma a evitar infiltrações no PV.

3.12 Reaterro e recobrimento especial de valas, cavas e poços

As seguintes recomendações devem ser observadas na execução do reaterro:

a) Antes de iniciar o reaterro deve-se retirar todos materiais estranhos da vala, tais como: pedaços de concreto, asfalto, raízes, madeiras, etc.

b) Para execução do reaterro utilizar, preferencialmente, o mesmo solo escavado. Quando o solo for de má qualidade utilizar solo de jazida apropriada. Não são aceitáveis como material do reaterro argilas plásticas e solos orgânicos, ou qualquer outro material que possa ser prejudicial física ou quimicamente para o concreto e armadura dos tubos.

Execução de obras

c) O reaterro e a compactação devem ser feitos concomitantemente com a retirada do escoramento. Para isso devem ser adotados os seguintes procedimentos:

- Numa primeira fase é mantido o escoramento e executado o reaterro até o nível da 1ª estronca. Retira-se então a estronca e a longarina (caso seja o caso) e o travamento fica garantido pelo próprio solo do reaterro.

- Prossegue-se com o reaterro até o nível da 2ª estronca, retira-se a mesma e a longarina (caso seja o caso) e assim sucessivamente até o nível desejado.

- As pranchas verticais e os perfis metálicos (quando o escoramento for metálico madeira) só deverão ser retirados no final do reaterro. Para isso utilizam-se guindastes, retroescavadeiras ou outros dispositivos apropriados.

d) O reaterro deve ser dividido em duas zonas distintas, sendo a primeira da base da vala até 30 cm acima da tubulação e a outra do plano situado 30 cm acima da tubulação até a base do pavimento, conforme figura 19.

- Inicialmente executa-se o enchimento lateral da vala, com material de boa qualidade isento de pedras e outros corpos estranhos, proveniente da escavação ou importado e em seguida estende-se o reaterro até 30 cm acima da tubulação, procedendo à compactação manualmente.

- Em seguida o reaterro deve ser feito em camadas com espessuras de 20 cm (material solto), compactado através de compactadores manuais ou mecânicos. De preferência deve-se fazer o controle de compactação, de maneira que seja atingido 95% do proctor normal.

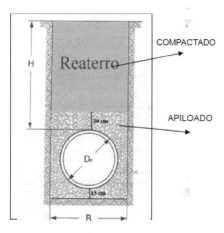

Figura 19 – Desenho esquemático do reaterro

A compactação em camadas de pequena espessura (máximo de 20 cm), visa evitar bolsões sem compactação.

- No caso de valas mais profundas, a altura da camada compactada, a critério da fiscalização, pode ser restringida a 1 m abaixo da base do pavimento.

- Observações

    1 - Em ruas de terra ou locais onde não haverá trafego de veículos o aterro pode ser executado em camadas apiloadas manualmente.

    2 - Não se deve em hipótese alguma utilizar equipamentos manuais ou mecânicos para compactação da camada de aterro situada até 30 cm acima da tubulação, exceto, nos casos onde os tubos foram dimensionados para tal situação.

e) Quando o solo for muito arenoso, o adensamento será mais eficiente através de vibração. Portanto, pode-se utilizar água e vibrador (do mesmo tipo utilizado em concreto).

f) De maneira geral, deve-se iniciar a compactação do centro da vala para as laterais, tomando-se os devidos cuidados para nas camadas iniciais não danificar a tubulação.

3.13 Poços de visita

Os poços de visita podem ser de três tipos: alvenaria, conforme figura 20, aduelas de concreto pré-moldado, conforme figura 21 e concreto moldado no local. Basicamente os poços de visita compõem-se de laje de fundo, câmara de trabalho ou balão (1,00 m para diâmetro até 400 mm e 1,20 m para diâmetros de 500 mm até 1000 mm), laje de transição, câmara de acesso ou chaminé e tampão.

A laje de fundo deverá ser em concreto armado, apoiado sobre lastro de brita, e sobre a mesma devem ser construídas as canaletas necessárias para concordância dos coletores de entrada e saída. As banquetas laterais devem ter inclinação de 10% em direção as canaletas e serão revestidas com argamassa de cimento e areia, no traço 1:3, alisada e queimada à colher.

No caso de poços de visita em alvenaria os mesmos devem ser revestidos interna e externamente com argamassa de cimento e areia no traço 1:3, alisada e queimada à colher.

Quando possível, a câmara de trabalho ou balão terá altura mínima livre, em relação a banqueta, de 2,00 m.

Uma vez terminada a câmara de trabalho ou balão, sobre o respaldo de alvenaria, topo do último anel de concreto ou parede de concreto, será colocada uma laje de transição com abertura excêntrica ou não, de 0,60 m, voltada para montante, de modo que o seu centro fique localizado sobre o eixo do coletor principal.

Coincidindo com a abertura, será executada a chaminé com 0,60 m de diâmetro e altura variável de

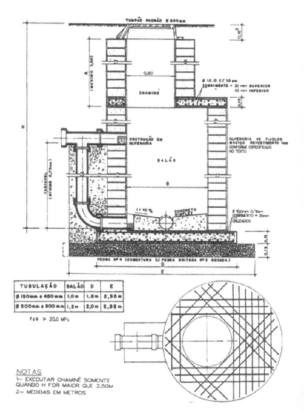

Figura 20 – **Poço de visita em alvenaria com tubo de queda** *Execução de Obras*

no máximo 1,00 m, alcançando o nível da rua, com desconto para colocação do tampão de ferro fundido.

A chaminé somente deverá existir quando o greide da escavação estiver a uma profundidade superior a 2,50 m. Para profundidades menores, o poço de visita se resumirá a câmara de trabalho, ficando o tampão diretamente apoiado sobre a laje do PV.

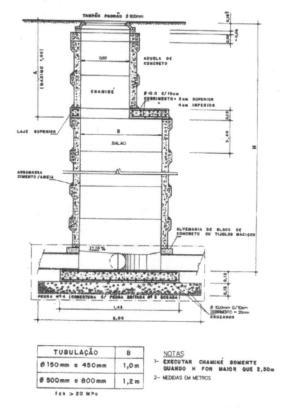

Figura 21 – Poço de visita em aduelas pré-moldadas de concreto

3.14 Reposição de pavimentação

3.14.1 Disposições gerais

a) A reposição do pavimento deve ser iniciada logo após a conclusão do reaterro compactado e regularizado, sendo que o executor deve providenciar as diversas reposições, reconstruções ou reparos de qualquer natureza, de modo a tornar o executado igual ao que foi removido, demolido ou rompido. Na reposição de qualquer pavimento, seja no passeio ou no leito carroçável, devem ser obedecidos o tipo, as dimensões e a qualidade do pavimento encontrado.

b) A reconstrução do pavimento implica a execução de todos os trabalhos correlatos e afins, tais como, recolocação de meio-fios, bocas de lobo e outros, eventualmente demolidos ou removidos para execução dos serviços.

c) O pavimento, depois de concluído, deve estar perfeitamente conformado ao greide e seção transversal do pavimento existente, não sendo admitidas irregularidades ou saliências a pretexto de compensar futuros abatimentos.

d) As emendas do pavimento reposto com o pavimento existente devem apresentar perfeito aspecto de continuidade.

e) Após a execução da pavimentação, toda área afetada pela execução da obra, deve ser limpa e varrida, removendo-se da via pública, quando for o caso, toda terra solta, entulho e demais materiais não utilizados, deixados ao longo das ruas onde forma executadas as redes.

f) A regularização em ruas de terra deve ser executada com motoniveladoras.

3.14.2 Pavimentação em paralelepípedo ou bloco

a) As peças devem ser assentadas sobre lastro de areia de 5 cm de espessura, para blocos articulados e 10 cm de espessura, para blocos sextavados ou paralelepípedos. Eventualmente para melhorar as condições de suporte do solo, deve ser executado lastro de brita ou concreto magro.

b) Os paralelepípedos ou blocos devem ser assentados das bordas da faixa para o centro e, quando em rampa, de baixo para cima.

c) No caso de rampas íngremes o assentamento deve ser feito sobre lastro de concreto magro, com consumo mínimo de cimento de 210 kg/m3.

d) O rejuntamento deve ser feito com pedrisco ou areia, seguido do preenchimento das juntas com asfalto.

3.14.3 Passeios cimentados

a) O concreto deve ter espessura igual a do piso existente, não devendo, no entanto, ser inferior a 5,0 cm e executado sobre lastro de brita de 5,0 cm de espessura devidamente compactado. O acabamento deve ter espessura de 2,0 cm e ser executado em argamassa de cimento e areia no traço 1:3.

b) O consumo mínimo de cimento por metro cúbico de concreto deve ser de 210 kg/m3.

c) As juntas de dilatação devem ser do mesmo tipo e ter o mesmo espaçamento do pavimento existente.

3.14.4 Pavimentação asfáltica

a) A reposição da pavimentação asfáltica deve obedecer às exigências dos órgãos competentes e/ou às mesmas características do pavimento existente.

b) Na falta de exigências dos órgãos competentes a reposição da pavimentação asfáltica deve obedecer ao especificado em projeto ou determinações do contratante e tipo de tráfego.

c) Na falta de qualquer tipo de especificação recomenda-se:

- Executar capa asfáltica com espessura mínima de 4 cm (tráfego médio e leve) a 5 cm (tráfego pesado).

- Executar sob a capa de asfalto, base de concreto magro com consumo mínimo de 150 Kg / m3. No caso de tráfego pesado recomenda-se base de concreto magro com espessura de 25 cm e tráfego leve e médio 15 cm de espessura.

- Finalmente, no caso de tráfego leve e médio, executar a base de concreto magro sobre solo do reaterro compactado a 95% do proctor normal. No caso de tráfego pesado, executar sobre o solo de reaterro, compactado a 95% do proctor normal, sub base de pedra britada com espessura mínima de 10 cm e posteriormente base de concreto magro.

3.15 Cadastro das redes

O cadastro refere-se ao conjunto de informações fiéis de uma instalação executada, apresentada através de texto e representações gráficas em escala conveniente.

O levantamento dos elementos para a execução do cadastro deve ser feito logo após a execução do trecho com vala aberta.

Deverá fazer parte do cadastro: planta cadastral, contendo desenho geral da área onde se localiza a unidade; malha de coordenadas; arruamento existente devidamente identificado com componentes físicos existentes na área, tais como, cercas, muros, portões, guaritas, postes, caixas, cursos de água, etc; posicionamento das canalizações e órgãos acessórios em relação ao alinhamento predial ou outros componentes físicos no caso de área não urbanizada; e planta e perfil, incluindo planta da faixa da linha, limite da faixa e estaqueamento da linha; identificação das interferências; travessias (rodovias, ferrovias); perfil do terreno, correspondente ao eixo da linha e estaqueamento dos órgãos acessórios etc.

Referências

American Concrete Pipe Association. *Concrete pipe handbook*. Chicago, Illinois, USA, August, 1959.

American Concrete Pipe Association. *Concrete pipe handbook*. Vienna, Virginia, USA, January, 1980.

American Concrete Pipe Association. *Concrete pipe design manual*. Arlington, Virginia, USA, February, 1970.

Asociación de fabricantes de tubos de hormigón armado. *Manual de cálculo, diseño e instalación de tubos de hormigón armado.* ATHA, Madrid.

Asociación española de normalización y certificación. Tubos prefabricados de hormigón en masa, hormigón armado y hormigón con fibra de acero, para conduciones sin presión. *UNE 127 010 EX, Madrid, setembro-1995.*

Associação Brasileira de Normas Técnicas (ABNT). Tubo de Concreto, de seção circular, para águas pluviais e esgotos sanitários – Requisitos e métodos de ensaio. *NBR 8890-2007, Rio de Janeiro.*

Associação Brasileira de Normas Técnicas (ABNT). *Estudo de concepção de sistemas de esgoto sanitário.* NBR 9648-86, Rio de Janeiro.

Associação Brasileira de Normas Técnicas (ABNT). *Projeto de redes coletoras esgoto sanitário.* NBR 9649-86, Rio de Janeiro.

Associação Brasileira de Normas Técnicas (ABNT). *Execução de rede coletora de esgoto sanitário.* NBR 9814-87, Rio de Janeiro.

Associação Brasileira de Normas Técnicas (ABNT). *Projeto de interceptores esgoto sanitário.* NBR 12207-89, Rio de Janeiro.

Associação Brasileira de Normas Técnicas (ABNT). Projeto e Execução de Valas para Assentamento de Tubulação de Água, Esgoto ou Drenagem Urbana. *NBR 12266-92, Rio de Janeiro.*

CHAMA NETO, PEDRO JORGE. *Avaliação de desempenho de tubos de concreto reforçados com fibras de aço.* Dissertação (mestrado), Escola Politécnica, Universidade de São Paulo, S.P., 2002. 87p.

Companhia de Saneamento Básico do Estado de São Paulo – SABESP. *Especificação técnica, regulamentação de preços e critérios de medição.* Volumes 1 e 2, 1ª edição, 1992.

European Committee for Standardization. *Construction and testing of drains and sewers.* EN 1610, September 1997

Ministério do Trabalho. Norma Regulamentadora Nº 6.

Ministério do Trabalho. *Norma Regulamentadora Nº 18* - item 18.6.5.

Portland Cement Association. *Design and construction of concrete sewers.* PCA, Chicago, Illinois, USA, 1968.

ZAIDLER, WALDEMAR. *Projetos estruturais de tubos enterrados.* PINI Editora, São Paulo, S.P., 1983

Anexo K
Drenagem em rodovias não pavimentadas[1]

José Roberto Hortêncio Romero

As estradas não pavimentadas são de fundamental importância para o desenvolvimento social e econômico do Brasil, sendo a erosão provocada pela água no leito e nas margens destas estradas um dos principais fatores para sua degradação.

1. Introdução

O Brasil possui aproximadamente 1.725.000 km de estradas distribuídas nas diferentes regiões, das quais mais de 90% não são pavimentadas (DNER).

Os custos para a construção e manutenção das estradas são bastante elevados, devendo sua construção ser realizada de maneira a considerar todos os fatores que possam vir a prejudicar a sua estrutura. Neste sentido, a análise deve ser bastante criteriosa, uma vez que, para estradas não pavimentadas, o material do leito apresenta grande variabilidade, sendo, normalmente, obtido no próprio local de construção da estrada.

A erosão provocada pela água no leito e nas margens das estradas é um dos principais fatores para sua degradação. No estado da Carolina do Norte, Estados Unidos, observaram que mais de 90% do sedimento produzido em áreas florestais advém das estradas, sendo a drenagem inadequada o principal fator responsável. A maior porção do sedimento produzido na superfície da estrada é de tamanho inferior a 2 mm, é o mais prejudicial aos recursos hídricos, apresentando o agravante de que o material erodido das estradas move-se, comumente, diretamente dos canais de drenagem aos cursos d'água.

Mesmo em estradas de pequeno porte, localizadas nas áreas internas de propriedades rurais, destinadas apenas ao uso particular, podem ocorrer problemas erosi-

---

[1] Transcrição do Capítulo 11 do *Manual técnico de drenagem e esgoto sanitário* da Associação Brasileira de Fabricantes de Tubos de Concreto (ABTC).

vos, podendo tanto a estrada ser prejudicada pela ocorrência de erosão e aporte de advindos das áreas marginais, como ser a responsável pela erosão nestas áreas.

A redução dos problemas de erosão nas estradas de terra pode ser obtida pela adoção de medidas que evitem que a água proveniente do escoamento superficial, tanto aquele gerado na própria estrada como o proveniente das áreas á suas margens, acumule-se na estrada e passe a utilizá-la para o seu escoamento. A água escoada pela estrada deve ser coletada nas suas laterais e encaminhada, de modo controlado, para os escoadouros naturais, artificiais, bacias de acumulação ou outro sistema de retenção localizado no terreno marginal.

Envolvendo a drenagem superficial e subterrânea, matéria muito ampla, procuraremos fazer um resumo, chamando a atenção para os pontos que julgamos de maior importância para o engenheiro rodoviário.

Diz o refrão popular, com muita sabedoria que: "uma boa estrada requer um teto impermeável e um porão seco".

O engenheiro que constrói estradas de rodagem tem muito bem definido em seu espírito o grande valor e a importância capital da drenagem, para que a construção atinja o objetivo visado com eficiência: tráfego ininterrupto sob as condições técnicas para o qual foi projetado.

Os preços de uma drenagem eficiente fazem com que os engenheiros não abordem o assunto de uma maneira rija, segundo os princípios básicos rigorosos da drenagem e procurem soluções intermediárias que muitas vezes levam a resultados pouco satisfatórios, dando lugar a novas despesas que somadas às iniciais irão afinal chegar, ou ultrapassar, ao valor da drenagem se fosse inicialmente feita como deveria.

A pouca atenção dispensada às propriedades do solo e ação da água sob todas as formas por que se apresenta, redunda em dispendiosa manutenção e reconstrução de quilômetros e quilômetros de estradas.

A solução do problema depende de certo número de variáveis, não raro de difícil fixação, por falta de dados de observação e o engenheiro não obstante sua experiência, muitas vezes não poderá estimá-los dentro de um valor aproximado do real, resultando que os cálculos ou pecam pelo exagero ou pela deficiência.

Em um projeto de drenagem para rodovias devemos considerar os seguintes elementos quanto às obras de arte:

1) O estudo hidráulico para fixação das dimensões

2) A sua resistência estrutural

3) O seu custo

4) Condições variadas e particulares à sua locação.

Seja no estudo da drenagem superficial ou da drenagem subterrânea, o problema básico é saber se a quantidade de água que temos a escoar. Este problema está sumamente ligado à hidrologia superficial e profunda responsável pelas condições do escoamento d'água, superficial ou profunda, no local da obra.

As condições da bacia hidrográfica, principalmente, têm grande influência no projeto de drenagem, visto que o escoamento superficial no caso da drenagem superficial aumenta com a declividade das vertentes da bacia, com o grau de impermeabilidade e falta de vegetação do terreno, com a diminuição da capacidade de retenção superficial. É influenciado pelo formato da bacia hidrográfica e pelas condições climáticas, temperatura média, regime de ventos e umidade, característica da zona onde se situa a bacia hidrográfica. Temos pois, de fazer considerações para cada uma das condições acima, a fim de que o projeto possa ficar bem equacionado.

2. Construção

2.1 Linhas de tubo

Os bueiros, incluídos entre as **obras de arte correntes**, podem ser tubulares ou celulares (galerias).

Os **bueiros tubulares**, nas construções rodoviárias, são os mais empregados.

As galerias celulares são de concreto armado, geralmente de seção retangular, simples ou múltipla. O estudo de sua fundação deve ser feito e, preferivelmente com base nos resultados de ensaios e sondagens.

O aterro dos bueiros deve ser executado com bastante cuidado, principalmente junto aos seus lados, não convém empregar máquinas pesadas na execução do aterro junto à obra, pois poderão provocar danos à mesma; de acordo com o projeto de norma 02:107.02-001 "Execução de Obras de Esgoto Sanitário e drenagem de Águas Pluviais utilizando-se tubos e aduelas de concreto"

2.2 Aterro, reaterro e compactação do solo

O aterro ou reaterro de tubos e aduelas têm influência direta na qualidade final da obra e deverão ser executados com os mesmos parâmetros estabelecidos para toda a obra.

A má qualidade do aterro ou reaterro poderá acarretar os seguintes problemas:

- Recalque diferencial na camada final;
- Desalinhamento da linha tubo\aduela com prejuízos para o sistema de encaixa\vedação das peças;
- Problemas estruturais interferindo diretamente na classe de resistência das peças.

A compactação do solo poderá ser manual ou mecânica e realizada de três formas diferentes: por pressão, impacto ou vibração. Os equipamentos utilizados deverão ser compatíveis com as classes de resistência mecânica das peças, evitando-se problemas estruturais.

Os aterros e reaterros devem ser executados obedecendo-se as seguintes exigências:

- Antes de iniciar os serviços deve-se retirar todos os materiais estranhos, tais como: pedaços de concreto, asfalto, raízes, madeiras, etc.
- Para execução do reaterro utilizar, preferencialmente, o mesmo solo escavado, desde que apresentem as propriedades adequadas (umidade adequada, características físicas etc.). Quando o solo for de má qualidade utilizar solo de jazida apropriada. Não são aceitáveis como material do reaterro argilas plásticas e solos orgânicos, ou qualquer outro material que possa ser prejudicial física ou quimicamente para o concreto e armadura dos tubos, material este aprovado pela fiscalização.
- O aterro e a compactação devem ser feitos concomitantemente com a retirada do escoramento, quando adotado.

Para o aterro e a compactação, sugerem-se os seguintes procedimentos:

a) Numa primeira fase é mantido o escoramento e executado o reaterro até o nível da 1ª estronca. Retira-se então a estronca e a longarina (se for o caso) e o travamento fica garantido pelo próprio solo do reaterro.

b) Prossegue-se com o reaterro ate o nível da 2ª estronca, retira-se a mesma e a longarina (se for o caso) e assim sucessivamente até o nível desejado.

c) As pranchas verticais e os perfis metálicos (quando o escoramento for metálico madeira) só deverão ser retirados no final do reaterro. Para isso utilizam-se guindastes, retroescavadeiras ou outros dispositivos apropriados.

Para o reaterro da vala deve ser executado seguindo os critérios abaixo:

- Inicialmente executa-se o enchimento lateral da vala, com material de boa qualidade isento de pedras e outros corpos estranhos, proveniente da escavação ou importação a critério da fiscalização. O reaterro da vala deve ser executado alternamente nas regiões laterais dos tubos e\ou aduelas, mecânica ou manualmente, em camadas de até no máximo 20 cm, compactadas com energia especificada em projeto e\ou aprovada pela fiscalização.
- Este procedimento deverá ser executado até no mínimo 60 cm acima da geratriz superior do tubo e\ou aduela.
- Em seguida o reaterro deve ser feito em camadas com espessura de 20 cm (material solto), compactado através de compactadores manuais ou mecânicos. Deve-se fazer o controle de compactação, de maneira que sejam atingidas as exigências de projeto. A compactação em camadas de pequena espessura (máximo de 20 cm) visa evitar bolsões sem compactação.

- Quando o solo for muito arenoso, o adensamento será mais eficiente através de processo vibratório ou hidráulico.

- De maneira geral, deve-se iniciar a compactação a partir da região central da vala para as laterais, tomando-se os devidos cuidados para não provocar danos estruturais e ou desalinhamento das redes evitando-se assim danos no sistema de encaixe\vedação das peças.

2.3 Caixas coletoras, bocas de lobo, poços de visita

Na construção desses dispositivos, são empregados os mesmos materiais, equipamentos e procedimentos utilizados nas obras de arte especiais de concreto.

O mesmo ocorre com as "cabeças" dos bueiros, constituídas normalmente por testa, alas e soleira na boca de jusante e pelos mesmos elementos, ou então por uma caixa coletora, na boca de montante.

2.4 Drenos

Os drenos utilizam materiais granulares.

Os drenos do subleito podem ser:

- em camadas
- transversais ao eixo
- longitudinais ao eixo

Os drenos transversais e longitudinais podem utilizar tubos perfurados, ou porosos (de concreto), envolvidos pelo material granular.

2.5 Sarjetas, valetas, canaletas

As sarjetas e valetas podem ser revestidas ou não.

O revestimento pode ser feito com placas de grama, concreto moldado "in loco", placas ou meias canas de concreto (canaletas), empedramento ou alvenaria de pedras ou tijolos.

Figura 1 – Valetas   Figura 2 – Valetas

2.6 Descidas de água

A água da plataforma deve ser conduzida por uma canaleta até o pé do aterro. São as chamadas descidas d'água. Caixas coletoras são colocadas nos pontos baixos dos acostamentos para reunir as águas antes da descida.

As descidas são em geral construídas em concreto, "encaixadas" no talude do aterro, apiloando-se bem a fundação. Uma precaução importante é a de preencher com solo coesivo e compactar bem junto à face exterior do concreto, para evitar que a água corra por fora do dispositivo, provocando erosões. Proteger o solo junto às descidas com revestimento vegetal.

A caixa, em concreto ou em alvenaria, deve ser prevista no ponto mais baixo da sarjeta.

- A descida d'água até o pé do talude será construída de preferência no local, em concreto, em degraus, apiloando-se bem a fundação.
- Uma segunda caixa ao pé do talude normalmente chamada de "dissipador de energia", quebrará a correnteza. A água poderá ser orientada para a direção desejada.

2.7 Valetas de proteção

A construção das valetas de proteção, tanto nos cortes como nos aterros, é feita como segue:

- Determinar no local o traçado da valeta, que não deve ser muito próximo do talude. Seguir o terreno natural o mais próximo possível, mas com declividade adequada para assegurar o escoamento da água.

2.8 Valetas não revestidas

- Escavar a valeta com profundidade aproximada de 50 cm. Os materiais escavados devem ser espalhados a jusante da valeta.

Figura 3 – Valetas não Revestidas

2.9 Valetas revestidas

– Para valetas revestidas, escavar como indicado anteriormente, mas com largura suficiente para receber os elementos pré-fabricados ou para permitir a moldagem no local do revestimento de concreto. Ao terminar, fazer cuidadosamente o enchimento do solo, junto à valeta, para que a água tenha acesso à mesma, e não penetre entre o terreno e o revestimento.

– Tanto no caso de valeta revestida como no de não revestida, proteger a saída d'água contra a erosão como já indicado, com placas de grama, pedras, etc. Observar o funcionamento da valeta, e fazer alguma correção que se mostre necessária.

Figura 4 – Valetas revestidas

2.10 Controles de execução

Os controles da execução da drenagem são de dois tipos: geométricos e tecnológicos.

Os controles geométricos se referem à verificação dos alinhamentos, cotas, larguras, espessuras e diâmetros dos elementos do sistema de drenagem.

Os controles tecnológicos se referem à verificação da compactação dos solos de fundação, resistência dos tubos de concreto, das canaletas de concreto, e dos concretos usados nos elementos concretatos no local.

2.11 Conservação da drenagem

Pela importância da drenagem para a estrada, é fundamental que ela mereça atenção permanente.

Qualquer defeito deve ser reparado no menor tempo possível para evitar perigo ao usuário e aumento do custo das reparações.

Para que um reparo seja bem feito é necessário conhecer as causas que geraram o problema.

A seguir são descritos os defeitos mais comuns, suas causas prováveis e o tipo de reparação mais adequado, bem como as conseqüências danosas do adiamento dos reparos.

Figura 5 – Conservação da Drenagem

Figura 6 – Conservação da Drenagem

3 Defeitos

3.1 Dispositivos danificados

Se um dispositivo de drenagem for danificado, altera-se a sua seção transversal e consequentemente sua capacidade.

Os danos ocasionam também a deposição de detritos e a infiltração de água que podem comprometer a estabilidade do corpo estradal e dar início às erosões perigosas.

Nas sarjetas e valetas de terra os danos mais comuns são as erosões das laterais e do fundo.

Causas Principais

- danos ocasionados por erosão, descalçando o dispositivo.
- quebra devida à passagem de veículos muito pesados ou impactos diversos
- recalque do solo
- no caso de sarjetas e valetas de terra a principal causa é a velocidade excessiva de água.

Figura 7 – Erosões

Reparações Usuais

- reconstrução do dispositivo, reproduzindo as suas características originais, com reforço da fundação e proteção contra a erosão, se for o caso.

- no caso de sarjetas e valetas de terra, recomposição das mesmas, protegendo-as da erosão, e diminuindo a declividade para reduzir a velocidade da água ideal seria construir uma canaleta com meia cana de concreto pré-moldado ou moldado "in loco", pois em função da velocidade poderá novamente ocorrer erosão.

Figura 8 – Recalque do solo

Figura 9 – Velocidade excessiva de água

3.2 Assoreamento dos dispositivos de drenagem

O assoreamento é o acúmulo de material sólido nos dispositivos de drenagem, reduzindo a seção de vazão, podendo chegar até o completo entupimento. Prejudicada a seção de vazão, a água pode se infiltrar sob o leito da estrada, causando o enfraquecimento do acostamento e do pavimento e às vezes a erosões perigosas. No caso de entupimento de bueiro, o acúmulo de água a montante pode comprometer a instabilidade do aterro e do pavimento.

Causas principais

- a declividade insuficiente que provoca a redução da velocidade da água.
- vegetação e detritos arrastados pela água e bloqueados na obra.

Figura 10 – Declividade insuficiente

Figura 11 – Assoreamento

Reparações usuais

- desobstrução e limpeza.

3.3 Defeitos localizados nas curvas de sarjetas e canaletas

Ocorrem às vezes extravasamentos nos trechos em curva, que podem provocar erosão e destruição da sarjeta ou canaleta e em conseqüência prejuízos ao acostamento e ao pavimento.

Causas principais

- curva de pequeno raio, provocando mudança brusca de direção da correnteza.

Reparações usuais

- realinhamento das canaletas, melhoria da seção e do revestimento, ou eventualmente construção de caixa para a mudança de direção.

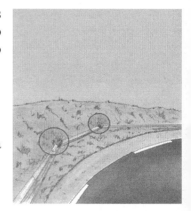

Figura 12 – Curva de pequeno raio

3.4 Poços de água

O acúmulo de água na sarjeta lateral pode causar a saturação do acostamento e do pavimento, dando origem ao seu enfraquecimento e erosão.

Causas principais

- drenagem insuficiente

Reparações usuais

- correção da drenagem, em geral com o aumento do número de saídas d'água.

Figura 13 – Acúmulo de água

3.5 Poço de visita com tampa faltante ou estragada

Uma tampa estragada, ou em falta, constitui perigo para pessoas e animais, gerando acúmulo de vegetação e de detritos obstruindo o dreno.

Causas principais

– acidente, vandalismo.

Reparações usuais

– colocação de nova tampa.

3.6 Poço de visita recoberto com terra ou vegetação

O recobrimento pode levar à obstrução da drenagem subterrânea, pois dificulta a inspeção e limpeza periódica.

Causas principais

– invasão do topo do poço pela vegetação, eventualmente por defeito de construção (tampa do poço colocado muito baixo em relação ao terreno)

Reparações usuais

– limpeza em torno do poço e correção da altura da tampa se for o caso.

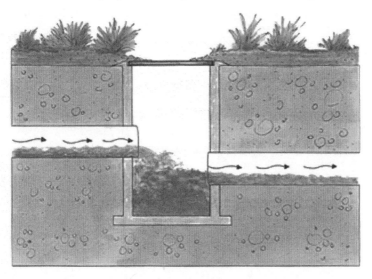

Figura 14 – Drenagem Subterrânea – caixas e drenos

3.7 Obstrução dos drenos

A obstrução dos drenos pode causar a saturação do corpo estradal.

Causas principais

- materiais retidos nas caixas ou dutos subterrâneos.

Reparações usuais

- desentupir as caixas e os drenos subterrâneos.

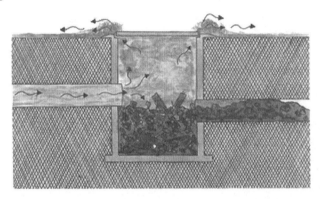

Figura 15 – Obstrução da caixa e drenos

3.8 Erosão à saída do dispositivo de drenagem

A erosão na saída da obra causa aparecimento de uma bacia, podendo levar ao desmoronamento da testa de jusante, das alas, e mesmo de uma parte do corpo do dispositivo de drenagem e do aterro.

A demora na correção dessa situação causa graves prejuízos ao aterro, pois a erosão pode progredir com grande rapidez.

Causas principais

- alta velocidade da água devida à declividade muito alta.

Figura 16 – Formação de Bacia

Reparações usuais

- construção de calçada com material adequado, e, se for o caso, descida em degraus e dissipador de energia.

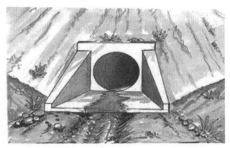

Figura 17 – Construção de coletor e dissipador de energia

4 Manutenção da drenagem

A água acelera a destruição dos pavimentos e uma drenagem adequada é condição básica para a manutenção de uma estrada em boas condições de operação.

É sabido também que os maiores e mais freqüentes danos causados às estradas ocorrem na época das chuvas.

Neste capitulo vamos nos ater às condições básicas para o projeto e implantação de bueiros, caixas coletoras, bocas de lobo, poços de visita, drenos, valetas, sarjetas, canaletas e descidas d'água.

Os materiais comumente empregados na construção destas obras são:

- peças pré moldadas de concreto, tais como tubos de concreto simples ou armado, canaletas, tampas de caixas coletoras, etc.;
- agregados, cimento e água para a confecção de concreto;
- aço em barras, para armaduras do concreto;
- tijolos para alnevaria;
- pedras de vários tipos, dimensões e formatos para alvenarias, enrocamentos, gabiões, etc.;
- agregados para filtros drenantes e fundações de bueiros;
- placas de grama, mudas ou sementes de grama ou de outras espécies vegetais.

Os dispositivos são:

4.1 Linhas de tubo

As linhas de tubo são dispositivos de drenagem superficial usados para a passagem de água de um para outro lado da estrada.

Havendo outras estradas próximas, atravessando o mesmo vale, deverá ser observado o comportamento das obras existentes a fim de se obter uma estimativa de seção de vazão necessária.

De modo geral, sua declividade deverá ficar entre 0,5% e 5%. Casos extremos poderão chegar a 8% mas, nestes casos, deverão ser projetadas ancoragens para os tubos.

Figura 18 – Linha de tubo

Figura 19 – Linha de tubo

4.2 Bocas de lobo

Destinam-se a coleta das águas superficiais provenientes das sarjetas ou valetas, conduzindo-as a um bueiro ou a uma saída de água.

4.3 Poço de visita

É um dispositivo que possui uma câmara no fundo e uma chaminé que dá acesso à superfície do terreno, de forma a permitir inspeção e limpeza do bueiro.

É utilizado nos seguintes casos:

- pontos intermediários de canalizações externas;
- pontos de mudança de declividade e/ou de direção dos condutos;
- pontos de conexão de vários condutos.

4.4 Drenos

Na **drenagem profunda** é importante o conhecimento dos constituintes do solo e da situação do lençol freático.

Pelos vazios entre os grãos do solo a água do lençol freático pode subir até vários metros, chegando a afetar sensivelmente a resistência do subleito comprometendo o pavimento.

A subida da água é devida ao fenômeno da "capilaridade" e é tanto maior quanto menores os grãos de solo, e, consequentemente, os espaços entre eles. Nas areias, ela é fraca. Quase nenhuma nos pedregulhos e pedras britadas. Grande nos solos argilosos.

4.5 Sarjetas, valetas, canaletas

Entre os dispositivos de **drenagem superficial**, geralmente são chamados de sarjetas aqueles utilizados na plataforma da estrada e de valetas, aqueles usados para proteção do corpo estradal, fora da plataforma. Quando estas últimas, servem para a proteção dos taludes de cortes ou de aterros são chamadas de valetas de proteção. Quando são revestidas com peças pré-moldadas de concreto em forma de meia cana são chamadas de canaletas.

Figura 20 – Valetas e Canaletas

A declividade a ser adotada no projeto destas obras não deverá ser menor que 0,5%. Também não deve ser tão elevada que acarrete problemas de erosão. Os valores mais usuais não costumam ultrapassar os 10%.

Figura 21 – Valetas e Canaletas

4.6 Descidas de água

Nos pontos baixos dos aterros e nos locais onde o fluxo estiver próximo da capacidade de escoamento deverão ser previstas saídas de água, ou caixas coletoras, a partir das quais a água é afastada da estrada de forma a não causar erosões. As valetas para descida de água, colocadas nas saias dos aterros, geralmente chamadas de "rápidos" apresentam declividades muito altas e por isso devem ser sempre revestidas de concreto. Devem também prever dissipadores de energia nos seus pontos terminais, para atenuar a velocidade da água, diminuindo o risco de erosão do terreno natural.

O espaçamento entre as saídas de água depende do greide, da capacidade das sarjetas e do fluxo d'água.

Figura 22 – Descidas de água

4.7 Valetas de proteção

As valetas de proteção são construídas junto aos "off-sets" do corpo estradal, do lado de montante, e servem para interceptar as águas que atingiriam o talude do corte ou do aterro.

Recomenda-se usar valetas revestidas de concreto ou pré-moldado.

Referências

ANJOS FILHO, O. *Estradas de terra. Jornal O estado de São Paulo, São Paulo* 29 de abril de 1998. (Suplemento Agrícola).

BERTOLINI, D.; DRUGOWICH, M. I.; LOMBARDI NETO, F. & BELINAZZI JÚNIOR, R. *Controle de erosão em estradas rurais. Campinas*, CATI, 1993. 37p. (Boletim Técnico, 207) BUBLITZ, U. & CAMPOS, L.C. *Adequação de estradas rurais em microbacias hidrográficas – especificações de projetos e serviços. Curitiba*, EMATER-PR, 1992. 70p. (Boletim Técnico, 18) CHOW, V.T. *Open Channel hydraulics*. New York, McGraw-Hill Book Company, 1959. 680p.

DNER. *Anuário estatístico dos transportes*: GEIPOT, 2000. Disponível em <www.dner.gov.br> acesso em Abril de 2002.

NOGAMI, J.S. & VILLIBOR, D.F. *Pavimentação de baixo custo com solos lateríticos*. São Paulo, Villibor, 1995. 240p.

Manual Básico de Estradas Vicinais – *DER – 19897*

Drenagem de Estradas para Fins de Pavimentação – Curso de Especialização de Pavimentação Rodoviário – Vol. 6 – Instituto de Pesquisa Rodoviária – DNER.

Projeto de Norma 02:107.02-001 – Execução de Obras de Esgoto Sanitário e Drenagem de Águas Pluviais utilizando-se tubos e aduelas de concreto.

Aqui você faz suas anotações pessoais

Complemento I
A importância da drenagem, macrodrenagem, microdrenagem, drenagem profunda e drenagem subsuperficial. Entidades

Chama-se drenagem o escoamento de água pluvial numa bacia. Por exemplo, o Rio Amazonas tem uma área de drenagem total de 7.000.000 km², bacia essa que abrange vários países, da Cordilheira dos Andes até o mar. O Rio São Francisco tem uma área de drenagem de 641.000 km², bacia essa totalmente brasileira, abrangendo vários estados.

Em áreas urbanas existe a terminologia para uma bacia específica:

- **macrodrenagem ou drenagem** – a drenagem dos rios de uma bacia em estudo;
- **microdrenagem** – a drenagem de um bairro, de uma rua, de um trecho, e aí existe a drenagem superficial (escoamento pelas sarjetas das ruas) e drenagem profunda usando tubos enterrados da água superficial captada por bueiros e bocas de lobo;
- **drenagem subsuperficial (drenagem profunda)** – é a técnica de retirada da água que penetrou no terreno, e, com isso, por vezes cria danos a pavimentos e aumenta as forças sobre muros de arrimo. Essa água subsuperficial é retirada por valetas ou drenos, abaixando o lençol freático.

Em áreas agrícolas é necessário associar irrigação com drenagem, pois se não houver drenagem, com a contínua evaporação da água adicionada, a salinidade do terreno aumenta, podendo tornar esse terreno estéril.

Normalmente:

- o Governo Federal cuida do estudo da drenagem de grandes rios e o licenciamento para usos hidroelétricos e ambientais dos recursos hídricos;

- em alguns casos, certos rios que cruzam as áreas urbanas, passando por vários municípios, são administrados na prática pelo poder estadual;
- o governo municipal cuida da microdrenagem.

A legislação de rios é sempre federal.

Existem várias entidades que estudam tanto o manejo dos recursos hídricos como a drenagem, e de produtos para a drenagem, entre as quais:

ABRH – Associação Brasileira de Recursos Hídricos <www.abrh.org.br>.

ABID – Associação Brasileira de Irrigação e Drenagem <www.abid.org.br>.

ABTC – Associação Brasileira de Fabricantes de Tubos de Concreto <www.abtc.com.br>.

Notas:

1. Numa cidade a existência na sua área urbana de um sistema de esgotos de gerência de entidade estadual de saneamento e de rede pluvial de propriedade e gerência municipal é uma fonte de problemas e de falta e conflito de informações.

   Conclusão (opinião deste autor): as redes de esgoto têm que ser municipalizadas. Como é sabido, a implantação de uma rede de esgotos ou de águas pluviais, pelo fato de funcionar por gravidade, torna-se muito mais difícil que a rede de água que trabalha a pressão, com grande facilidade de posicionamento.

2. A ABTC, além de disponibilizar em seu site programas de computador para o dimensionamento estrutural de tubos de concreto, tem as seguintes publicações para aquisição pelo interessado:
   - livro com 332 p. "Manual Técnico de drenagem e esgoto sanitário";
   - folheto institucional sobre uso e dimensionamento estrutural de tubos de concreto.

Complemento II
Normas da ABNT para sistemas pluviais e assuntos correlatos

Existem as seguintes normas da Associação Brasileira de Normas Técnicas – ABNT de interesse para o assunto "Águas de Chuva" (ver www.abnt.org.br/catalogo). Como não existe ainda uma norma de projeto de sistemas pluviais, listamos também normas próximas para subsídio do leitor.

- NBR 8890/2008 – Tubo de concreto de seção circular para águas pluviais e esgotos sanitários. Requisitos e métodos de ensaio.
- NBR 10159 – Tampão circular de ferro fundido – Ensaios mecânicos.
- NBR 10.160/2005 – Tampões e grelhas de ferro fundido dúctil. Requisitos e métodos de ensaio.
- NBR 10844 – Instalações prediais de águas pluviais.
- NBR 12266 – Projeto e execução de valas para assentamento de tubulação de água, esgoto ou drenagem urbana.
- NBR 14143 – Elaboração de projetos de drenagem superficial para fins agrícolas – Requisitos.
- NBR 14144 – Elaboração de projetos de drenagem subterrânea para fins agrícolas. Requisitos.
- NBR 14145 – Drenagem agrícola. Terminologia e simbologia.
- NBR 14311 – Irrigação e drenagem – tubos de PVC rígidos.
- NBR 15396 – Aduelas (galerias celulares de concreto armado pré-fabricados) – Requisitos e métodos de ensaio.
- NBR 15527/2007 – Águas de chuva. Aproveitamento de coberturas em áreas urbanas para fins não potáveis.

NBR 15645/2008 – Execução de obras de esgoto sanitário e drenagens pluviais, utilizando-se aduelas de concreto.

Além dessas normas, existem sites de entidades municipais e de construção de estradas e seus cuidados com a drenagem.

Complemento III
Drenagem profunda (subsuperficial) de solos[1]

1 Drenagem profunda (subsuperficial) de solos

As águas de chuva quando caem nos terrenos podem:

- escoar superficialmente no solo até chegar aos córregos, arroios, regatos e rios; ou
- penetrar no solo, formando e alimentando o lençol freático.

As águas que escoam superficialmente, dependendo de sua intensidade e duração, são responsáveis por alagamentos urbanos, inundações locais e até as grandes inundações dos rios.

As águas que penetram no solo formando o lençol freático escoarão subterraneamente, indo, mais tarde, alimentar por olhos-d'água (pequenas eflorescências hídricas) os cursos de água de todo o porte.

Estas águas que penetram no solo:

- hidratam as árvores e plantas em geral;
- podem ser retiradas do solo por meio de vários tipos de poços, sejam os poços domiciliares (pequena profundidade) ou os poços profundos (média e grande profundidade);
- sustentam as vazões dos rios, principalmente nas épocas das secas, quando não existe escoamento superficial por falta de chuvas.

---

[1] Trecho do livro *Manual de primeiros socorros do engenheiro e do arquiteto*, de MHC Botelho, publicado pela editora Blucher.

Neste livro, estudamos várias técnicas para controle e administração das águas pluviais nas cidades antes das mesmas penetrarem no solo. É a chamada drenagem superficial.

Neste capítulo, estudaremos o gerenciamento das águas profundas (drenagem profunda), ou seja, aquelas que penetram no solo, para que não prejudiquem muros de arrimo nem campos de futebol e para que não agravem a estabilidade de taludes.

As técnicas de irrigação, ao contrário, procuram dotar o solo de águas profundas, aumentando o nível do lençol freático, principalmente tendo em vista usos agrícolas.

Agora tomemos cuidado com as terminologias usadas nesta matéria. São sinônimos:

drenagem profunda = drenagem subterrânea = drenagem subsuperficial.

Escolher um nome é uma questão de gosto pessoal. Usaremos a denominação drenagem profunda para essa retirada de águas do solo e tendo em vista secar o terreno.

1.1 Água no solo – Uso da drenagem profunda (subsuperficial)

Excluindo-se o uso agrícola, a água no solo:

1) Em estradas pavimentadas, se o lençol freático for alto, pode causar o problema de enfraquecimento do solo suporte do pavimento e, com isso, gerar danos a esse pavimento quando da passagem do tráfego.

2) Em muros de arrimo, terrenos úmidos são menos resistentes e muito mais pesados que os terrenos secos, ou seja, terrenos com alto teor de água aumentam os esforços sobre a estrutura de contenção e diminuem a capacidade resistente.

3) Em taludes, a estabilidade do terreno é maior se o terreno se mantiver seco.

4) Em campos de esportes ao ar livre, o lençol freático alto dificulta, ou mesmo pode impedir, o uso desse terreno devido ao surgimento de poças de água e pela diminuição de sua resistência, com a possibilidade de grandes escorregões.

5) Em estradas de terra, a passagem de carros em terrenos úmidos destrói a forma do terreno e atola os carros, principalmente em solos argilosos.

Para todos esses cinco casos há vantagens em retirar água do solo, e podemos usar técnicas chamadas de drenagem profunda (drenagem subsuperficial) mesmo que a água a retirar esteja a cerca de um metro de profundidade.

Vejamos agora, para várias obras, os detalhes do tipo de drenagem profunda adequados.

1.1.1 Drenagem de estradas pavimentadas

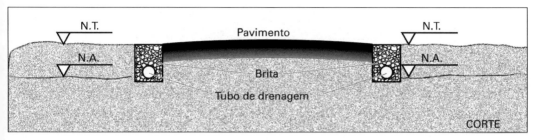

1.1.2 Drenagem de grandes áreas

O alto nível do lençol freático impede o uso de uma gleba, e para viabilizar seu uso, precisamos secar (drenar) o terreno. Desde tempos imemoriais, o homem tem aberto canais (valetas) de drenagem, permitindo que, com facilidade, a água do lençol freático seja drenada para esses canais.

Claro que a eficiência dessa drenagem profunda depende:

- da extensão da área;
- da geologia do terreno (solos arenosos são mais drenáveis que solos argilosos);
- do número de valetas e seus distanciamentos.

Veja:

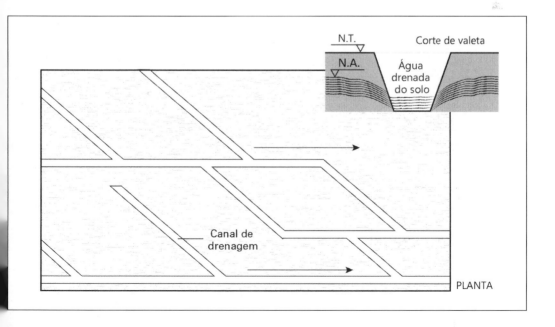

A abertura de valetas de drenagem no terreno retira a água do solo e acaba com as lagoas e outras concentrações de água superficial.

O uso de valetas de drenagem permite:

- Melhorar o terreno para várias práticas agrícolas.
- Se o terreno for usado por estradas sem pavimentação, as valetas eliminam ou reduzem as poças de água e permitem um melhor uso da estrada.
- Tornar mais salubre a região, pois as poças de água propiciam a criação de mosquitos. Os canais de Santos, SP, tiveram o objetivo de secar áreas, eliminando os mosquitos transmissores de várias enfermidades.

Mas as valetas constituem um obstáculo físico quanto a circulação de pessoas e meios de transporte. Surgiu, então, a ideia de cobrir as valetas de drenagem. Descobriu-se que colocando troncos de árvore no espaço da valeta, cobrindo depois com terra, na parte superior dessa valeta, a função drenante continuava e não mais existia a saliência da valeta. Veja:

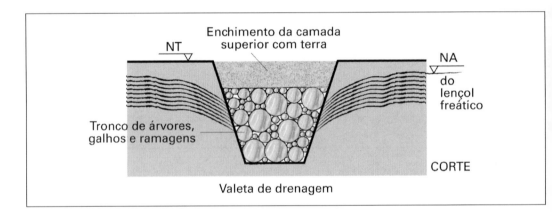

Com o tempo, o material vegetal se decompõe, mas seus restos deixam algum espaço vazio, e a valeta continua, de alguma forma, a drenar a água do terreno.

Em vários locais do mundo, esse tipo de drenagem profunda continua a ser usado. Claro que, com o tempo, a função drenante fica prejudicada pelo total apodrecimento do material drenante vegetal, e o sistema terá que ser refeito.

Com o tempo, verificou-se que colocando no espaço interno da valeta de drenagem pedras de pequeno diâmetro, o sistema ficava melhor (aumentava a capacidade drenante) e aumentava o tempo útil da obra.

Das valetas de drenagem com pedras, o sistema se generalizou para outras obras, como, por exemplo, a drenagem de muros de arrimo.

Em muros de arrimo, durante sua construção, colocam-se tubos perfurados ou pequenos canais com brita, para capturar a água infiltrada, e, com isso, diminui o esforço (empuxo ativo) sobre o muro de arrimo e aumenta-se a resistência do solo.

Veja:

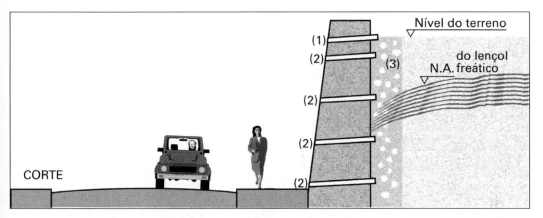

1. Tubo que permite que a água de chuva, escoando superficialmente, escoe para fora do terreno, não permitindo o acúmulo de água que aumenta o esforço sobre o muro de arrimo e evitando que a água acumulada penetre no solo.
2.Tubos para drenagem profunda. 3. Camada de brita para capturar a água do lençol freático.

1.1.3 Filtro – o protetor da drenagem profunda

Uma drenagem profunda depois de anos de funcionamento começa a perder sua capacidade drenante face ao carreamento (transporte de sedimentos do solo) de partículas do solo que tendem a ocupar e fechar os espaços livres do dreno.

Para melhorar, portanto, a função drenante precisamos usar um filtro que tem a função de diminuir essa colmatação (fechamento) dos espaços livres do dreno. Para isso, podemos fazer filtros com:

- camada de pedregulhos com granulometria crescente que retém as partículas do solo transportadas;
- uso de tecidos geotêxteis (manta) que não diminuem a capacidade drenante do dreno, mas retém as partículas de solo.

Um filtro aumenta a vida útil de um sistema drenante, mas, com ou sem o filtro, o sistema drenante pode funcionar por mais ou por menos tempo.

Exemplo de camada drenante com manta geotêxtil

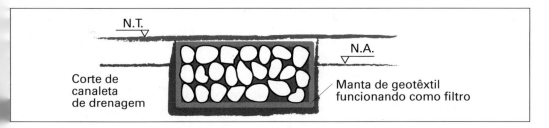

No caso de usar brita como camada de filtro, temos os dados da granulometria das britas:

Brita para as valetas de drenagem	Grãos variando entre (mm)
Areia grossa	Menor de 5
Pedra zero	5 a 9,5
Pedra um	9,5 a 22
Pedra dois	22 a 32

1.1.3.1 Caso de muro de arrimo usando como filtro manta geotêxtil

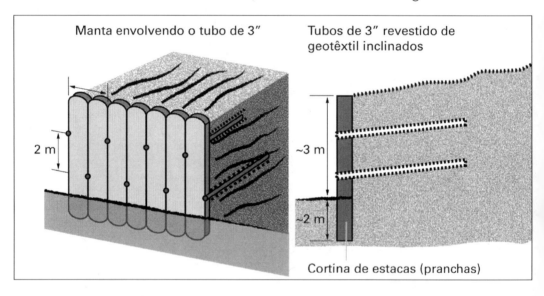

Proteção de muro de gabiões na sua missão drenante e de contenção, graças à manta geotêxtil preservando a porosidade natural dos gabiões.

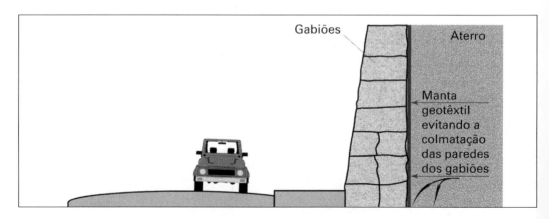

1.1.4 Tubos específicos para drenagem profunda

Vários tipos de tubos podem ser usados, desde que tenham furos e/ou usem juntas abertas.

Os tubos de plásticos são muito usados e um tradicional fabricante de tubos de PVC tem os tubos furados seguintes:

- diâmetros 50, 75, 100, 150 mm;
- comprimentos: cerca de 6 m;
- furação: ao longo de toda a seção do tubo;
- diâmetro dos furos: ou 4 ou 5 ou 6 mm.

1.1.5 Uso de drenos verticais de areia para consolidação de aterros

Para acelerar a saída de água de um aterro, aumentando com isso sua resistência, podemos usar drenos verticais de areia.

Veja:

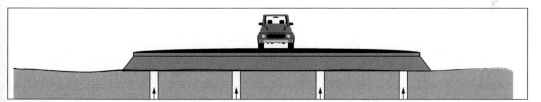

Sugere-se o diâmetro mínimo do tubo de 50 mm a ser cravado e cheio de areia média. Não há critérios para se saber a distância máxima entre os drenos verticais, tendo-se que trabalhar por tentativas.

Após a operação o solo drenado terá seus recalques abreviados e terá maior resistência, face ao seu adensamento.

1.1.6 Uso de drenagem profunda em estabilização de taludes

Para melhorar a estabilidade de taludes, abaixa-se seu lençol freático por meio de tubos drenantes (furados).

Veja:

Atenção: mesmo em solos arenosos, o volume de água que sai nos drenos é baixo, mas a ação de estabilização acontece.

O dreno vertical de areia é colocado em um espaço criado previamente pela cravação de tubos de aço e retirada mecânica do solo natural. Após essa retirada do solo natural, coloca-se areia média, que será o elemento drenante. A água do terreno tenderá a subir e sairá pelo colchão de areia até a atmosfera em tubos que lançam a água bem distante do local.

1.1.7 Um caso interessante de drenagem profunda em avenida de terra

Seja o local indicado uma confluência de ruas sem pavimentação próximo a um rio e em local, portanto, com alto lençol freático, com tendência de empoçar água em dias de chuva, permanecendo essas poças dias após as chuvas. O trânsito sofria muito com isso e até transeuntes sofriam ao passar no local alagado e cheio de poças de água.

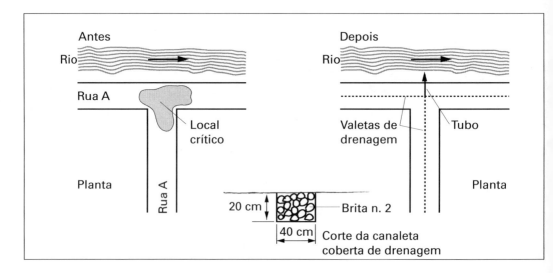

Foram construídas com camada drenante valetas de brita e, no trecho final, um tubo lançava a água drenada pelas valetas até o rio.

O sistema funcionou e algumas horas depois do fim da chuva o terreno ficava transitável.

1.1.8 O mais famoso muro de arrimo e sua drenagem

O mais famoso muro de arrimo da Civilização Ocidental localiza-se em Jerusalém, Israel, e denomina-se Muro das Lamentações; seria o resto do antigo Palácio de Salomão. Esse muro de arrimo tem drenagem propiciada pela irregulariedade do assentamento das grandes pedras que o formam.

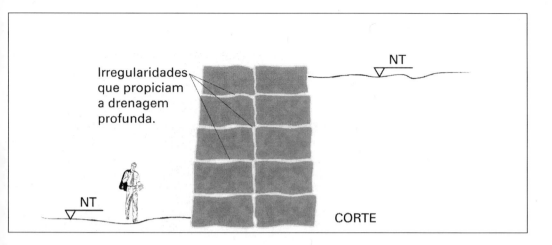

Notas:

1. O volume de água que a drenagem profunda retira do solo não impressiona pela vazão, que costuma ser diminuta fora do tempo das chuvas. Mesmo assim, sua função de diminuir os esforços sobre as estruturas de contenção evitando a diminuição de resistência do solo existe e é importante.

2. Um professor de uma escola de engenharia dizia sempre: "Se você for construir um muro de arrimo no deserto do Saara onde não chove nunca, mesmo assim faça algum tipo de drenagem profunda..."

3. Um outro professor de estradas dizia que para uma estrada funcionar bem ela precisa de três coisas: 1) drenagem superficial + drenagem profunda, 2) mais drenagem superficial + drenagem profunda e 3) mais drenagem superficial + drenagem profunda.

4. Perguntado a um especialista de projeto e construção de estradas o porquê de nas estradas se cuidar tanto da drenagem e nas cidades as ruas não ter esse cuidado, a resposta foi: nas cidades é muito mais difícil prever e dotar as ruas e avenidas de drenagem profunda e, por isso, o pavimento das mesmas dura menos que o pavimento das estradas.

1.1.9 Grande empresa obrigada a fazer um termo de ajustamento de conduta (TAC)

Um TAC é o reconhecimento de uma falha, que, portanto, precisa ser corrigida. Uma indústria descarrega as águas pluviais que caem em seu terreno para o seu vizinho de jusante, mas essas águas pluviais carregam detritos industriais dessa indústria de montante. Pelo Código Civil, o vizinho de montante tem o direito de despejar no vizinho de jusante suas águas pluviais. Só que essa obrigação do vizinho de jusante restringe-se a águas pluviais, e não águas pluviais com detritos. Surgiu uma pendência sem acordo e o assunto foi a um juiz de direito que, depois de analisar o caso, exigiu que a indústria (montante) assinasse um termo TAC, obrigando-se a não deixar misturar águas pluviais com detritos, ou seja, obrigando a manter seu terreno muito limpo e sem detrito.

Muro das Lamentações, Jerusalém.

Referências

FENDRICH, R.; OBLADEN, N. L.; AISSE, M. M.; GARCIA, C. M. *Drenagem e controle de erosão urbana*. Curitiba: Universitária Champagnat.

MICHELIN, R. G. *Drenagem superficial e subterrânea de estradas.* Porto Alegre: Multilibri, 1975.

CATÁLOGO TIGRE para tubos de drenagem.

RHODIA. *Manual técnico geotêxtil Bidim.*

RHODIA. *Drenagem de áreas verdes de esporte e lazer.*

RHODIA. *Drenos – princípios básicos e sistemas drenantes.*

OLIVEIRA, F. M. Drenagem de estradas. *Boletim n. 5 – Associação Rodoviária do Brasil.*

Complemento IV
Softwares ligados à engenharia pluvial

A Associação Brasileira de Fabricantes de Tubos de Concreto – ABTC disponibiliza no seu site <www.abtc.com.br> os seguintes programas:
- *software* para dimensionamento hidráulico estrutural de tubos de concreto;
- *software* para a determinação da resistência de tubos de concreto.

Aqui você faz suas anotações pessoais

Complemento V
Tendências de compreensão do funcionamento autônomo ou conjugado da rede pluvial e da rede de esgotos sanitários

O esquema clássico do funcionamento dos dois sistemas de escoamento de esgotos e águas pluviais, costuma ser de um dos dois tipos a seguir:

1 Tipo Separador Absoluto

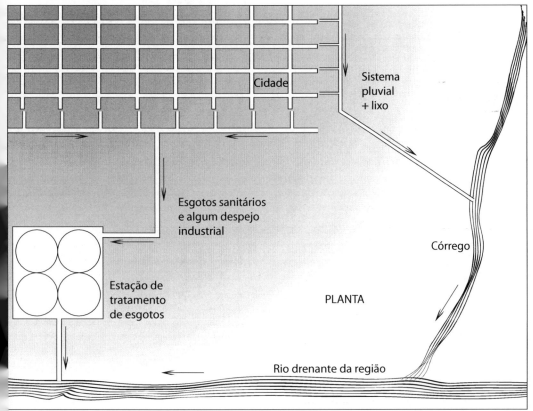

Numa cidade com o uso do sistema Separador Absoluto, a rede de esgotos sanitários corre praticamente em todas as ruas e envia esses esgotos para uma estação de tratamento de esgotos que os depura (melhora), e o efluente líquido da estação é enviado ao rio drenante da região. Nessa cidade, o sistema subterrâneo de águas pluviais (bocas de lobo e tubos) só existe em parte das ruas e coleta o excesso de águas pluviais que não consegue escoar pela calha das ruas e o encaminha para o córrego mais próximo. Entende-se (ou entendia-se) que as águas pluviais sejam as que correm pela superfície das ruas, sejam as coletadas por bocas de lobo e conduzidas por tubos, não precisam de tratamento e, portanto, são lançadas, sem maiores preocupações, diretamente no córrego mais próximo.

Esses são ou eram os conceitos, e a aplicação desses conceitos não resultou em bons resultados. As seguintes razões preponderam:

- Acontece (é lamentável) o lançamento de esgotos na rede pluvial (e vice--versa).
- As estações de tratamento nunca foram implantadas na quantidade suficiente e, às vezes, foram implantadas só com o tratamento primário e não com o tratamento secundário, que muitas vezes é o mínimo necessário.
- O fenômeno do aumento da produção de lixo domiciliar e do lixo que fica nas ruas aumentou e, com isso, parte desse lixo vai para o sistema pluvial, poluindo o corpo receptor.
- Em bairros pobres e mal urbanizados (favelas e cortiços) é impossível se ter duas redes coletoras, pluvial e de esgotos. Na prática só há, quando há, uma tubulação de esgotamento de **esgotos + águas pluviais** para os rios.

2 Tipo Unitário

Sistema muito usado na Velha Europa (cloaca máxima) era um sistema único recebendo esgotos sanitários e águas pluviais, e nas águas pluviais muito lixo das ruas. Nesse Sistema Unitário, nas horas de ocorrência de chuva, a vazão no coletor cresce de forma enorme. As águas coletadas pelo sistema unitário[1] vão para uma estação de tratamento de águas residuárias que está capacitada volumetricamente para atender às seguintes alimentações:

a) vazão de esgotos sanitários;
b) vazão de águas pluviais em época de seca, ou seja, vazão de infiltração de água do solo, vazão de água de rebaixamento de lençol freático e outros lançamentos (essas vazões podem ser chamadas de vazões de base);
c) vazão pluvial vinda de águas captadas por bocas de lobo;
d) algo mais como folga.

---

1 Portanto, esgotos sanitários + águas pluviais.

Nas horas de chuva, o Sistema Unitário deve ter capacidade de conduzir, sem extravasar, toda a vazão acrescida pela chegada do item c, que é a vazão pluvial vinda de bocas de lobo.

Quanto ao tratamento, ele não poderá, por razões de custos, tratar toda essa vazão acrescida. A limitação do tratamento corresponde à vazão (a + b + parte de c).

O restante da vazão (vazão excedente) não pode entrar na estação de tratamento, sendo enviada diretamente e sem tratamento por vertedor *by pass* para o rio. A justa preocupação sanitária de lançar no rio essa vazão excedente é minorada pelas considerações seguintes:

- a qualidade do líquido que chega à ETE é algo mais diluída que o mesmo líquido nos tempos de seca;
- o rio receptor ganhou significativo aumento de vazão e, portanto, mais capacidade de diluição com a chegada das águas de chuva.

O esquema funcional fica sendo:

3 Tipo Sistema Unitário Moderno

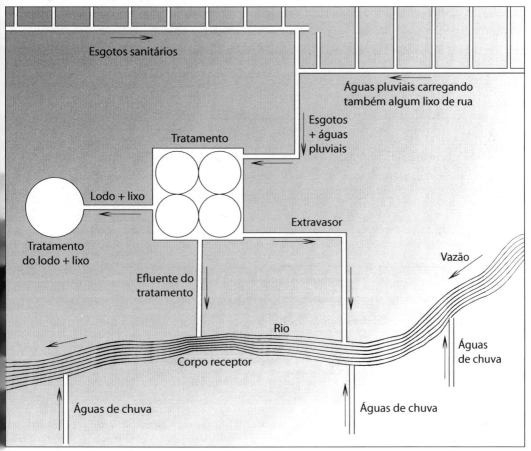

A chamada escola europeia de saneamento é simpática ao Sistema Unitário (também chamado de *tout-a-l'egout* (tudo para o esgoto). A escola americana prefere o sistema Separador Absoluto. O Eng. Saturnino de Brito, face a sua indiscutível liderança no nosso país, no início do século XX conseguiu impor o sistema americano "Sistema Separador Absoluto". Como a maioria dos engenheiros sanitaristas brasileiros fazem cursos de especialização nos Estados Unidos, a influência persiste. A figura do Prof. Azevedo Netto (líder sanitarista sucessor de Saturnino de Brito), com pós-graduação nos Estados Unidos continuou a prestigiar o sistema Separador Absoluto. Uma coisa é fato: os rios que atravessam as cidades brasileiras estão todos poluídos, apesar da existência de algumas ETEs, e o sistema oficial é o Separador Absoluto.

Ponderemos.

Nas favelas é impossível tecnicamente haver dois sistemas e só pode ter o sistema *tout-a-l'egout*.

Em cidades históricas é dificílimo fazer obras, e implantar duas redes é quase impossível.

Então, como ficam hoje as tendências de planejamento desses sistemas?

As tendências são:

1. De aspecto institucional – as duas redes podem ser distintas, mas uma só entidade será responsável pelas duas, ou seja, redes de esgoto e rede pluvial administradas pelas prefeituras locais.

2. Para zonas novas das cidades e que tenham adequado urbanismo, mantém-se o uso do sistema separador absoluto.

3. Mesmo para os novos sistemas separadores absolutos é recomendável prever algum tipo de tratamento para as águas pluviais, como, por exemplo, a decantação primária.

4. Há hoje uma posição realista quanto ao uso da decantação primária. Ela retém lodo e lixo no fundo, e tem lixo que flutua superficialmente. Isso tudo tem que ser retido, transportado para um local de tratamento. Esse transporte e o tratamento são caros, e começa a ser abandonada a ideia de uso de aterro sanitário para disposição final. O aterro sanitário exige transporte a longas distâncias, exige áreas, exige que a população dos arredores aceite uma estação de tratamento de lodo + lixo. Portanto, face a essas dificuldades, está na hora de considerar realisticamente a incineração desse material, mesmo sabendo que a incineração é cara e exige o tratamento dos gases da incineração.

5. Para zonas de favela e cortiços e zonas históricas onde não exista rede nenhuma, o único sistema viável é o unitário.

6. Estudos mostram que águas pluviais urbanas dos dois sistemas (separador absoluto e unitário) são poluídas por chuvas, mas as primeiras chuvas de

algum período seco poluem muito mais por lavar as ruas e calçadas. Surge então a ideia de que as águas pluviais iniciais (digamos dos primeiros quinze minutos após uma seca) são muito mais poluidoras do que as águas pluviais que se seguirão. Portanto, se conseguirmos segregar e estocar as primeiras águas pluviais, a vazão de tratamento será bem menor, pois faremos esse tratamento continuamente com vazão média bem menor. Assim, se acontece essa chuva uma vez por dia, teremos 24 horas para tratar apenas as águas pluviais retidas nos primeiros quinze minutos de chuva.

4 Conclusões sobre o tema

1. Os aspectos institucionais de quem cuida desses sistemas são muito importantes.
2. Não se deve partir aprioristicamente da adoção de modelos rígidos e exclusivos.
3. Numa mesma cidade podem ser implantados concomitantemente para regiões distintas soluções diferentes.
4. O mundo das águas pluviais urbanas é totalmente carente no Brasil de estudos e de dados. A escolha de algumas cidades pilotos para implantar e medir os resultados de novos sistemas seria algo importante.
5. Não se pode abstrair do assunto lixo quando se estuda a poluição de águas urbanas e a população deve se integrar ao esforço de controlar a poluição por lixo.
6. O assunto águas pluviais urbanas, ou seja, a drenagem urbana, tem que ganhar espaço, que hoje é muito limitado em livros, congressos e cursos.
7. No campo gerência de drenagem urbana, os investimentos são grandes, a carência de tecnologia é significativa e os resultados são de lento retorno.

Nota: o texto deste item teve como origem uma brilhante palestra no Instituto de Engenharia do Prof. Eng. Orsini Yasaki.

O autor MHC Botelho fez mudanças e acréscimos em relação ao exposto pelo professor e, portanto, são de exclusiva responsabilidade desse autor (MHC Botelho).

O Professor Orsini Yasaki preparou dois vídeos, a saber:

https://www.yousendit.com/download/YWhOZFhsTO1sUi92Wmc9PQ

https://www.yousendit.com/download/YWhOZFhtSytOMUEwTVE9PQ

(Orsini Yazaki, 2010, *apud* Paoletti, 1997)

Aqui você faz suas anotações pessoais

Complemento VI
Os piscinões nos sistemas pluviais urbanos

As cidades:
- ocupam as margens dos córregos urbanos e rios com habitações e até indústrias, ou seja, ocupam margens naturais do rio que na época das enchentes se espraia e disputa com a ocupação humana o uso dessas áreas;
- impermeabilizam com asfalto e pisos de concreto vastas áreas das bacias contribuintes desses cursos de água;
- jogam no curso de água restos de erosão imobiliária e lixo, muito lixo;
- retificam e canalizam córregos a montante, acelerando a chegada de água no corpo principal, e, com isso, aumentam o pico de vazão de enchentes desses cursos de água e esse pico de vazão invadirá tudo com força descomunal.

A primeira tentativa de conter as ondas de inundação é abrir a seção do rio e, se possível, aumentar sua declividade (nem sempre isso é possível) e, com isso, fazer com que a nova vazão máxima escoe dentro desse novo canal.

Na cidade de São Paulo, o Rio Tamanduateí sofreu três grandes obras de:
- retificação;
- canalização com uma caixa de paredes de concreto,

E mesmo com as promessas, que jamais voltaria a encher, voltou a encher e prejudicando enormemente:
- a população que ocupa suas margens, população pobre e até de classe média;
- com a interrupção do tráfego de avenidas de fundo de vale;
- com danos a pontes etc.

As obras de retificação, canalização de córregos urbanos são caras (e tem que preferencialmente serem feitas em época de seca, e daí surgiu a ideia de criar reservatório de laminação de vazões de cheia a montante. Essa solução sempre foi muito usada em rios para conter inundações de áreas rurais enormes. Quando feitas em áreas urbanas ganhou a denominação de "piscinão". Na cidade de São Paulo o primeiro piscinão aconteceu nos anos 70 numa enorme praça pública em frente ao Estádio do Pacaembú, para conter as enchentes do córrego Pacaembú que teve suas margens ocupadas por avenidas e outras margens ocupadas por residências de alto padrão. A solução funcionou e esse modelo de solução se espraiou por vários lugares.

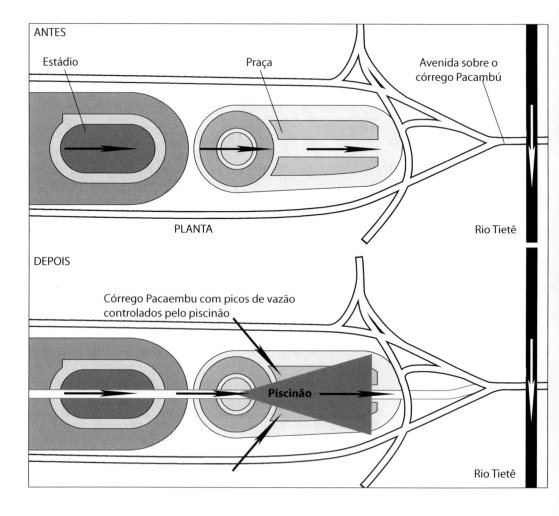

A solução tipo "piscinão" é ainda cara e tem algo que conspira contra ela. É a retenção de lixo dentro do volume do piscinão, onde as velocidades da água são baixas. Nos córregos canalizados, o lixo segue a corrente e só parte fica no corpo do rio, mas nos piscinões quase todo o lixo é retido. O projeto dos piscinões tem que levar em conta a necessidade e os custos da remoção de enormes quantidades de lixo de todo o tipo e remoção de material natural como areia e solos argilosos.

Exemplo numérico de um grande piscinão da cidade de São Paulo:

- volume (capacidade) – 364.000 m³;
- área – 63.000 m²;
- comprimento – 700 m;
- largura média – 90 m;
- profundidade média – 8,5 m;
- área de lazer (em cima da área) 14.400 m²;
- vazão máxima de entrada – 110 m³/s;
- vazão máxima de saída – 29,2 m³/s;
- tempo de recorrência – 50 anos.

Isso quer dizer que só de 50 em 50 anos a vazão de saída do piscinão superará a vazão de 29,2 m³/s, quando a vazão de entrada for de 110 m³/s.

A laminação de vazão reduziu a vazão afluente de 110 m³/s para 29,2 m³/s.

1 Tipos de funcionamento dos piscinões

Dependendo da topografia do local, vazões afluentes previstas e vazões efluentes desejadas, os piscinões podem ser dos tipos:

Tipo A – Entrada livre e saída livre usando vertedor superficial, e é o volume do piscinão e sua forma com o vertedor que laminam as vazões, fazendo que a vazão de saída seja menor que a vazão de entrada.

Tipo B – Entrada livre e saída controlada por descarga de fundo controlável (comporta de fundo) acionado no local ou a distância.

Tipo C – Entrada livre e saída controlada por bombas.

Tipo D – Entrada controlada por comportas e saída regulada por comportas.

A Bíblia brasileira dos piscinões é o livro "Cálculos hidrológicos e hidráulicos para obras municipais", de Plinio Tomaz. e-mail: pliniotomaz@uol.com.br.

Gráfico mostrando o amortecimento do pico de vazões graças ao piscinão.

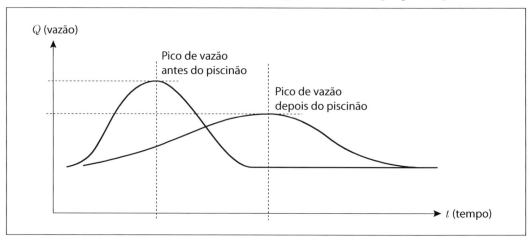

Nota: quando se tem uma barragem em um rio (área rural), a vazão de chegada pode ser laminada (cortada), ficando parte do seu volume retido no reservatório da barragem. A água estocada pode ter várias funções, tais como:

- servir de reservatório de água para o abastecimento público;
- gerar energia elétrica, face à queda de água na usina;
- servir de reservatório para uso agrícula (irrigação);
- servir esteticamente como lazer contemplativo;
- controlar a vazão de saída para evitar inundações a jusante.

O piscinão construído em área urbana só tem uma função, que é o controle da vazão de saída, para evitar inundações a jusante.

2 Por que os piscinões devem ser evitados em áreas urbanas, especialmente na região metropolitana de São Paulo

Texto do Eng. Julio Cerqueira Cesar Neto
setembro de 2010

Resolve um problema (hidráulico) e cria outro (urbano), que é ele mesmo.

Não existe espaço para sua construção.

Quando se força o espaço, deteriora-se a paisagem urbana, podendo gerar desequilíbrios ambientais.

Retendo esgotos domésticos *in natura* e poluição difusa, passam a funcionar como decantadores primários de estações de tratamento de esgotos no meio da cidade.

Custos totais (construção + manutenção e operação) superiores aos custos da solução tradicional de ampliação dos canais ou galerias.

O DAEE[1] e as prefeituras não incluem nos seus orçamentos os custos de manutenção e operação, o que mascara uma análise comparativa com outras soluções. Além disso, não estão organizados, nem se organizando, para atender a esses serviços, sem os quais os piscinões não funcionam.

Estudos feitos pela Dra. Edna de Cássia Silverio, da Faculdade de Saúde Pública, nos piscinões Anhumas e Caguaçu, na Zona Leste, concluíram que eles se constituem em criadouros de mosquitos, com potencial risco epidemiológico de transmissão de doenças como a malária, filariose cancroftiana, dengue etc.

---

1 DAEE – Departamento de Águas e Energia Elétrica, órgão estadual que administra o uso dos recursos hídricos do Estado de São Paulo.

Aqui você faz suas anotações pessoais

Complemento VII
Curva de 100 anos como instrumento de se evitar ou minimizar inundações em áreas urbanas

1 Exposição de motivos

Em casos de enchentes há necessidade se proteger as vidas humanas e bens materiais na área da curva do período de retorno de 100 anos. A fixação da cota de enchente em mais de 0,30 m para esse período de retorno é um critério de segurança.

Isto é feito no Japão desde 1955 e nos Estados Unidos desde 1973, onde se exige que todos os rios e córregos do país sejam dimensionados para a curva dos 100 anos.

- FEMA – Federal Emergency Management Agency.
- FIRM Maps: Flood insurance rate maps (mapas de inundação para o seguro).

O desenvolvimento urbano acelerado do Brasil faz com que aumentem cada vez mais as áreas impermeáveis, dando como consequência a diminuição da infiltração e vazão básica dos córregos e rios e causando grandes picos de cheia.

É importante preservar a vida humana e os bens materiais, e a necessidade de novos critérios no código de obras de construção quando a mesma está dentro da curva dos 100 anos definida pela cota de inundação mais de 0,30 m.

Uma outra novidade é exigir que o morador faça seguro da construção, e quando se tratar de sub-habitações, a própria prefeitura poderá arcar com parcela dos custos dos seguros para a proteção de vidas e bens materiais.

O mapa ficará à disposição na sede da prefeitura, para quem quer adquirir um lote de terreno próximo a um córrego ou quer construir um imóvel.

2 Minuta de projeto de lei municipal

Curva dos 100 anos

Cria o mapa da curva de 100 anos nos córregos e rios do município de ..., UF e dá outras providências.

Artigo 1. A Prefeitura Municipal de ... colocará a disposição do público a cada 5 anos mapas das áreas de enchentes relativos à curva obtida com período de retorno de 100 anos em todos os córregos e rios do município localizados na área urbana e rural.

Parágrafo 1. Este mapa de curvas de 100 anos complementará os mapas existentes de faixas de APPs,[1] para evitar que o empreendedor e/ou proprietário demonstre ignorância e desconhecimento dos recuos e da lei que protege as áreas de preservação permanente, buscando aplicar apenas o recuo que atende o seu empreendimento.

Parágrafo 2. O mapa da curva dos 100 anos não interfere com os recuos legais municipais e os existentes no código florestal.

Artigo 2. Os mapas deverão ser refeitos de cinco em cinco anos, levando-se em conta o aumento da área impermeável, mudanças no uso do solo e possíveis mudanças climáticas. A área da curva dos 100 anos poderá sofrer alterações com a construção de reservatórios de detenção e aumento da infiltração de água no solo.

Parágrafo 1. Em caso de alteração ou ampliação da área de enchente da curva dos 100 anos, a prefeitura deverá comunicar aos proprietários e ocupantes da área a sua inclusão ou exclusão na área de risco.

Parágrafo 2. Cabe à Prefeitura notificar os causadores dos novos riscos de enchentes sobre as possíveis consequências de suas ações, bem como responsabilizá-los por danos a terceiros.

Artigo 3. O horizonte mínimo do projeto será de 20 anos.

Artigo 4. As novas construções a serem aprovadas dentro da curva dos 100 anos atenderão exigências específicas da Prefeitura, de modo a preservar vidas humanas e bens materiais. As áreas externas à área da inundação com altura de até 0,30 m referente a curva dos 100 anos poderá ser construída.

Artigo 5. Fica proibido haver novas construções na área abaixo da cota de inundação mais de 0,30 m de profundidade definida pela curva dos 100 anos.

---

1 APP – Área de Preservação Permanente.

Parágrafo 1. A execução de obra nova irregular, não observando a cota referente a curva dos 100 anos, deverá a obra ser embargada e tomadas as devidas providências para a adequação.

Parágrafo 2. A não observação da cota da curva de 100 anos e consequentemente a conclusão da obra, o proprietário deverá providenciar a demolição e o profissional/empresa, responsável técnico pelo empreendimento, deverá ser responsabilizado junto ao CREA.

Parágrafo 3. A área da curva dos 100 anos será demarcada com marcos visíveis.

Artigo 6. As construções existentes e executadas dentro da curva dos 100 anos com profundidade de até 0,30 m referente a curva dos 100 anos será exigido o seguro da propriedade, que poderá ser pago parcialmente ou totalmente pelo poder público.

Artigo 7. Os mapas da curva dos 100 anos serão desenvolvidos por profissional habilitado e em atividade junto ao CREA – UF usando métodos de cálculos adequados ao tamanho da bacia e características de sua ocupação urbanística.

Artigo 8. Em locais onde existam barragens públicas ou privadas que coloquem em risco as vidas humanas e bens materiais deverão ser elaborados mapas de inundação a jusante que demarquem a área potencialmente atingida em caso de falha na barragem.

Artigo 9. Devem ser indicadas e assinaladas as zonas de segurança, os seus acessos, um sistema de aviso e alerta a instalar na zona e plano de evacuação da área inundável.

Artigo 10. O projeto da curva de 100 anos deverá apresentar soluções minimizadoras para possível execução municipal, buscando solucionar, mesmo que parcialmente, os problemas das residências e comércios existentes e construídos abaixo da curva de 100 anos.

Eng. Plinio Tomaz, 2010
Consultor em engenharia hidráulica
e-mail: pliniotomaz@uol.com.br

Aqui você faz suas anotações pessoais

Complemento VIII

Indicação de trabalho (*paper*) sobre doenças relacionadas à precariedade dos sistemas de drenagem pluvial

Pela importância do assunto em relação à Saúde Pública, anotamos o que se segue:

LILACS

    id: 431777

    Autor: Souza, Cezarina Maria Nobre; Moraes, Luiz Roberto Santos; Bernardes, Ricardo Silveira.

    Título: Doenças relacionadas à precariedade dos sistemas de drenagem de água pluviais: proposta de classificação ambiental e modelos causais/infectiuos diseases related to inadequated storm water drainage system: environmental classification proposal and causal models.

    Fonte: 13(1):157-168, jan.-mar. 2005. ilus. tab.

    Idioma: Pt.

    Conferência: Apresentado em: Congresso interamericano de Ingeniería Sanitaria y Ambiental, 28 Cáncun, 2002.

    Resumo: O artigo apresenta modelos causais de doenças relacionadas à Carência ou à Precariedade dos Sistemas de Drenagem de Águas Pluviais, CPSDAP, e uma proposta de classificação ambiental dessas morbidades com a finalidade de contribuir para os estudos dos impactos de tal componente do saneamento ambiental sobre saúde pública. Por meio de extensa revisão bibliográfica e da adoção de versão adaptada do método Delphi, envolvendo inicialmente 104 consultores de diversos países, foram identificadas 12 doenças ligadas à falta de drenagem, as quais foram classificadas em quatro grupos, de acordo com as condições ambientais caracterizadas pela CPSDAP, assim como foram elaborados os modelos causais. A relação da CPSDAP com a saúde pública e a saúde ambiental se torna bastante evidente, ratificando-se a importância da realização de investimentos no setor. (AU)

Descritores:

Responsável: BR67.1 - CIR - Biblioteca - Centro de Informação e Referência.

Complemento IX
Retificação e canalização de córregos urbanos

Seja a bacia hidrográfica do rio R de grande vazão. Esse rio é o drenante de uma grande bacia onde estão os córregos A, B, C e rio D que recebe as águas dos córregos A mais B mais C.

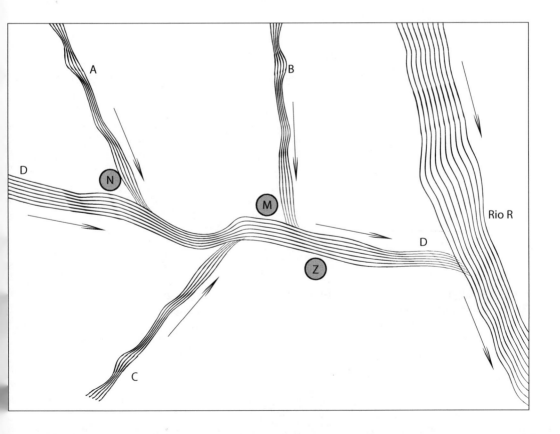

Admitamos que tudo isso está numa bacia parcialmente ocupada por áreas urbanas e isso é mais significativo nas regiões M e N. Nessas duas regiões existem casas próximas ao rio e outras mais distantes, mas numa região muito plana e que, quando temos a época de chuvas, quando os córregos A, B, C e D crescem muito em vazão e sobem os níveis, há problemas de inundação nessas áreas urbanas críticas. Foi contratado um engenheiro hidráulico para resolver o problema. Vejamos as recomendações do estudo:

1. Proibir novas ocupações junto aos rios e em zonas baixas que são inundadas em toda a época de enchente.

2. Retificar o traçado dos córregos A e B, pois com a retificação as águas escoarão com maior velocidade e seus níveis de água nas enchentes serão mais baixos terminando com as enchentes na região M e região N.

3. Também aumentar a calha desses córregos, que também ajudará muito no abaixamento das cotas de enchente desses rios.

4. Essas soluções nos córregos A e B aumentarão as vazões de pico no córrego D, que então deverá também ser retificado, canalizado e ter suas paredes internas revestidas com placas de concreto. Isso melhorará as condições de não inundação na região Z.

5. Com tudo isso, as vazões de pico de enchente que chegarão no enorme rio R serão maiores; mas como a vazão do rio R é enorme, a influência será mínima, como seria nula se, ao invés de existir o rio R, aí fosse o mar.

6. Os planos de obras devem indicar que devemos fazer o aumento de capacidade hidráulica de jusante para montante, pois se inicialmente só fizermos as obras no córrego A e córrego B, as condições no córrego D (por exemplo, no ponto Z também da área urbana) piorariam muito.

7. Fazer campanha junto à população para não jogar lixo nas ruas, pois este chega aos córregos e os assoreiam, e com isso suas capacidades hidráulicas diminuem e novas enchentes poderão voltar a acontecer.

8. Instalar medidores de chuva (pluviômetros) e de vazão nos córregos (limnígrafo e réguas de medida de nível) para se obter dados para projetos futuros.

O crescimento da vazão de pico (Rio Tietê, São Paulo, SP) com a urbanização pode ser observado na relação seguinte relativa a Parnaíba (local a jusante da cidade de São Paulo e instalada no Rio Tietê).

- estimativa de 1894 – 175 m^3/s;
- cheia de 1929 – 521 m^3/s;
- cheia de 1983 – 832 m^3/s;
- cheia de 1988 – 1.209 m^3/s;
- possibilidade estimada – 2.000 m^3/s.

Nota: jovens estudantes têm dificuldade de entender como se pode em alguns locais se aumentar a declividade de um rio. Isso é possível quando encontramos um trecho de pequena extensão com fundo rochoso. Esse fundo rochoso pode ser removido e nesse trecho acontece um aumento de capacidade do rio, ou seja: dada uma vazão, o rio poderá fazê-la escoar com menor altura se a seção do canal for a mesma.

Veja:

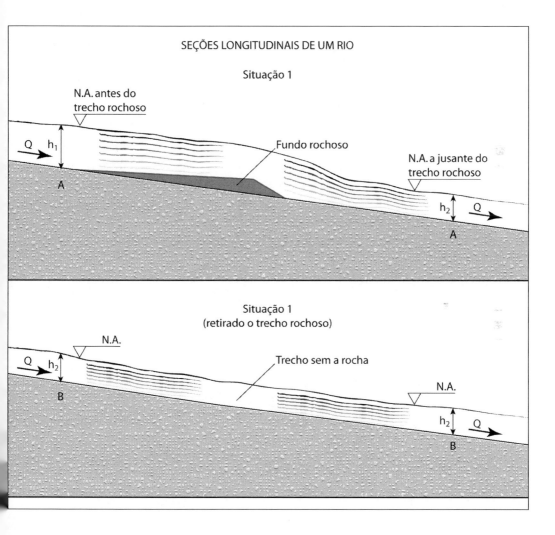

Notar que $h_1 > h_2$ causado pela perturbação de existência do trecho rochoso. Com a retirada do trecho rochoso, a altura da água do rio fica sendo h_2.

Aqui você faz suas anotações pessoais

Complemento X
Pôlders em áreas urbanas
Os casos do Jardim Romano e do Jardim Pantanal, na Zona Leste da cidade de São Paulo – SP

Chama-se pôlder a criação de uma região totalmente cercada de pequenas barragens, em geral de terra, onde a entrada de água e sua saída são totalmente controladas por sistemas de drenagem, irrigação e bombas hidráulicas.

Os pôlders são muito comum em regiões agrícolas, como o famoso pôlder localizado na região agrícola de Lorena, SP. É possível haver pôlders em regiões urbanas como, por exemplo, um pôlder em Mairiporã, SP. Nos pôlders urbanos, o mais comum é se fazer o controle do nível de água expulsando essa água quando ela entra em grande quantidade. A Holanda ficou famosa por expandir seu território ocupando áreas litorâneas pela construção de diques (pôlders), cercando trechos de mar junto à costa. Nessas áreas invadidas tudo é cercado por pôlders. O nível de água dentro dos pôlders é mantido baixo face ao uso no passado de, por exemplo, de bombas parafuso (parafuso de Arquimedes) acionadas mecanicamente pelos moinhos a vento. Vale a frase filosófica:

"Deus criou o mundo, mas a Holanda foi construída pelos holandeses".

Ainda no Brasil existem pôlders em Papucaia e São José da Boa Morte, RJ, construídos pelo Departamento Nacional de Obras de Saneamento – DNOS e SERLA – órgão estadual carioca.

Em São Paulo, na sua área urbana, existe uma barragem no Rio Tietê chamada de Barragem da Penha, que na época das chuvas forma um grande lago. É a área de inundação da barragem e tem a função de represar águas para evitar inundações a jusante. Sem essa área de inundação, a Barragem da Penha perderia sua função. Acontece que populações pobres se instalaram nessa área que periodicamente inunda. Em casos de chuvas fracas e na seca, essa região invadida fica seca e fica inundada na época de chuvas. Nessa área de inundação instalaram-se pessoas pobres e aí fizeram suas edificações. O poder público instalou escolas e conjuntos habitacionais nessa região inundável. Com a chegada da chuva, forma-se um lago e dezenas de casas são inundadas. Considerando-se impossível politicamente a remoção desse pessoal, decidiu-se pela construção de um pôlder urbano, com as promessas de que não se aceitariam novas invasões na área de inundação da Barragem.

Esquematicamente, temos:

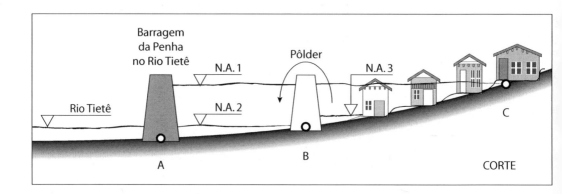

Trecho A-B: seminundado.

Trecho B-C: área de inundação em períodos de chuva. Foi nesse trecho que a população pobre se instalou.

Solução: (se é que é solução) criar uma barragem auxiliar (pôlder) em B, impedindo a entrada de água de enchente no trecho BC e uso eventual de bombas.

Entenda os níveis:

N.A.1 Nível máximo de água do Reservatório Barragem da Penha, (época de chuva).

N.A.2 Nível médio de água do Reservatório Barragem da Penha.

N.A.3 Nível máximo de água na região protegida pelo pôlder (zona habitada). Esse nível mais baixo é criado face ao pôlder e bombeamento de água.

Complemento XI
Avenidas mais baixas que seus rios laterais

Era uma vez um rio situado próximo da área urbana de uma cidade. A cidade, nos anos 1930, recebeu o melhoramento de uma linha de trem e essa linha, para chegar à cidade, foi obrigada a cruzar um rio; então uma ponte foi projetada e construída.

A altura da ponte foi fixada em função do máximo nível que o rio, nas suas enchentes, alcançava; mas, como sabemos hoje, a maior vazão ainda não chegou e chegará um dia. A cidade cresceu em todas as direções e chegou perto dessa ponte.

Foi necessário, então, criar um sistema de avenidas, e elas costumam ocupar as margens dos rios. Mas havia a ponte e não havia cota altimétrica para a passagem da avenida. Normalmente, as avenidas exigem, embaixo de obstáculos como a ponte ferroviária, um pé-direito de no mínimo 5,5 m.

Foi criado o impasse, pois, topograficamente, não havia esse pé-direito disponível, e altear a ponte ferroviária era fora de cogitação. A única solução encontrada foi rebaixar a avenida debaixo da ponte, ou seja, o piso da avenida ficaria abaixo do nível médio das águas do rio e, com isso, haveria infiltração da água do rio. Dessa forma, quando este inundasse, a vazão que chegaria à passagem subterrânea seria gigantesca.

Mesmo assim a solução foi adotada, envolvendo a passagem em uma caixa de concreto armado e instalados conjuntos motor-bomba para devolver de alguma forma a água que entrasse na passagem para o rio. Seguramente, quando o rio inundava, não havia outra solução a não ser esperar o rio baixar, e com o conjunto motor-bomba drenar a água que entrava. Os conjuntos motor-bomba tem que ser especiais, à prova de água. A cidade de São Paulo tem três dessas passagens e que bloqueiam o trânsito nas avenidas laterais toda vez que há inundação.

Ver desenho a seguir:

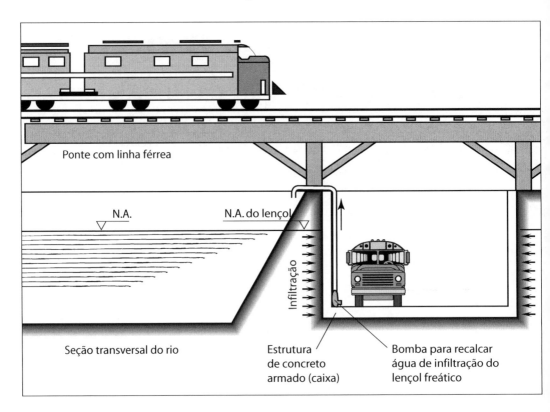

Complemento XII
Canais pluviais de Santos – SP

A cidade de Santos em São Paulo possui o mais importante porto marítimo do país. Situa-se numa ilha (Ilha de São Vicente) e sua área é 90% plana, com mínima diferença de nível em relação ao mar. Face a isso, até o começo do século XX, a cidade era cercada por pequenas lagoas e alagados provenientes da acumulação das águas de chuva que não tinham para onde escoar, face à mínima declividade dos terrenos em relação ao mar. Esses pontos alagados viravam pontos de criação de mosquitos e como a cidade não tinha um sistema coletor de esgotos, esses esgotos chegavam de alguma forma a essas lagoas e alagados, alimentando com matéria orgânica e sais minerais a proliferação de mosquitos.

Santos era então uma cidade doente e na época não havia uma tecnologia médica e medicamentosa para combater essas doenças. A situação era tão grave que alguns navios do exterior que chegavam ao porto faziam descarregar sua tripulação, temerosa da fama da cidade com suas precárias situações sanitárias, e a embarcava, então, de trem, com destino a uma cidade serrana próxima (Ribeirão Pires), deixando todo o trabalho de descarregamento e carregamento do porto a cargo da mão de obra local, talvez acostumada e mais resistente às doenças causadas pelos mosquitos dos alagados.

Eis que surge no começo do século XX a figura do Engenheiro Civil e Sanitarista Saturnino de Brito, que faz em Santos sua maior obra. Lembremos, por ênfase, que até os anos 30 do século XX o Brasil importava tudo, de cimento, material hidráulico, material e equipamentos elétricos até mão de obra, pois até carpinteiros, ferreiros e mestres de obra eram mão de obra de imigrantes. As obras gigantescas e geniais de Saturnino de Brito vencem a todas essas dificuldades e implantam modelar sistema de canais pluviais, rede de esgoto sanitário; enviam o esgoto sanitário coletado por casas de bombas, face à baixíssima declividade disponível, para longe da ilha, jogando os esgotos no mar, na chamada Praia Grande. Para vencer o braço de mar que separa a ilha do continente, faz vir da Europa uma estrutura metálica para suportar o emissário de esgoto até sua disposição subaquática na praia. Essa bela estrutura metálica era e é uma ponte pênsil ainda hoje existente, com uso controlado, e é um cartão postal da região. Saturnino de Brito era um fiel seguidor da filosofia sanitária americana e dividiu implacavelmente a rede de esgotos sanitários da rede pluvial. Vamos descrever a rede pluvial que atendeu Santos, secando lagoas e alagados, eliminando os focos de mosquitos.

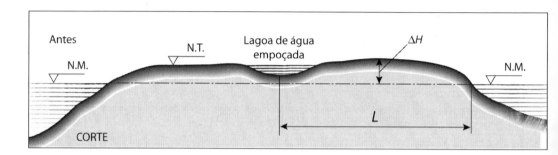

Como o mestre Saturnino não podia mexer em ΔH, mexeu em L, ou seja, aumentou o resultado da fração, diminuindo L. Como? Trouxe o mar para dentro da ilha! Criou canais de drenagem. Os canais de Santos foram cortados de cabo a rabo da ilha, aproximando as lagoas ao nível do mar.

$$L_1 < L$$

Onde L é a distância das lagoas até o mar.

Logo:

$$\frac{\Delta H}{L_1} > \frac{\Delta H}{L}$$

Onde L_1 é a distância das lagoas até o canal.

Com esses canais rasgando a ilha e ligando o mar ao mar, ficou bem mais fácil esgotar convencionalmente com rede pluvial as lagoas e alagados, jogando suas águas para os canais. Esses canais sofriam no seu nível de água a influência das marés, ou seja, seu fluxo de água ora era num sentido, ora era num outro sentido, mas com maior probabilidade o sentido era da ilha para o mar.

Construída também a rede de esgoto sanitário recolhendo, portanto, esse fator de poluição e de alimentação de microrganismos nas lagoas, e com a drenagem dessas lagoas, a cidade secou e os focos foram eliminados. Os canais de Santos ainda existem, e até pouco tempo atrás eram seis, rasgando toda a ilha. Como Saturnino de Brito sabia que existiria para sempre o fenômeno do assoreamento desses canais, usou um estratagema curioso, que é o da descarga hidráulica. Saturnino de

Brito instalou enormes comportas nos canais que deviam ser fechadas em determinadas situações, e a água do canal com isso se acumularia e subiria de nível, face à chegada constante da alimentação do sistema pluvial que, mesmo em dias secos, ajuda a drenar a ilha. Quando o nível de água do canal ficava bem alto, a comporta era aberta e toda água represada escoava e desassoreava os trechos do canal.

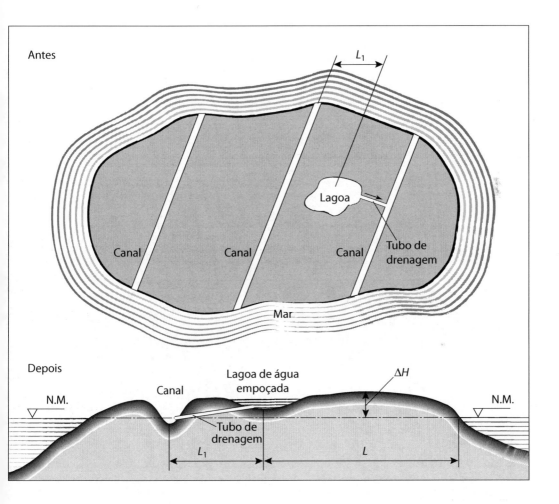

Os canais de Saturnino de Brito ainda existem funcionando e são um "ícone" da cidade. Claro que com o tempo (faz mais de 90 anos) a cidade explodiu de tamanho e nem tudo planejado por Saturnino de Brito foi seguido. O sistema de esgoto teve de crescer e surgiram problemas novos, como, por exemplo, o problema do lixo, que de alguma forma chega aos canais. A poluição difusa das ruas causada pelo aumento da riqueza também contribui para que as águas dos canais não sejam hoje só composta por águas pluviais, de drenagem e água do mar.

Hoje, inclusive, existem produtos químicos (biocidas tipo DDD) que ajudam a eliminar focos de mosquitos. Mas o exemplo das obras de Saturnino de Brito, o patrono da Engenharia Sanitária, ficou como um legado permanente. Saturnino fez obras civis de engenharia e resolveu o problema da drenagem de Santos, eliminando, com isso, focos de mosquitos, sem usar produtos químicos.

Caro leitor, lute para visitar a cidade de Santos em São Paulo e seus canais pluviais.

Nota: em períodos mais secos, o nível de água dos canais é mais baixo, mas suas águas são poluídas pelos esgotos lançados na rede pluvial clandestinamente e pelo lançamento de lixo nos canais.

É usual então, nos tempos atuais, fechar as comportas dos canais e dirigir as águas dos canais ao interceptor de esgoto, que os lança no alto mar, e, com isso, melhora parcialmente a balneabilidade das praias santistas.

Antes da construção dos canais de drenagem, Santos apresentava aspecto desolador, com inundação das ruas, coletores obstruídos, carreando enormes quantidades de sedimentos. A foto mostra um aspecto da Rua Lucas Fortunato, antes do plano de saneamento do Dr. Saturnino de Brito.

Inauguração do canal 1, em 1907, Avenida Campos Salles, Santos, SP.

Canal 1, Inauguração, vista por outro ângulo. Santos, SP.

Inauguração do canal 2 em 1910. Ver a comporta de descarga hidráulica, propiciando o desassoreamento do canal.

Canal de saneamento na Avenida Pinheiro Machado, na praia José Menino, Santos, SP, em 1915.

Complemento XIII
Assoreamento e dragagem de rios e lagos

Durante as chuvas, o escorrimento hidráulico transporta, além da água, um solo mais fraco e erodível. Tudo isso chega até os rios. A tendência de todos os rios é sofrerem assoreamento, que é a acumulação de material sólido que fica depositado nas águas do rio que, com suas baixas velocidades, decanta esse material sólido. Esse é um processo natural e crescente, acontece até rios mudarem seus trajetos, face a essa acumulação.

Com a intervenção humana, além dos materiais que normalmente chega aos rios, temos:

- lixo;
- decantação de esgotos;
- solos de loteamentos mal planejados que sofrem erosão.

Em rios urbanos, para diminuir as enchentes, é necessário então haver um desassoreamento por dragas e outros equipamentos. Um problema adicional aos grandes custos do assoreamento é o problema sanitário e estético de onde dispor o lodo retirado pela dragagem.

As cidades da periferia dos grandes centros se organizaram e recusam-se a ser depósitos de lixo de cidades mais ricas.

A única solução ainda está em aberto, como está em aberto o problema do lixo nas grandes cidades, pois a solução de aterro sanitário mostra-se cada vez menos viável pela demanda de crescentes novas áreas. A incineração de todos esses resíduos começa a parecer a menos pior das soluções e é bem cara.

Sugerimos consultar o texto do II Concurso das Águas – "Ideia para o melhor aproveitamento das águas da Região Metropolitana de São Paulo" – Equipe 4: Rubens Monteiro de Abreu, Paulo Monteiro de Abreu e Jaime de Castro Fon. Assoreamento. p. 72.

Aqui você faz suas anotações pessoais

Complemento XIV
Desassoreamento de lagos urbanos
Cuidados sanitários e ambientais
O caso do lago do Parque do Ibirapuera, São Paulo – SP

O Parque do Ibirapuera foi projetado pelo Arq. Oscar Niemeyer e o paisagista Burle Marx para o IV Centenário (1954) da cidade de São Paulo. O parque foi construído e hoje é um ponto de referência, um orgulho da cidade.

Esse parque tem três lagos funcionando em série, alimentados pelo Córrego do Sapateiro, que cruza o parque. No terceiro lago há um extravasor que faz as águas retornarem ao curso natural do córrego formador.

Esse córrego nasce e se desenvolve na Região Sul da cidade de São Paulo e essa parte da cidade, desde os anos 1960 tem todas as suas ruas dotadas de redes de esgoto sanitário. Depois de passar pelos três lagos, as águas do Córrego do Sapateiro se encaminham canalizadas e cobertas para o Rio Pinheiros.

Apesar da existência de redes de esgoto em todas as ruas do bairro, acontecem, como sempre;

- ligações clandestinas de esgotos de residências e prédios para a rede pluvial, por meio de bocas de lobo;
- detritos e lixo lançados às ruas chegam, por meio de chuvas, ao córrego e este os leva para os lagos no parque;
- erosão pluvial, levando o assoreamento ao córrego;
- restos de vegetação e folhas carreadas pelas chuvas para o córrego, que lança tudo nos lagos.

Nos lagos, face à diminuição da velocidade das águas, todos os tipos de sedimentos vão ao fundo, formando lodo. As águas são impróprias para banho e para a pesca, mas servem muito bem como recurso paisagístico para o lazer contemplativo.

Os lagos não são malcheirosos. O problema do acúmulo de lodo se agrava principalmente no primeiro lago (Lago 1) face aí acontecer a primeira sedimentação.

A Prefeitura de São Paulo decidiu enfrentar de vez a questão e decidiu intervir nos lagos para remover o lodo e melhorar com isso a qualidade das águas.

As informações a seguir estão no jornal "O Estado de São Paulo do dia 2 de outubro de 2010, p. C-1 e C-3. Os três lagos têm uma área de 120.000 m^2. As profundidades médias dos lagos hoje é de aproximadamente:

Lago 1 – profundidade média de 0,40 m a 2,00 m.
Lago 2 – profundidade média de 1,00 m a 3,00 m.
Lago 3 – profundidade média de 0,80 m a 3,20 m.

Para ajudar a melhoria das condições ambientais dos lagos foram adotados:

- reconhecimento (cadastro) de peixes mais comuns nos lagos – tilápia do Nilo, guaru, traíra, surubi, carpa comum e lebiste;
- aves mais comuns – irerê e savacu.

Os peixes, durante a limpeza do Lago 1, serão enviados para os outros dois lagos e impedida sua volta, durante a limpeza, pelo uso de redes.

Estima-se a remoção de 4.000 t de lodo dos lagos. Esse lodo será secado e enviado para um aterro.

Para o planejamento das obras de melhoria dos lagos foram obtidas aprovações prévias das seguintes entidades: Companhia Ambiental de São Paulo – CETESB e Capitania dos Portos.

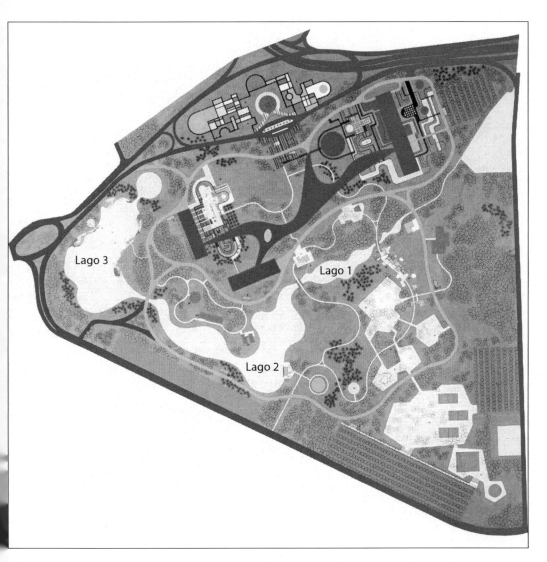

Planta do Parque do Ibirapuera, projeto de arquitetura de Oscar Niemeyer e paisagismo de Burle Max.

Os três lagos sequenciais, lago 1, lago 2 e lago 3 são alimentados pelo Córrego do Sapateiro. As margens do córrego e dos lagos dentro do parque estão livres e desimpedidas. No lago 3, existe o extravasor do sistema.

Vista do lago 3 do Parque do Ibirapuera. A direita da foto a estrutura de concreto armado do extravasor. Os três lagos, apesar de poluídos, não tem cheiro, permitindo seu uso como lazer contemplativo.

Complemento XV
Análise de uma situação de emergência envolvendo recursos hídricos e obras hidráulicas

Analisemos a seguinte situação de emergência envolvendo recursos hídricos e obras urbanas.

O quase transbordamento do Reservatório Guarapiranga, São Paulo, SP.

O Reservatório Guarapiranga, formado pelo córrego Guarapiranga, é uma barragem de terra (1,5 km de extensão) e uma tomada de água construída em 1907 para regularizar a vazão do Rio Tietê do qual o Rio Guarapiranga via Rio Pinheiros é contribuinte. A capacidade de retenção desse reservatório é da ordem de 200 milhões de metros cúbicos de água. Esse reservatório está hoje (2011) parcialmente encravado na região urbana de São Paulo e o restante em áreas rurais desse município e de outros municípios limítrofes.

Esse reservatório possui uma vazão regularizada da ordem de 10 m³/s.

Quando ele foi construído, sua única função era de aumentar a vazão mínima do Rio Tietê na localidade de Santana do Parnaíba, onde existia uma usina hidroelétrica.

Atenção – Esse reservatório usou, desde a sua construção, como extravasores quatro comportas de fundo jogando a água do extravasor num canal de acesso ao Rio Pinheiros. Não foi construído um extravasor de superfície pois entendeu-se que com esses quatro extravasores de fundo e a cidade estando distante de tudo, estava correto. Mas com o passar do tempo, a cidade foi se aproximando do reservatório e surgiram clubes náuticos nas margens desse lago. Os clubes náuticos desejavam que o reservatório sempre estivesse cheio de água para melhorar sua utilização. Casas de fim de semana também começaram a ser construídas nas margens do lago e também desejando que o lago sempre estivesse na sua cota máxima para os efeitos de lazer contemplativo. A dona do reservatório, a empresa Light operava o reservatório para otimizar a geração de energia e, com isso, por vezes o reservatório ficava muito vazio. Aí a cidade de São Paulo forçou que ela pudesse tirar cerca de 2 m^3/s do reservatório e usou para isso um vertedor de fundo (dos quatro existentes) para retirar essa vazão e enviá-la via estação de bombas para o tratamento. Posteriormente decidiu-se retirar mais 2 m^3/s, usando como ponto de retirada o segundo vertedor de fundo, sobrando para uso de emergência, na chegada de grandes vazões, só dois vertedores de fundo. E nada de reforçar a capacidade de extravasamento, pois dois extravasores estavam sem função de extravasor e só liberando água para o abastecimento de São Paulo. O normal e correto seria construir um extravasor de superfície livre (vertedor), mas isso não foi feito. E com o aproximar (envolvimento) da cidade a esse reservatório, a administração pública percebeu que se o Reservatório Guarapiranga ficasse sempre o mais vazio possível, isso diminuía as vazões de inundação da várzea do Rio Pinheiros. Como principal manancial de água da cidade, a ideia era, ao contrário, mantê-lo o mais cheio possível. *O conflito de interesses estava montado.*

Um dia, com o reservatório bem cheio, começou a chover muito na região dos rios formadores do Rio Guarapiranga e o nível indicado por uma régua limnimétrica subia sem parar. As duas descargas de fundo que tinham sobrado foram totalmente abertas, mas mesmo assim o nível de água do reservatório subia sem parar e havia o risco da água passar por cima da barragem de terra, destruindo-a e criando uma onda hidráulica avassaladora tipo *tsunami*, destruindo no seu arraste dinâmico vários bairros de São Paulo. Face a isso, até o próprio governador do Estado foi chamado e decidiu-se altear, com urgência total, com sacos de areia a barragem e o governador foi chamado a decidir se devia pedir rede de rádio e televisão para que os habitantes do Bairro de Pinheiros abandonassem suas casas urgentemente. Como se sabe, nas evacuações morre muita gente e o governador decidiu não dar o aviso e contar com o alteamento da barragem feita durante a noite, torcendo para que as chuvas parassem. Deu certo. As chuvas pararam, e depois de algumas horas, o nível do reservatório começou a descer face ao fato das vazões de chegada serem menores que o descarregamento das duas comportas de fundo. No dia seguinte ,a situação melhorou e o governador tomou a única decisão possível: contratou o projeto de um vertedor de superfície para esse reservatório e o construiu depois. Final feliz...

Analise uma situação de emergência envolvendo recursos hídricos e obras hidráulicas **293**

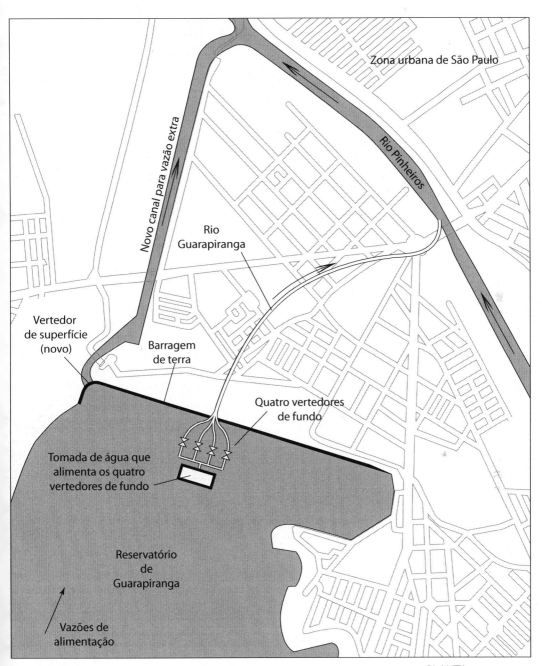

PLANTA

Aqui você faz suas anotações pessoais

Complemento XVI
Simbologia para desenhos e documentos pluviais. Identificação e localização de poços de visita

Para padronizar a apresentação de desenhos e documentos dos sistemas pluviais, principalmente as redes de microdrenagem, é muito usual o uso do desenho a seguir:

1   Convenções para rede de águas pluviais

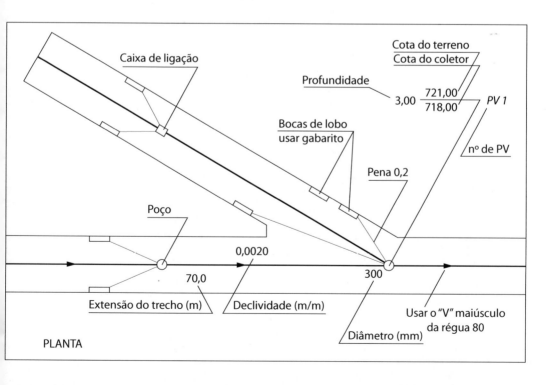

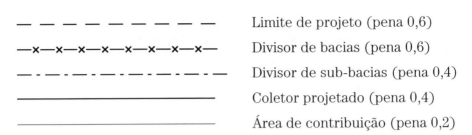

Os códigos das penas no CAD estão indicados à direita de cada linha.

2 Identificação de poços de visita a partir de coordenadas

Um problema na simbologia de desenhos de águas pluviais é a identificação e codificação dos poços de visita. Qualquer processo adotado corre o risco de não ser prático ou sofrer com mudanças e acréscimos.

O sistema de identificação por coordenadas é um processo simples e eficiente. Assim existe um PV nas coordenadas (3 e 4).

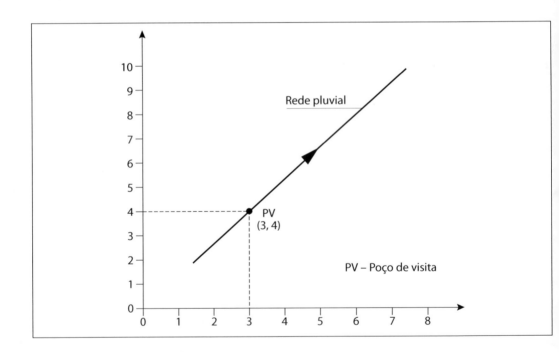

Complemento XVII
Reprodução de artigo histórico sobre chuvas e a poluição das águas

Em 1961, o saudoso Eng. Max Lothar Hess teve uma visão premonitória sobre a degradação de rios atravessando áreas urbanas e publicou, na Revista DAE da SABESP – Saneamento Básico do Estado de São Paulo, em setembro de 1961 um artigo pioneiro e algo provocativo, que teve muita repercussão com o título "Chuva: agente de poluição das águas". Pela sua importância, transcrevemos e, em respeito ao aspecto histórico, como fac-símile.

Chuva: agente de poluição das águas

(Em defesa das nossas águas e das nossas indústrias)

Revista DAE 9420; 41-43, set. 1961.

MAX LOTHAR HESS
Eng. Consultor

1. INTROITO. Quando há notícias de casos de mortandade de peixes, a primeira reação das autoridades, na maioria das vezes, é de procurar localizar uma indústria que possa ser responsabilizada pelo fato. Vez por outra, é possível encontrar a entidade poluidora, mas na maioria das vezes não se pode chegar a um resultado concludente. Há mesmo muitos casos marcados pela injustiça, em que determinado estabelecimento industrial é constantemente acusado de todos os males que possam acontecer ao curso d'água, mesmo sendo ele visivelmente inocente. Felizmente há ainda autoridades compreensivas, e é de nosso conhecimento pelo menos um caso em que um departamento do Estado oficiou a uma indústria suspeita, comunicando-lhe não ter sido verificada qualquer responsabilidade da firma na poluição do rio Tietê.

É frequente a morte de peixes após sofrerem brusca queda de temperatura, mesmo de não mais que 3 a 4 °C, por exemplo ao se encontrarem na confluência de um rio mais quente com um rio mais frio. Há peixes que conseguem resistir a um resfriamento instantâneo de até 8 °C, porém na maioria das vezes perdem a resistência aos agentes externos e acabam por sucumbir atacados por doenças fatais.

2. POLUIÇÃO POR CAUSAS NATURAIS. A poluição dos corpos d'água, dá-se frequentemente em consequência de causas naturais não associadas à atividade humana. Comumente trata-se de um fenômeno atenuado e de duração efêmera, não produzindo maiores danos. Estão neste caso os fenômenos de excessiva proliferação de algas, acarretando supersaturação de oxigênio, que é fatal à maioria dos peixes, a erosão das margens dos rios, a drenagem de baixadas palustres e principalmentre o escoamento superficial de águas pluviais.

3. POLUIÇÃO POR ÁGUAS PLUVIAIS. Especialmente após precipitações torrenciais, as águas de escoamento superficial arrastam para os cursos d'água quantidades por vezes consideráveis de argila, substâncias vegetais em decomposição, estrume, pequenos animais mortos etc. A natureza e o grau de poluição resultantes dependem da constituição física e química, bem como da cobertura vegetal da bacia hidrográfica. Os casos mais comuns de poluição resultantes de causas naturais incluem matéria orgânica, substâncias minerais, sólidos em suspensão, turbidez, odor, cor, acidez e alcalinidade. Em locais de afloramento de calcário, por exemplo, é comum encontrar dureza e alcalinidade elevadas na água, após precipitações prolongadas. Em áreas urbanas as águas pluviais provocam a lavagem de ruas, telhados e terrenos, com acentuada influência sobre a composição das águas receptoras, como se pode depreender de um caso concreto, da cidade de Mogi das Cruzes, relatado mais adiante.

4. INSETICIDAS. Um caso comum de envenenamento de peixes, em regiões agrícolas, é o provocado pelo arrastamento de inseticidas tóxicos para os cursos d'água. H. C. Ward relata o caso de graves mortantades de peixes em Oklahoma, ocorrido após a pulverização de plantações de algodão com inseticidas contendo canfeno clorado (toxaphenol). Este inseticida é tóxico aos peixes em concentrações a partir de 0,005 mg/litro. O hexaclorohexaidrodimetanonaftaleno (aldrin), o é a partir de 0,02 mg/litro. O muito empregado isômero gama do hexacloreto de benzeno (BHC) mata peixes já a partir de 0,035 mg/litro, segundo vários autores. A diclorodifeniltricloretana (DDT) já é menos ofensiva com um limite de tolerância acima de 0,1 mg/l. O biologista Samuel Murgel Branco, do DAE, relata o fenômeno observado periodicamente no Estado de São Paulo, de envenenamento de peixes por sulfato de cobre, constituinte da calda bordaleza aplicada as plantas de cultura, durante os meses chuvosos da primavera. Segundo esse autor, o sulfato de cobre é tóxico aos peixes em concentrações inferiores a 1 mg/l.

5. BREJOS, BANCOS DE LODO. As águas de drenagem de banhados em terrenos turfosos contêm elevados teores de matérias orgânica vegetal, são mais ou menos escuras e conduzem ácidos orgânicos, especialmente ácido húmico, ulmina etc. E. C. Jee relata que, após uma tempestade no vale do Eden (1930), houve um caso de poluição por material turfoso de tal grau a matar grande número de trutas.

O lodo depositado no fundo do leito dos rios lentos, frequentemente já em estado de decomposição anaeróbica, quase sempre é posto novamente em suspensão nas águas, após fortes chuvas. Esses cursos, então, durante horas ou dias exalam um cheiro desagradável, além de conterem elevado teor de sólidos sedimentáveis em estado séptico.

6. FERTILIZANTES, SAIS MINERAIS. Quando são carreadas para os corpos de água certas quantidades de compostos nitrogenados e fosfatados, habitualmente encontrados em fertilizantes orgânicos e minerais, essas águas adquirem composição propícia para o desenvolvimento de microrganismos, entre os quais se temem muito, as algas, pois além de emprestarem quase sempre um cheiro e sabor insuportável às águas potabilizadas, ainda se multiplicam com enorme rapidez, podendo a massa celular, em condições favoráveis, duplicar de peso em cada intervalo de 20 minutos. Em uma hora essa massa pode aumentar oito vezes. Inúmeros são os casos de proliferação de algas seguidos de morte e decomposição das mesmas, provocando por vezes depressão completa do teor de oxigênio, além de emprestar aos mananciais de abastecimento, cheiro e gosto capaz de inutilizá-los por longos períodos de tempo.

7. AS ÁREAS URBANAS. Grande influência sôbre o grau de poluição dos cursos d'água, tendo como veículo as águas pluviais, são as comunidades. As primeiras águas de precipitação são muitas vezes mais poluídas que os próprios esgotos da cidade, servem para lavar os telhados, quintais, sarjetas e ruas, levando de roldão todas as sujidades lá encontradas, como excrementos de animais, escarros, cascas de frutas, vômitos de alcoólatras, óleo largado no chão pelo gotejamento dos cárteres dos motores de explosão, animais mortos ou afogados, (ratos, baratas), papéis, poeira, terra e outros tantos materiais repugnantes. O teor de sólidos chega a ser muitas vezes maior do que o dos esgotos domésticos.

Há dois anos tivemos a fortuna de poder avaliar o grau de agravamento de poluição do Tietê superior, em Mogi das Cruzes, águas enquadradas na classe III pelo decreto 24.866, após forte chuva. Ao estarem sendo colhidas amostras compostas do rio, para efeito do estudo da poluição pela cidade, que não trata seus efluentes, e por uma indústria que então também não os tratava, caiu forte chuva. A partir desse instante, as alíquotas foram colhidas e analisadas separadamente. No mesmo ponto do Tietê, após o recebimento dos esgotos urbanos, foi possível verificar os seguintes resultados principais, antes e depois da chuva: coloração, antes da chuva: 140 mg/l (escala de platina); após: cor amarelo-terrosa; turbidez: passou de 14 para 45 mg/l de sílica; odor, antes ausente, passou a leve cheiro de hidrocarbonetos (óleos minerais); sólidos totais de 99 para 402 mg/l; sólidos em suspensão, de 46 para 339 mg/l; sólidos sedimentáveis em cone Imhoff, de 0,5 a 1,5 ml/l; oxigênio consumido, de 12 para 19 mg/l: BOD, de 4,6 (!) para 11,0 mg/l. Uma observação do laboratório dizia: "Por ocasião da colheita, o rio apresentava grande quantidade de sólidos flutuantes", referindo-se à amostra colhida após a chuva.

Um parecer escrito em 1942, por H. Blunk e H. Rohde (Alemanha) a respeito do anteprojeto do saneamento das bacias dos ribeirões Itter e Viehbach, diz, entre outros: "Existem ainda hoje muitas pessoas que acreditam ser possível evitar a poluição dos cursos receptores por águas pluviais construíndo os esgotos urbanos em sistemas separados absolutos. Supõe-se que as águas da precipitação sejam limpas, e se mantenham separadas dos efluentes domésticos; estes são lançados ao receptor somente após depuração conveniente. Obviamente tal não se dá. Reconhece-se hoje que as águas pluviais conduzem aos rios consideráveis quantidades de substâncias poluidoras e que as mesmas têm composição análoga a de esgotos sanitários diluídos. Por decreto do Ministro da Agricultura em 1930, as águas pluviais de áreas urbanas devem ser consideradas expressamente como esgotos. Daí a necessidade de se prever também, o tratamento das águas de chuva antes do seu lançamento".

Na Inglaterra exige-se o tratamento primário de águas pluviais até 6 vezes a vazão em tempo seco e o tratamento biológico até 3 vezes (exigência do Ministry of Housing and Local Government). Entretanto em Knutsford foi achado necessário o tratamento primário até 14 vezes a vazão em tempo seco, e o tratamento biológico até 6 vezes.

Na Alemanha costuma-se projetar as estações de tratamento completo para uma capacidade de 3 a 8 vezes a vazão em tempo seco, quanto ao tratamento primário e para 1,5 vezes, quanto ao tratamento secundário. Muitas estações têm a possibilidade de empregarem os decantadores secundários, ampliando a capacidade para o tratamento de águas de chuvas.

Frequentemente se encontram instalações com tanques de retenção e decantação de águas pluviais, cujo conteúdo é remetido lentamente para as estações de tratamento, para não sobrecarregá-las. Tais tanques são também comuns na Inglaterra.

8. CONCLUSÃO. Diante do exposto, parece-nos inoportuna a exigência do projeto de redes de esgotos urbanos no sistema separador absoluto, por razões de ordem econômica e sanitária, desde que se admita a necessidade do tratamento também das águas pluviais. As cidades e as propriedades agrícolas devem ser encaradas como possíveis culpadas pela poluição dos rios, após chuvas intensas, e não só as indústrias. Só assim poderemos manter a piscosidade de nossos rios e a preservação das qualidades dos mananciais diante da crescente quantidade de tóxicos empregados na lavoura e do crescente volume de sujeira carreada pelas águas pluviais urbanas.

9. BIBLIOGRAFIA.

LOUIZ KLEIN, "Aspects of River Pollution", Buttertworks Scientific Publications. Londres, 1957.

H. C. WARD, Water Pollution Abstracts, 26 (1953).

SAMUEL MURGEL BRANCO, "Alguns Aspetos de Hidrobiologia, Importantes para a Engenharia Sanitária". Revista DAE, n.º 33 (1959).

KARL IMHOFF, "Taschenbuch der Stadtenwasserung" (Manual de Esgotamento Urbano). 18.ª edição (1960).

H. BLUNK e H. ROHDE, "Mischsystem oder Trennsystem?"(Sistema unitário ou sistema separador), retirado de um parecer sobre o saneamento dos vales do Itter e do Viehbach, Alemanha, 1942.

G. BLUNK, "Beitrag zur Frage der Regenwasserbehandiung" (Contribuição ao problema do tratenento das águas pluviais). Die Städtereinigung, 7. 1941, Alemanha.

Aqui você faz suas anotações pessoais

Complemento XVIII
Crônicas pluviais

Crônica 1
O banho de chuveiro de um adolescente e a comparação com o funcionamento de uma bacia pluvial

Um de meus filhos (Vinicius), quando adolescente, era famoso pela duração de seus banhos. Um dia, ele demorou tanto, cantando no banho, que minha mãe, avó dele que me visitava, alertou:

— Meu filho, com banhos com essa duração (mais de quinze minutos), o Vinicius vai inundar o banheiro... tome uma atitude.

Pensei e fui agir. Mas no caminho entre a sala onde eu estava até o banheiro, pensei, fazendo uma surpreendente analogia:

— O box do banheiro não deixa de ser uma bacia hidrográfica, com vazão de água caindo, vindo do chuveiro. Uma área (o box) com cerca de uns dois metros quadrados, um coeficiente de deflúvio igual a 1, pois nada se infiltra, e um vertedor de saída que é o ralo. Pensemos: a vazão da chuva, ou melhor, a vazão do chuveiro é constante e o tempo de concentração no box é de no máximo dez segundos. Se com a vazão constante que cai sobre a área do box não inundou depois de dez segundos, então nunca mais inundará, pois a vazão máxima numa bacia quando chove com intensidade constante ocorre quando o tempo da chuva iguala ao tempo de concentração.

O box do banheiro estava, portanto, à prova de inundação. Decidi, de forma ditatorial, interromper o banho, não por razões hidráulicas-hidrológicas, mas, sim, pelo consumo de água e de energia elétrica do aquecimento de água.

Meu jovem filho adolescente não entendeu a razão de minha atitude e não expliquei à minha idosa mãe essa questão de tempo de concentração de bacias hidrográficas.

Crônica 2

A limpeza de bocas de lobo aumentou a vazão de enchente de um córrego numa pequena cidade

Uma pequena cidade era cortada pelo córrego Açu. Esse córrego, nas conversas dos velhos da cidade, raramente inundava os pontos baixos da cidade, mas com o crescimento da cidade e pavimentação das ruas, as enchentes tornaram-se corriqueiras, às vezes várias vezes em cada ano.

Corriam boatos na cidade de que a causa de todos os problemas, ou mais especificamente, a causa das inundações, eram as bocas de lobo, sempre cheias de detritos e sujeira (fato causado pelos próprios moradores da cidade, convenhamos).

Eis que num dia de época de chuvas aconteceu uma grande inundação e o prefeito, para dar uma satisfação aos moradores, mandou limpar e até higienizar todas as bocas de lobo da cidade. Quando isso aconteceu, o prefeito avisou à população que nunca mais, nunca mais mesmo, haveria inundações.

Bastou o prefeito falar isso que, na semana seguinte, aconteceu com uma chuva igual, uma inundação maior... O prefeito furioso decidiu cortar cabeças de funcionários e assessores, mas, antes, quis uma explicação sobre o porquê da nova e maior inundação.

O secretário de obras, um engenheiro muito culto, explicou: "Limpar bocas de lobo é uma atitude correta para resolver pequenas inundações locais e defeitos, como estocar água parada, criar focos de mosquitos etc. Mas essa estocagem de água em cada boca de lobo suja tem uma vantagem: os pequenos volumes de cada inundaçãozinha laminam as vazões a jusante e, com isso, as vazões de inundação no córrego Açu são diminuídas. Com a limpeza das bocas de lobo, a água da chuva escoou direto para o rio, diminuindo o tempo de concentração e aumentando a vazão de pico.

A única solução para diminuir as inundações do córrego Açu, é:

- continuar a limpar as bocas de lobo, para evitar os miniempoçamentos;
- retificar e canalizar o córrego Açu, para uma vazão de projeto bem maior; e
- educar a população da cidade para não jogar lixo nas ruas.

Essas foram sábias palavras. O prefeito as seguiu e no final, final feliz...

Crônica 3

Num projeto pluvial não valeria o Princípio de Lavoisier

No meu primeiro trabalho como engenheiro (MHC Botelho), fui colaborar no projeto de águas pluviais do bairro Vila Carioca, perto do bairro do Ipiranga, em São Paulo, SP. Na prática, fui ser assistente do Eng. Luciano, especialista em projetos e obras de serviços pluviais. Todo jovem iniciante sofre brincadeiras dos colegas mais velhos e mais experientes. Conto a brincadeira que ele me fez. Chamou-me, e mostrando desenhos e tabelas de projeto de uma rede pluvial, alertou-me:

— Os jovens acreditam muito e até exageradamente no Princípio de Lavoisier, que diz que nos sistemas fechados a massa é constante. No sistema pluvial, isso assim seria se esse princípio se aplicasse: a soma das vazões e de entrada num poço de visita são matematicamente iguais à vazão de saída, você concorda?

Claro que concordei, pois eu adorava a Física e a Química e, portanto, eu acreditava no Princípio de Lavoisier.

O Eng. Luciano mostrou, então, nas planilhas de cálculo algo inacreditável. Em dois PV, a soma das duas vazões de entrada das águas das chuvas, transportadas até um poço de visita, era inferior à vazão de saída. As planilhas eram de projetos já entregues a várias prefeituras. Como aceitar. Meu mundo girava, pois meus fundamentos sofriam, pela primeira vez, uma contestação. Em um sistema fechado (PV), a somatória de massas (vazões de entrada) era maior que a massa (vazão) de saída.

Algumas semanas se passaram e cada vez que eu cruzava com o Eng. Luciano, ele sorria, pois sabia que eu estava atônito com o fato. Um dia ele me contou. Tudo o que ele falara era verdade, ou seja, a soma das vazões de águas de chuva de chegada a um PV era superior à vazão de saída. A explicação era simples:

— A vazão de saída de um PV é calculada não como a soma de vazões de chegada, pois estas vazões chegam em momentos diferentes e, portanto, espaçados. Para calcular a vazão de saída, considera-se a soma das áreas contribuintes, mas o tempo de concentração aumenta em geral e, portanto, com o aumento do tempo de concentração, diminui a intensidade e, com isso, o produto $Q = f$ (área, intensidade) se reduz dessa forma, a vazão de saída do PV é menor que as vazões de entrada Q_1 e Q_2 (mas que não chegam ao mesmo tempo), pois os tempos de concentração de cada bacia geradora (bacia 1 e bacia 2) são diferentes.

E, para minha alegria e fim de uma tensão, o Eng. Luciano me orientou:

— Continue acreditando na Lei de Lavoisier. Se as duas vazões Q_1 e Q_2 chegassem ao mesmo tempo no PV, a vazão de saída obedeceria à lei da soma das massas.

Respondi:

— Ufa! Que bom!

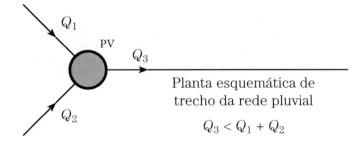

Planta esquemática de trecho da rede pluvial

$Q_3 < Q_1 + Q_2$

Crônica 4

Num conjunto habitacional popular, depois de três meses de uso, quase todas as tampas de concreto armado de bocas de lobo ficaram quebradas. Vandalismo ou erro de projeto urbanístico?

Foi implantado numa grande cidade paulista um enorme conjunto habitacional popular, composto de casas térreas e prédios de apartamentos. Passados três meses da inauguração e imediata ocupação, aconteceu algo inesperado. Quase todas as tampas de concreto armado das bocas de lobo se quebraram.

Fui chamado como consultor, para descobrir a causa do fato.

A primeira ideia é sempre acusar de vandalismo os novos moradores. Foi feita uma inspeção e durante a inspeção apareceu "a causa da destruição das tampas". Por economia e para poder construir o máximo no terreno, dentro dos recursos alocados, decidiu-se construir ruas extremamente estreitas, tal que só passavam cruzando-se dois caminhões ou dois ônibus se na rua não houvesse carro estacionado.

Com essa filosofia, contruiu-se esse conjunto habitacional em um fundo de um vale e onde foi necessário instalar sistemas pluviais na metade das ruas. Como as ruas eram estreitas com um meio-fio reduzido, o sistema pluvial superficial tinha baixa capacidade e havia necessidade de usar o sistema pluvial subterrâneo com suas bocas de lobo e caixa de captação. Pronto e acabado o conjunto habitacional, foi dado o "habite-se" e início da moradia. Aí surgiu o problema. Mesmo os moradores mais simples, ao se instalar, usavam caminhões para transportar, até a nova moradia, suas coisas, como camas, móveis de sala, fogão, televisão, geladeiras etc.

O caminhão de mudança de cada família chegava no ponto de descarregamento e para não impedir o fluxo de outros caminhões de mudança e de ônibus, obrigatoriamente subia meia roda na calçada. Ao subir e depois descer, sempre

encontrava uma tampa de boca de lobo e a destruía com seu peso. Além do caminhão de mudanças, os conjuntos de casas populares têm um aspecto obrigatório. Ao adquirir uma casa térrea, normalmente com sala, quarto, cozinha e banheiro, o seu novo dono começa a ampliar a casa na horizontal e na vertical, e para tudo isso é necessário que chegue na casa o caminhão com material de construção para as ampliações. E mais caminhões lotados de produtos e com grande peso circulam com metade das suas rodas e seus pesos em cima das calçadas e mais tampas de boca de lobo são destruídas.

Qual a solução para novos empreendimentos, mesmo que populares?

A solução é fazer ruas com maior largura, tal que caminhões de mudança e de material de obra possam usar o acostamento sem prejudicar o tráfego na rua. Com isso, a destruição de bocas de lobo será reduzida.

Crônica 5
Cartas recebidas e respondidas sobre disposição de águas pluviais caídas em lotes

Caso 1

Estou precisando de ajuda.

Estou construindo uma casa em um condomínio fechado aqui em Salvador, BA, e não tenho onde jogar a água pluvial, em virtude da altura do terreno, estou jogando na rua.

O síndico, muito chato, alega que está errado, mas não diz para onde deveria jogar. Estou precisando de alguma norma técnica que diga onde jogar a água pluvial.

Alguém pode me ajudar?

Abraços, Sr. D.

Resposta

Mostre a esse síndico chato o Código Civil que obriga o vizinho de baixo a receber águas pluviais do vizinho de cima (Art. 1.288, reproduzido no Item 4.1). No seu caso, o vizinho de baixo é a rua. Se o síndico não se convencer:

- Proponha uma arbitragem com um árbitro escolhido pelos dois lados.
- Se não houver possibilidade de se estabelecer uma arbitragem, entre, por meio de um advogado, com uma ação defendendo o seu direito de lançar para pontos mais baixos suas águas pluviais.

Águas pluviais são públicas e seu destino é regulado por leis e disposições públicas, ou seja, de interesse geral.

Caso 2

Moro em uma região bem acidentada e muito urbanizada, e o meu lote residencial está na posição baixa e acima da qual há um lote a montante, onde se construiu uma bela casa cujo quintal resultou em pequena área cimentada (ou seja, totalmente impermeável). Esse terreno de cima tem uma drenagem pluvial nos fundos do lote, por um ralo e um tubo que passam pelo meu lote, e daí as águas de chuva caídas nesse lote superior chegam à rua. Até aí, tudo bem, pois sei que pelo Código Civil (item 1288) tenho, como dono do lote de baixo, de receber de forma organizada (tubulação enterrada) as águas de chuva do meu vizinho de cima. Acontece que o meu vizinho do lote de cima possui dois enormes cachorros "pastores-alemães" que defecam e urinam nessa área impermeável, e com isso, as fezes e urina são obrigatoriamente enviadas, face às chuvas, para o ralo e, consequentemente, para a drenagem que cruza meu lote. Sou obrigado a receber dejetos, por vezes até malcheirosos?

Grato, C.C.

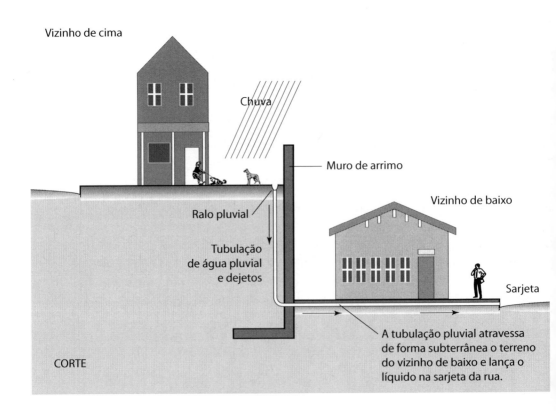

Resposta

Esse é um problema sem solução fácil, pois o Código Civil se restringe à disposição de águas de chuva, mas várias entidades de saneamento, em locais íngremes como o seu, para não aprofundar as redes de esgoto, o que é custoso, no intuito de coletar pontos baixos na extremidade dos lotes, solicitam que esse esgotos de pontos mais baixos sejam enviados via canalização adequada, atravessando o lote inferior, até alcançar a rede de esgotos sanitários da rua inferior. Trata-se de uma medida racional e justa, não prevista em lei. Acho que a existência de cachorros em residências faz parte da nossa realidade e cultura e nenhum juiz vai mandar retirar cachorros da residência de cima. A solução é fazer um acordo com o vizinho de cima e ter uma tubulação de drenagem de qualidade e sem poços de inspeção ou, com poços de inspeção bem fechados para não haver saída (emanação) de cheiro, e as águas pluviais (lamentavelmente com urina e fezes) chegarão à sarjeta da rede pluvial da rua de baixo. Se na rua de baixo não existir rede pluvial, jogue na sarjeta, pois fezes e urina de animais soltos também vão, via chuvas, para o sistema pluvial.

Se não chegar a um acordo com o vizinho de cima, então:

- Proponha uma arbitragem com um árbitro escolhido pelos dois lados.
- Se não for viável chegar a uma arbitragem entre, por meio de um advogado, com uma ação jurídica.

Crônica 6
Os tampões cantantes de águas pluviais

Tampão cantante n. 1

Há uns quinze anos, eu estava no centro da cidade de São Paulo no período de chuvas, à tarde, quando as chuvas são mais intensas. Estava na Rua XV de Novembro, a chamada Rua dos Bancos, e chovia bastante.

Mesmo assim, por ter o compromisso de comparecer a uma reunião, eu tinha de andar como pedestre nessa rua, apesar da chuva (aliás, essa rua é exclusiva para pedestres). Então, minha atenção foi voltada para um som fechado e periódico, algo que se repetia, aproximadamente, a cada 30 segundos. Sempre atento à cidade, pois sou engenheiro hidráulico 24 horas por dia e escritor que trata sobre os equipamentos da cidade, procurei, intrigado, a origem do som, e percebi que só eu fazia isso. Milhares de pessoas passavam sem se surpreender com nada. Foi fácil localizar a fonte sonora: era um tampão do sistema de águas pluviais que não tinha sido travado ao telar. Note que, com um simples girar do tampão, ele se encaixaria (e daí não produziria som). A origem do barulho nesse tampão meio solto era a seguinte: esse sistema pluvial estava subdimensionado ou parcialmente obstruído, e a vazão de águas pluviais que chegavam a ele via coleta das bocas de lobo era de maior vazão que a capacidade (vazão) que saía do tubo, indo para jusante. Face a isso, e pelo fato de o tampão não estar travado, a vazão em excesso fazia abrir (levantar) parcialmente o tampão do poço de visita. Depois de ele ter sido parcialmente levantado, eclodia (extravasava) uma vazão no poço de visita para a superfície da rua; assim, saía mais vazão do que a que chegava e, então, o tampão voltava para a posição de origem (fechado) com um barulho seco de queda (aço do tampão e aço do telar). Era o suficiente para novamente, em segundos, encher o conjunto tubos de chegada e poço de visita, fazendo com que a abertura parcial do tampão se repetisse com a saída da vazão, repetindo, também, o som do baque entre tampão e telar. Fiquei assistindo por uns cinco minutos esse soar algo síncrono da abertura parcial do tampão e seu fechamento sonoro.

Jurei que, em uma nova edição deste livro, eu contaria a história verdadeira do "tampão cantante". Alguns profissionais municipais não entendem a função da ligação tampão e telar, e bastaria um simples girar do tampão para acontecer o travamento. Conheci uma grande avenida de São Paulo onde, depois de chuvas fortes, os tampões chegavam, por falta de travamento, *a sair do seu lugar, gerando buracos no meio da avenida* – um risco para carros e transeuntes causado pela falta de um simples girar do tampão em relação ao telar, que o manteria encaixado e imobilizando. No caso, ninguém acreditaria que eu descobri um tampão cantante...

Tampão cantante n. 2

Numa avenida que atravesso todos os dias, existe, localizado na área de passagem de carros, um tampão de águas pluviais. Indo contra a rotina, esse tampão tem uma articulação que o prende à base (metálica). O normal é que os tampões não tenham articulações e se encaixem com uma ligeira rotação no telar (também metálico). Esses tampões tradicionais ficam sem folga em relação ao telar e a passagem das rodas de carro não os fazem trepidar – e, portanto, não geram ruídos. Mas o tampão articulado trepida quando uma roda de carro passa e, ao vibrar, o tampão gera som. Ou seja, é mais um caso de tampão com som; poeticamente falando, é mais um exemplo de tampão cantante.

Complemento XIX
Técnica e recomendações[1]

ASSOCIAÇÃO BRASILEIRA DOS FABRICANTES DE TUBOS DE CONCRETO

A ABTC – Associação Brasileira dos Fabricantes de Tubos de Concreto foi fundada em julho de 2001 e está estabelecida à Av. Torres de Oliveira, 76, Jaguaré, São Paulo. Reunindo diversas empresas que direta ou indiretamente estão ligadas a fabricação e comercialização de tubos e aduelas de concreto. Sem fins lucrativos, tem como objetivo principal o desenvolvimento sustentável deste mercado com produtos que têm qualidade compatível com as normas da ABNT pertinentes.

Ver www.abtc.com.br
Telefone: 11 3763-3637
Fax: 11 3765-1367
E-mail: atendimento.abtc@abtc.com.br

---

[1] A numeração das tabelas e dos itens deste complemento XIX segue os códigos da publicação do texto da ABTC.

Ferramentas Desenvolvidas

Desenvolveu, por meio de equipe técnica graduada, ferramentas importantes que estão disponibilizadas para o mercado:

- *Softwares* para dimensionamento hidráulico e estrutural dos tubos de concreto.
- *Software* para a determinação da classe de resistência mecânica dos tubos de concreto.
- *Softwares* para dimensionamento estrutural de aduelas abertas (canais) e fechadas
- Apoio ao Livro Tubos de Concreto – Projeto, Dimensionamento, Produção e Execução de Obras do Eng. Pedro Jorge Chama Neto.
- Publicação do livro Manual Técnico de Drenagem e Esgoto Sanitário – Tubos e Aduelas de Concreto – Projetos, Especificações e Controle de Qualidade.
- Revisão da ABNT NBR 8890, melhorando e incrementando os requisitos mínimos e métodos de ensaios, introduzindo os Tubos de Concreto reforçados com fibra de aço.
- Coordenação da ABNT NBR 15396 – Aduelas (galerias celulares) de concreto armado pré-fabricadas – Requisitos e métodos de ensaios.
- Coordenação da ABNT NBR 15319 – Tubos de Concreto, de seção circular, para cravação – Requisitos e métodos de ensaio.
- Coordenação da ABNT NBR 15645 – Execução de Obras de Esgoto Sanitário e Drenagem de Águas Pluviais utilizando-se tubos e aduelas de concreto.

A ABTC mantém um programa permanente de palestras e cursos técnicos em todo o país, por meio da contratação de profissionais competentes e com vasta experiência, para contato com universitários, técnicos e consumidores.

Tabela A.3 Compressão diametral de tubos simples

DN	Água pluvial		Esgoto sanitário
	Carga mínima de ruptura kN/m		Carga mínima de ruptura kN/m
Classe	PS1	PS2	ES
200	16	24	36
300	16	24	36
400	16	24	36
500	20	30	45
600	24	36	54
	Carga diametral de ruptura kN/m		
Qd	40	60	90-

Especificações Técnicas – ABNT NBR 8890

Objetivo: esta Norma fixa os requisitos exigíveis para fabricação e aceitação de tubos de concreto e respectivos acessórios, segundo as suas classes e dimensões, destinados a condução de águas pluviais, esgoto sanitário e efluentes industriais.

Tabela A.4 Compressão diametral de tubos armados e/ou reforçados com fibras de aço

| | colspan="8" | Água pluvial | colspan="6" | Esgoto sanitário |
DN	colspan="4"	Carga mínima de fissura (tubos armados) ou carga isenta de dano (tubos reforçados com fibras) kN/m	colspan="4"	Carga mínima de ruptura kN/m	colspan="3"	Carga mínima de fissura (tubos armados) ou carga isenta de danos (tubos reforçados com fibras) kN/m	colspan="3"	Carga mínima de ruptura kN/m
Classe	PA1	PA2	PA3	PA4	PA1	PA2	PA3	PA4	EA2	EA3	EA4	EA2	EA3	EA4
300	12	18	27	36	18	27	41	54	18	27	36	27	41	54
400	16	24	36	48	24	36	54	72	24	36	48	36	54	72
500	20	30	45	60	30	45	68	90	30	45	60	45	68	90
600	24	36	54	72	36	54	81	108	36	54	72	54	81	108
700	28	42	63	84	42	63	95	126	42	63	84	63	95	126
800	32	48	72	96	48	72	108	144	48	72	96	72	108	144
900	36	54	81	108	54	81	122	162	54	81	108	81	122	162
1.000	40	60	90	120	60	90	135	180	60	90	120	90	135	180
1.100	44	66	99	132	66	99	149	198	66	99	132	99	149	198
1.200	48	72	108	144	72	108	162	216	72	108	144	108	162	216
1.500	60	90	135	180	90	135	203	270	90	135	180	135	203	270
1.750	70	105	158	210	105	158	237	315	105	158	210	158	237	315
2.000	80	120	180	240	120	180	270	360	120	180	240	180	270	360
	Carga diametral de fissura/ruptura kN/m
Qd	40	60	90	120	60	90	135	180	60	90	120	90	135	180

1. Carga diametral de fissura ou ruptura é a relação entre a carga de fissura ou ruptura e o diâmetro nominal do tubo.
2. Para tubos simples com diâmetro igual ou menor que 400 mm, a carga mínima de ruptura é a correspondente a este valor.
3. Outras classes podem ser admitidas mediante acordo entre fabricante e comprador, devendo ser satisfeitas as condições estabelecidas nesta Norma para tubos de classe normal. Para tubos armados e/ou reforçados com fibras, a carga de ruptura mínima deve corresponder a 1,5 da carga de fissura mínima.

Esta norma especifica que para os ensaios de absorção, a absorção máxima de água em relação à sua massa seca para tubos para águas pluviais seja de até 8% e para tubos de esgoto sanitário de até 6%.

Nos tubos de concreto destinados a esgoto sanitário é obrigatório o ensaio de permeabilidade e estanqueidade da junta, assim como o uso de cimentos resistentes a sulfatos.

As dimensões mínimas admitidas para os tubos e os defeitos visuais máximos devem ser conferidos na inspeção visual.

ABNT NBR 15396

Objetivo: esta Norma estabelece os requisitos e métodos de ensaio a serem atendidos na fabricação de aduelas (galerias celulares) de concreto armado para execução de obras de canalizações lineares, exceto condução de esgoto sanitário e efluentes industriais.

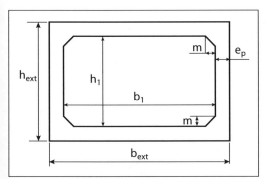 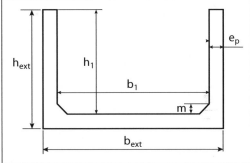

Figura 1 – Aduela de seção transversal fechada   **Figura 2** – Aduela de seção transversal aberta

A relação água/cimento, expressa em litros por quilograma, deve ser no máximo 0,50 e o consumo mínimo de cimento deve ser de 250 kg/m^3 de concreto.

Na produção das aduelas deve ser usado concreto com classe de resistência mínima a compressão C25 (fck igual a 25 MPa), conforme ABNT NBR 8953.

As aduelas devem ter sua absorção verificada conforme Anexo A, sendo a absorção máxima de água em relação à sua massa seca limitada em 8%.

O controle de recebimento das aduelas deverá ser feito pelo comprador acompanhando a produção do lote adquirido.

Nota: extrações de cp's de aduelas apenas ocorrem em casos de eventuais contraprova.

ABNT NBR 15319

Objetivo: esta Norma fixa os requisitos e métodos de ensaio para aceitação de tubos de concreto armado, de seção circular, para execução de obras lineares pelo método subterrâneo não destrutivo, com tubos cravados mecanicamente (macaqueados), para utilização como revestimento definitivo.

Tabela B.1 – Resistência à compressão diametral		
Diâmetro mm	Carga de trinca kN/m	Carga de ruptura kN/m
300	27	41
400	36	54
500	45	68
600	54	81
700	63	95
800	72	108
900	81	122
1.000	90	135
1.100	99	149
1.200	108	162
1.500	135	203
1.800	162	243
2.000	180	270
Qd	90	135

Cargas de compressão axial

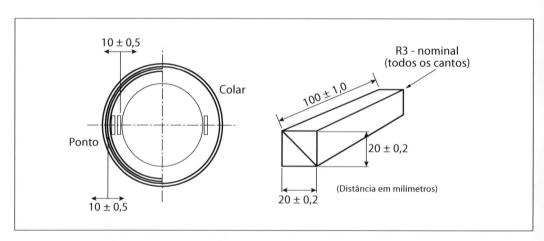

Figura C.1 – Prisma de ensaio para carga de compressão axial

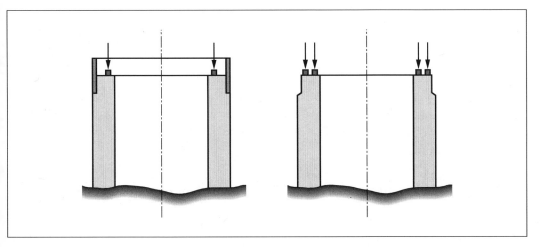

Figura C.2 – Posicionamento do prisma

ABNT NBR 15645

Objetivo: esta Norma fixa as condições exigíveis para a execução de obras de esgotamento sanitário e drenagem de águas pluviais com tubos pré-fabricados de concreto, conforme especificação da ABNT NBR 8890 e aduelas (galerias celulares) pré-fabricadas de concreto, conforme especificação da ABNT NBR 15396.

Atribuições de Incumbência:

- incumbência pela contratação da obra;
- incumbência pela execução da obra;
- incumbência pela fiscalização da obra;
- incumbência pelo projeto;
- incumbência pela fabricação de tubos e/ou aduelas de concreto.

Orientações Jurídicas

Para a parte técnica de um edital de licitação, modalidade concorrência, tomada de preços ou carta-convite, visando ao fornecimento de tubos e aduelas de concreto. Dentre as recomendações técnicas, a ABTC destaca as seguintes informações para a qualificação das empresas participantes, visando garantir a qualidade e uniformização dos produtos ofertados:

1. Especificação do objeto – O detalhamento preciso do material, garantindo a boa identificação do produto e se possível a sua especificação conforme itens da norma e se necessário referenciando valores-limite de tabelas da norma.

2. Proposta Comercial – Constar que poderão ser desclassificados nos respectivos itens as Propostas que apresentarem item (ns) com preços excessivos ou manifestadamente inexequíveis ou item (ns) com preços unitários simbólicos irrisórios ou de valor zero, incompatíveis com os preços dos insumos e mercado.

3. Preços – Para preços unitários deverão estar incluídos inspeção e testes de qualidade (fábrica ou laboratórios), embalagem (se necessário), transporte (descarga e empilhamento), tributos federais, estaduais e municipais. O preço do transporte (descarga e empilhamento) deverá incluir translado até o local de entrega.

4. Habilitação Técnica – Pretendendo garantir que o fornecedor atenda às especificações contidas nas normas técnicas do produto e assim equalizando tecnicamente as empresas, podemos citar: o registro no CREA da empresa fornecedora e de seu responsável técnico; qualificação técnica que ateste a qualidade do material especificado.

5. Forma de Contratação – Quando da assinatura do contrato poderão constar numa das cláusulas os seguintes itens:
   - Testes e inspeção, os testes devem ser realizados em laboratórios que possuam equipamentos aferidos e calibrados pela RBC (Rede Brasileira de Calibração). Estas coletas e testes podem ser realizados na presença do inspetor do comprador ou órgão público/empresa.

Orientações Técnicas

Recomendações para determinação da classe de resistência dos tubos de concreto destinados à execução de obras de esgotos sanitários e drenagem de águas pluviais

1. Objetivo

   Este anexo apresenta algumas recomendações básicas de projeto, para a determinação da classe de resistência de tubulações de concreto, destinadas à execução de obras de esgotos sanitários e drenagem de águas pluviais. Outras cargas atuando sobre as tubulações, serão avaliadas pelo projetista e acrescentadas às cargas de terra e cargas móveis.

2. **Procedimento básico para os cálculos das cargas atuantes sobre os tubos de concreto**

   Há dois tipos principais de cargas a serem consideradas no cálculo das tubulações de concreto: as cargas de terra, devidas ao peso do solo acima da tubulação, e as cargas móveis, representadas pelo tráfego na superfície do terreno. Caso seja necessário considerar outras cargas atuando sobre as tubulações, as mesmas serão avaliadas pelo projetista e acrescentadas às cargas de terra e móvel.

2.1 Carga de Terra (embasamento teórico)

A carga de terra pode ser calculada pelas fórmulas de Marston-Spangler, e depende principalmente do tipo de solo, profundidade, e tipo de instalação.

Em razão da reconhecida influência das condições construtivas, as canalizações enterradas podem ser classificadas em dois tipos principais: valas ou trincheiras e aterros, conforme Figura 1.

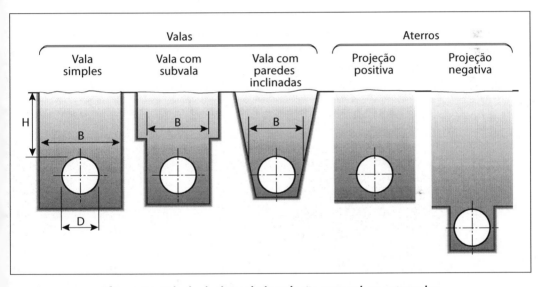

Figura 1 – Principais tipos de instalação para tubos enterrados

2.1.1 Carga de Terra – condição de vala

A carga de terra sobre um tubo de concreto na condição de vala pode ser calculada pela fórmula de Marston-Spangler:

$$P = C_V \gamma B^2$$

Onde:

P é a carga sobre o tubo, por unidade de comprimento;

C_V é o coeficiente de carga para tubos instalados em vala, que depende do tipo de solo, da profundidade da instalação (H) e da largura da vala (B), conforme Figura 1 e Tabela 1;

B é a largura da vala no nível da geratriz superior do tubo, conforme Figura 1;
γ é o peso específico do solo de reaterro. Os seguintes valores podem ser usados:
- materiais granulares sem coesão: $\gamma = 19{,}0$ kN/m^3;
- pedregulho e areia: $\gamma = 17{,}6$ kN/m^3;
- solo saturado: $\gamma = 19{,}2$ kN/m^3;
- argila: $\gamma = 19{,}2$ kN/m^3;
- argila saturada: $\gamma = 21{,}0$ kN/m^3.

Nota: existe uma largura de transição (B) para vala, a partir da qual os conceitos de cálculos empregados na situação de valas não são mais aplicáveis, recomendando-se neste caso calcular a carga de terra para condição de aterro.

2.1.2 Carga de terra – condição de aterro

A carga de terra sobre um tubo de concreto na condição de aterro também pode ser calculada pela fórmula de Marston-Spangler, sendo que nesta situação o tubo está sujeito à carga máxima, pois não há alívio de carga devido ao atrito nas paredes da vala:

$$P = C_A\,\gamma\,D^2$$

Onde:

C_A é o coeficiente de carga para tubos instalados na condição de aterro, conforme Tabelas 2 e 3, sendo função do tipo de solo, da profundidade da instalação e do diâmetro do tubo, além de outros fatores dependentes de deformações do solo e da tubulação. Para a determinação deste coeficiente, calcula-se H/D, adota-se $r_{ad} \cdot p$, e, em função do valor de $k\mu$, tem-se o valor de C_A. Sendo, $r_{ad} \cdot p$, o coeficiente de recalque e saliência; $k\mu$ é o coeficiente de atrito interno do solo de enchimento. Para problemas correntes poder-se-á adotar valor e $k\mu = 0{,}1924$ para projeção positiva e valor de $k\mu = 0{,}1300$ para projeção negativa, conforme Figura 1;

D é o diâmetro externo do tubo, conforme Figura 1;

γ é o peso específico do solo de reaterro, conforme já exemplificado na condição de vala.

Técnica e recomendações

Tabela 1 – Valores de Cv

H/B	A = 0,1924	B = 0,1650	C = 0,1500	D = 0,1300	E = 0,1100
0,10	0,098	0,098	0,099	0,099	0,099
0,15	0,146	0,146	0,147	0,147	0,148
0,20	0,192	0,194	0,194	0,195	0,196
0,25	0,238	0,240	0,241	0,242	0,243
0,30	0,283	0,286	0,287	0,289	0,290
0,35	0,327	0,331	0,332	0,335	0,337
0,40	0,371	0,375	0,377	0,380	0,383
0,45	0,413	0,418	0,421	0,425	0,428
0,50	0,455	0,461	0,464	0,469	0,473
0,55	0,496	0,503	0,507	0,512	0,518
0,60	0,536	0,544	0,549	0,556	0,562
0,65	0,575	0,585	0,591	0,598	0,606
0,70	0,614	0,625	0,631	0,649	0,649
0,75	0,651	0,664	0,672	0,681	0,691
0,80	0,689	0,703	0,711	0,722	0,734
0,85	0,725	0,741	0,750	0,763	0,775
0,90	0,761	0,779	0,789	0,802	0,817
0,95	0,796	0,816	0,827	0,842	0,857
1,00	0,830	0,852	0,864	0,881	0,898
1,50	1,140	1,183	1,208	1,242	1,278
2,00	1,395	1,464	1,504	1,560	1,618
2,50	1,606	1,702	1,759	1,838	1,923
3,00	1,780	1,904	1,978	2,083	2,196
3,50	1,923	2,076	2,167	2,298	2,441
4,00	2,041	2,221	2,329	2,487	2,660
4,50	2,139	2,344	2,469	2,652	2,856
5,00	2,219	2,448	2,590	2,798	3,032
5,50	2,286	2,537	2,693	2,926	3,190
6,00	2,340	2,612	2,782	3,038	3,331
6,50	2,386	2,676	2,859	3,136	3,458
7,00	2,423	2,730	2,925	3,223	3,571
7,50	2,454	2,775	2,982	3,299	3,673
8,00	2,479	2,814	3,031	3,366	3,763
8,50	2,500	2,847	3,073	3,424	3,845
9,00	2,517	2,875	3,109	3,476	3,918
9,50	2,532	2,898	3,141	3,521	3,983
10,00	2,543	2,919	3,167	3,560	4,042
15,00	2,591	3,009	3,296	3,768	4,378
20,00	2,598	3,026	3,325	3,825	4,490
25,00	2,599	3,030	3,331	3,840	4,527
30,00	2,599	3,030	3,333	3,845	4,539

Em função de $\gamma =$ H/B e $K\mu$, esta tabela fornece o valor do coeficiente Cv.
Para valores de $\gamma =$ H/B diferentes dos valores da tabela, recomenda-se interpolar o valor obtido para determinação do valor do coeficiente Cv.
Coluna A – Materiais granulares sem coesão ($K\mu = 0,1924$); Coluna B – Areia e pedregulho ($K\mu = 0,1650$)
Coluna C – Solo saturado ($K\mu = 0,1500$); Coluna D – Argila ($K\mu = 0,1300$); Coluna E – Argila saturada ($K\mu = 0,1100$)

Tabela 2 – Valores de C_A para $K\mu = 0{,}1924$ (projeção positiva conforme Figura 1)

H/D	$r_{sd} \cdot p = 0$	$r_{sd} \cdot p = 0{,}1$	$r_{sd} \cdot p = 0{,}3$	$r_{sd} \cdot p = 0{,}5$	$r_{sd} \cdot p = 0{,}75$	$r_{sd} \cdot p = 1{,}0$	$r_{sd} \cdot p = 2{,}0$
0,10	0.10000	0.10195	0.10195	0.10195	0.10195	0.10195	0.10195
0,15	0.15000	0.15441	0.15441	0.15441	0.15441	0.15441	0.15441
0,20	0.20000	0.20790	0.20790	0.20790	0.20790	0.20790	0.20790
0,25	0.25000	0.26242	0.26242	0.26242	0.26242	0.26242	0.26242
0,30	0.30000	0.31800	0.31800	0.31800	0.31800	0.31800	0.31800
0,35	0.35000	0.37466	0.37466	0.37466	0.37466	0.37466	0.37466
0,40	0.40000	0.43243	0.43243	0.43243	0.43243	0.43243	0.43243
0,45	0.45000	0.49131	0.49131	0.49131	0.49131	0.49131	0.49131
0,50	0.50000	0.55134	0.55134	0.55134	0.55134	0.55134	0.55134
0,55	0.55000	0.61253	0.61253	0.61253	0.61253	0.61253	0.61253
0,60	0.60000	0.67492	0.67492	0.67492	0.67492	0.67492	0.67492
0,65	0.65000	0.73851	0.73851	0.73851	0.73851	0.73851	0.73851
0,70	0.70000	0.80331	0.80334	0.80334	0.80334	0.80334	0.80334
0,75	0.75000	0.86849	0.86943	0.86943	0.86943	0.86943	0.86943
0,80	0.80000	0.93368	0.93681	0.93681	0.93681	0.93681	0.93681
0,85	0.85000	0.99886	1.00549	1.00549	1.00549	1.00549	1.00549
0,90	0.90000	1.06404	1.07551	1.07551	1.07551	1.07551	1.07551
0,95	0.95000	1.12922	1.14688	1.14688	1.14688	1.14688	1.14688
1,00	1.00000	1.19440	1.21955	1.21965	1.21965	1.21965	1.21965
1,50	1.50000	1.84623	1.99264	2.02923	2.02974	2.02974	2.02974
2,00	2.00000	2.49805	2.77282	2.90658	2.98791	3.01166	3.01170
2,50	2.50000	3.14987	3.55299	3.78393	3.96948	4.08691	4.20199
3,00	3.00000	3.80169	4.33317	4.66127	4.95106	5.16216	5.58532
3,50	3.50000	4.45351	5.11334	5.53862	5.93263	6.23741	6.98472
4,00	4.00000	5.10533	5.89351	6.41597	6.91421	7.31266	8.38411
4,50	4.50000	5.75715	6.67369	7.29331	7.89578	8.38791	9.78350
5,00	5.00000	6.40897	7.45386	8.17066	8.87736	9.46316	11.18289
5,50	5.50000	7.06079	8.23404	9.04801	9.85893	10.53841	12.58228
6,00	6.00000	7.71261	9.01421	9.92536	10.84051	11.61366	13.98168
6,50	6.50000	8.36443	9.79439	10.80270	11.82208	12.68891	15.38107
7,00	7.00000	9.01625	10.57456	11.68005	12.80366	13.76416	16.78046
7,50	7.50000	9.66807	11.35474	12.55740	13.78523	14.83941	18.17985
8,00	8.00000	10.31989	12.13941	13.43474	14.76680	15.91466	19.57925
8,50	8.50000	10.97171	12.91509	14.31209	15.74838	16.98991	20.97864
9,00	9.00000	11.62353	13.69526	15.18944	16.72995	18.06516	22.37803
9,50	9.50000	12.27535	14.47544	16.06679	17.71153	19.14041	23.77742
10,00	10.00000	12.92718	15.25562	16.94414	18.69311	20.21566	25.17682
15,00	15.00000	19.44538	23.05737	25.71761	28.50886	30.96817	39.17075
20,00	20.00000	25.96359	30.85912	34.49109	38.32462	41.72067	53.16468
25,00	25.00000	32.48180	38.66087	43.26456	48.14037	52.47317	67.15861
30,00	30.00000	39.00000	46.46252	52.03804	57.95612	63.22567	81.15253

Em função do valor de H/D, Kμ e $r_{sd} \cdot p$, esta tabela fornece o valor do coeficiente C_A.
Para valores de H/D diferentes dos valores da tabela, recomenda-se interpolar o valor obtido para determinação do valor do coeficiente C_A.

Tabela 3 – Valores de C_A para $K\mu = 0{,}1300$ (projeção negativa conforme figura 1)

H/D	$r_{sd} \cdot p = 0$	$r_{sd} \cdot p = 0{,}1$	$r_{sd} \cdot p = 0{,}3$	$r_{sd} \cdot p = 0{,}5$	$r_{sd} \cdot p = 0{,}75$	$r_{sd} \cdot p = 1{,}0$	$r_{sd} \cdot p = 2{,}0$
0,10	0.10000	0.09871	0.09871	0.09871	0.09871	0.09871	0.09871
0,15	0.15000	0.14711	0.14711	0.14711	0.14711	0.14711	0.14711
0,20	0.20000	0.19489	0.19489	0.19489	0.19489	0.19489	0.19489
0,25	0.25000	0.24205	0.24205	0.24205	0.24205	0.24205	0.24205
0,30	0.30000	0.28860	0.28860	0.28860	0.28860	0.28860	0.28860
0,35	0.35000	0.33455	0.33455	0.33455	0.33455	0.33455	0.33455
0,40	0.40000	0.37990	0.37990	0.37990	0.37990	0.37990	0.37990
0,45	0.45000	0.42467	0.42467	0.42467	0.42467	0.42467	0.42467
0,50	0.50000	0.46886	0.46886	0.46886	0.46886	0.46886	0.46886
0,55	0.55000	0.51248	0.51248	0.51248	0.51248	0.51248	0.51248
0,60	0.60000	0.55554	0.55554	0.55554	0.55554	0.55554	0.55554
0,65	0.65000	0.59804	0.59804	0.59804	0.59804	0.59804	0.59804
0,70	0.70000	0.63999	0.63999	0.63999	0.63999	0.63999	0.63999
0,75	0.75000	0.68141	0.68141	0.68141	0.68141	0.68141	0.68141
0,80	0.80000	0.72228	0.72228	0.72228	0.72228	0.72228	0.72228
0,85	0.85000	0.76263	0.76263	0.76263	0.76263	0.76263	0.76263
0,90	0.90000	0.80245	0.80245	0.80245	0.80245	0.80245	0.80245
0,95	0.95000	0.84192	0.84177	0.84177	0.84177	0.84177	0.84177
1,00	1.00000	0.88136	0.88057	0.88057	0.88057	0.88057	0.88057
1,50	1.50000	1.27584	1.24209	1.24209	1.24209	1.24209	1.24209
2,00	2.00000	1.67032	1.57107	1.55954	1.55954	1.55954	1.55954
2,50	2.50000	2.06480	1.89868	1.84749	1.83829	1.83829	1.83829
3,00	3.00000	2.45928	2.22630	2.13390	2.08950	2.08305	2.08305
3,50	3.50000	2.85376	2.55391	2.42031	2.33857	2.30476	2.29798
4,00	4.00000	3.24824	2.88153	2.70673	2.58765	2.52515	2.48671
4,50	4.50000	3.64272	3.20914	2.99314	2.83673	2.74553	2.65243
5,00	5.00000	4.03720	3.53675	3.27955	3.08581	2.96592	2.80091
5,50	5.50000	4.43168	3.86437	3.56596	3.33488	3.18630	2.94753
6,00	6.00000	4.82616	4.19198	3.85238	3.58396	3.40669	3.09415
6,50	6.50000	5.22064	4.51960	4.13879	3.83304	3.62708	3.24077
7,00	7.00000	5.61512	4.84721	4.42520	4.08211	3.84746	3.38739
7,50	7.50000	6.00960	5.17482	4.71161	4.33119	4.06785	3.53401
8,00	8.00000	6.40407	5.50244	4.99803	4.58027	4.28823	3.68063
8,50	8.50000	6.79855	5.83005	5.28444	4.82934	4.50862	3.82725
9,00	9.00000	7.19303	6.15767	5.57085	5.07842	4.72900	3.97487
9,50	9.50000	7.58751	6.48528	5.85726	5.32750	4.94939	4.12049
10,00	10.00000	7.98199	6.81290	6.14368	5.57658	5.16978	4.26712
15,00	15.00000	11.92679	10.08904	9.00780	8.06735	7.37364	5.73332
20,00	20.00000	15.87158	13.36518	11.87193	10.55812	9.57749	7.19953
25,00	25.00000	19.81638	16.64132	14.73605	13.04889	11.78135	8.665574
30,00	30.00000	23.76117	19.91746	17.60018	15.53966	13.98521	10.13195

Em função do valor de H/D, $K\mu$ e $r_{sd} \cdot p$, esta tabela fornece o valor do coeficiente C_A.
Para valores de H/D diferentes dos valores da tabela, recomenda-se interpolar o valor obtido para determinação do valor do coeficiente C_A.

2.1.3 Determinação simplificada das cargas de terra – condição de vala

Tendo como base os conceitos apresentados anteriormente e visando facilitar o cálculo da carga de terra, foram montadas as Tabelas 5, 6, 7, 8 e 9, para condição de vala, larguras máximas de vala conforme Tabela 4 e altura de terra de até 3,50 m, sobre a tubulação. Para o cálculo da carga de terra na condição de aterro, outros tipos de solo, larguras de valas superiores aos valores da Tabela 4 e altura de terra sobre a tubulação superior a 3,5 m, recomenda-se consultar bibliografia específica sobre o assunto.

Tabela 4 – Valores de largura máxima de valas

B m	Diâmetro mm										
	300	400	500	600	700	800	900	1.000	1.100	1.200	1.300	1.500
De + 0,60	1,02	1,12	1,22	1,32	1,43	1,54	1,65	1,76	1,88	1,99	2,11	2,34

Onde: *De* é o diâmetro externo do tubo.

Nota: a utilização das tabelas 5 a 9 está condicionada ao atendimento dos valores de largura máxima de vala considerados na tabela 4.

Tabela 5 – Tipo de solo – argila saturada

Valores das cargas de terra kN/m
Tipo de solo: argila saturada ($\gamma = 21$ kN/m^3 e $k\mu = 0,11$)

H m	Diâmetro mm										
	300	400	500	600	700	800	900	1.000	1.100	1.200	1.300	1.500
0,60	6,22	7,46	8,71	9,96	11,36	12,77	14,10	15,48	16,99	18,40	19,88	22,78
1,00	11,49	13,59	15,63	17,68	20,00	22,32	24,53	26,82	29,33	31,67	34,14	38,95
1,25	14,89	17,81	20,48	23,02	25,88	28,77	31,51	34,36	37,48	40,40	43,48	49,48
1,50	18,30	22,03	25,51	28,75	32,17	35,60	38,86	42,27	45,99	49,48	53,16	60,35
1,75	21,71	26,24	30,54	34,59	38,84	42,83	46,61	50,56	54,88	58,93	63,21	71,57
2,00	25,11	30,46	35,57	40,43	45,59	50,44	54,78	59,25	64,16	68,76	73,63	83,15
2,25	28,52	34,68	40,60	46,27	52,34	58,10	63,27	68,36	73,84	78,99	84,43	95,10
2,50	31,93	38,90	45,63	52,11	59,09	65,76	71,79	77,76	83,95	89,62	95,64	107,44
2,75	35,33	43,12	50,66	57,95	65,84	73,42	79,77	86,01	92,83	99,10	105,94	119,08
3,00	38,74	47,73	55,69	63,79	72,16	78,91	85,68	92,46	99,88	106,70	114,15	128,45
3,25	42,15	51,55	60,71	69,56	76,80	84,08	91,39	98,71	106,73	114,10	122,15	137,61
3,50	45,56	55,77	65,74	73,51	81,27	89,07	96,91	104,77	113,38	121,29	129,94	146,56

Tabela 6 – Tipo de solo – argila

Valores das cargas de terra kN/m
Tipo de solo: argila ($\gamma = 19{,}2$ kN/m³ e $k\mu = 0{,}13$)

H m	Diâmetro mm										
	300	400	500	600	700	800	900	1.000	1.100	1.200	1.300	1.500
0,60	5,86	6,99	8,12	9,26	10,54	11,83	13,04	14,30	15,68	16,97	18,33	20,97
1,00	10,92	12,94	14,79	16,65	18,75	20.87	22,88	24,97	27,25	29,39	31,64	36,03
1,25	14,15	16,93	19,49	21,84	24,43	27,04	29,54	32,13	34,97	37,63	40,44	45,91
1,50	17,37	20,93	24,25	27,36	30,57	33,66	36,62	39,71	43,10	46,27	49,62	56,17
1,75	20,60	24,92	29,02	32,89	39,96	40,75	44,16	47,73	51,64	55,32	59,21	66,82
2,00	23,82	28,91	33,78	38,42	43,35	48,00	52,14	56,20	60,64	64,81	65,22	77,87
2,25	27,05	32,91	37,69	43,95	49,74	55,25	60,01	64,69	69,79	74,48	79,61	89,35
2,50	30,28	36,90	40,79	49,48	55,16	60,30	65,46	70,64	76,29	81,49	87,17	98,07
2,75	31,50	40,89	43,71	53,81	59,42	65,05	70,70	76,37	82,57	88,27	94,50	106,46
3,00	36,73	44,89	46,47	57,41	63,49	69,60	75,73	81,89	88,63	94,83	101,60	114,62
3,25	39,95	48,88	49,07	60,83	67,38	73,96	80,57	87,22	94,49	101,18	108,49	122,56
3,50	43,18	51,53	51,53	64,09	71,09	78,14	85,23	92,35	100,15	107,33	115,18	130,28

Tabela 7 – Tipo de solo – solo saturado

Valores das cargas de terra kN/m
Tipo de solo: solo saturado ($\gamma = 19{,}2$ kN/m³ e $k\mu = 0{,}15$)

H m	Diâmetro mm										
	300	400	500	600	700	800	900	1.000	1.100	1.200	1.300	1.500
0,60	6,04	7,16	8,29	9,42	10,70	11,98	13,19	14,46	15,83	17,12	18,47	21,12
1,00	11,32	13,43	15,31	17,15	19,23	21,34	23,34	25,42	27,69	29,82	32,07	36,46
1,25	14,65	17,55	20,22	22,66	25,23	27,82	30,29	32,87	35,69	38,34	41,14	46,60
1,50	17,98	21,67	25,14	28,37	31,73	34,83	37,75	40,81	44,18	47,33	50,66	57,19
1,75	21,31	25,80	30,05	34,08	38,33	42,29	45,77	49,29	53,17	56,81	60,67	68,24
2,00	24,64	29,92	34,97	39,79	44,85	48,98	53,12	57,27	61,81	65,97	70,52	79,26
2,25	27,97	34,04	39,89	44,64	49,24	53,86	58,50	63,15	68,23	72,91	78,01	87,81
2,50	31,30	38,17	43,74	48,34	53,41	58,52	63,64	68,79	74,41	79,58	85,24	96,10
2,75	34,63	41,85	46,82	51,82	57,37	62,95	68,56	74,19	80,35	86,01	92,21	104,12
3,00	37,96	44,34	49,70	55,12	61,13	67,17	73,25	79,36	86,05	92,21	98,94	111,89
3,25	40,94	46,67	52,42	58,24	64,69	71,20	77,74	84,32	91,53	98,17	105,43	119,42
3,50	42,80	48,84	54,97	61,18	68,07	75,03	82,03	89,07	96,80	103,91	111,70	126,70

Tabela 8 – Tipo de solo – areia e pedregulho

Valores das cargas de terra (kN/m)
Tipo de solo: areia e pedregulho ($\gamma = 17{,}6$ kN/m³ e $k\mu = 0{,}165$)

H m	Diâmetro mm											
	300	400	500	600	700	800	900	1.000	1.100	1.200	1.300	1.500
0,60	5,67	6,68	7,71	8,75	9,92	11,09	12,20	13,36	14,62	15,80	17,04	19,46
1,00	10,64	12,63	14,41	16,08	17,97	19,89	21,71	23,62	25,70	27,65	29,70	33,72
1,25	13,76	16,49	19,02	21,33	23,69	26,05	28,29	30,65	33,23	35,64	38,20	43,20
1,50	16,88	20,36	23,62	26,68	29,85	32,76	35,41	38,20	41,26	44,13	47,17	53,14
1,75	20,01	24,22	28,23	32,03	36,04	39,55	42,88	46,21	49,82	53,14	56,65	63,56
2,00	23,13	28,09	32,84	36,56	40,32	44,09	47,87	51,66	55,81	59,62	63,78	71,77
2,25	26,25	31,95	36,19	39,98	44,17	48,39	52,66	56,86	61,50	65,77	70,44	79,40
2,50	29,37	34,87	39,01	43,19	47,81	52,46	57,13	61,82	66,96	71,68	76,84	86,77
2,75	32,49	37,15	41,65	46,20	51,24	56,32	61,43	66,56	72,18	77,34	83,00	93,88
3,00	34,47	39,26	44,12	49,03	54,48	59,98	65,51	71,07	77,17	82,78	88,92	100,74
3,25	36,10	41,22	46,43	51,69	57,54	63,45	69,40	75,38	81,95	88,00	94,62	107,37
3,50	37,61	43,05	48,58	54,19	60,43	66,74	73,10	79,50	86,52	93,00	100,99	113,77

Tabela 9 – Material sem coesão

Valores das cargas de terra kN/m
Tipo de solo: material sem coesão ($\gamma = 19$ kN/m³ e $k\mu = 0{,}192$)

H m	Diâmetro mm											
	300	400	500	600	700	800	900	1.000	1.100	1.200	1.300	1.500
0,60	6,38	7,46	8,56	9,67	10,93	12,19	13,38	14,63	15,99	17,26	18,6	21,21
1,00	11,98	14,23	16,26	18,07	20,09	22,13	24,09	26,13	28,36	30,46	32,67	36,99
1,25	15,47	18,56	21,42	24,05	26,73	29,22	31,62	34,12	36,88	39,48	42,22	47,59
1,50	18,97	22,89	26,59	30,05	33,55	36,62	39,69	42,78	46,07	49,19	52,39	58,78
1,75	22,47	27,23	31,19	34,40	37,94	41,50	45,06	48,64	52,56	56,15	60,08	67,63
2,00	25,97	30,80	34,40	38,03	42,04	46,08	50,13	54,20	58,65	62,74	67,21	75,80
2,25	29,41	33,37	37,37	41,41	45,88	50,39	54,91	59,46	64,43	69,01	74,02	83,64
2,50	31,39	35,73	40,12	44,55	49,47	54,43	59,42	64,44	69,93	74,99	80,52	91,17
2,75	33,20	37,89	42,65	47,47	52,83	58,23	63,68	69,15	75,16	80,69	86,74	98,40
3,00	34,84	39,88	45,00	50,19	55,97	61,81	67,69	73,62	80,12	86,11	92,68	105,33
3,25	36,33	41,70	47,17	52,72	58,91	65,16	71,48	77,85	84,84	91,29	98,35	111,99
3,50	37,69	43,37	49,17	55,07	61,65	68,32	75,05	81,85	89,32	96,21	103,78	118,38

2.2 Cargas móveis

São resultantes do tráfego na superfície e podem ser calculadas aplicando-se a Teoria de Boussinesq, supondo o solo como um material elástico e isótropo.

Assim, uma abordagem mais simplificada e que, em geral, atende a maioria dos casos práticos, consiste em considerar que a pressão vertical, proveniente de forças aplicadas na superfície, se propague com ângulo variando de 30° a 45°, conforme a rigidez do solo. Neste anexo, utiliza-se para o cálculo da carga móvel o valor de 35°, que atende a maioria dos casos correntes, conforme Figura 2.

2.2.1 Determinação simplificada das cargas rodoviárias atuantes nos tubos de concreto

Para o caso de sobrecargas provenientes do tráfego rodoviário, pode-se adotar as mesmas forças empregadas nos projetos de pontes, conforme ABNT NBR 7188, que divide as pontes rodoviárias em três classes: classe 45 (veículo-tipo de 450 kN de peso total), classe 30 (veículo-tipo de 300 kN de peso total) e classe 12 (veículo-tipo de120 kN de peso total). Visando facilitar o cálculo da sobrecarga proveniente do tráfego rodoviário, como normalmente são empregadas as classes 45 e 30, as tabelas 10 e 11 apresentam as respectivas cargas móveis,em função do diâmetro da tubulação e da altura de terra sobre a tubulação (H).

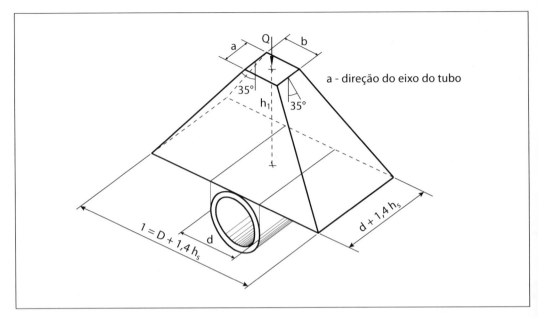

Figura 2 – Distribuição de pressões sobre o tubo devido à força Q aplicada na superfície

Tabela 10 – Valores das cargas rodoviárias – Veículo classe 45 (ABNT NBR 7188)

Valores das cargas móveis kN/m

H m	\multicolumn{12}{c}{Diâmetro mm}
	300	400	500	600	700	800	900	1.000	1.100	1.200	1.300	1.500
0,60	19,05	22,02	24,63	26,93	29,20	31,21	32,92	34,50	36,06	37,86	39,76	41,74
1,00	9,87	11,97	13,98	15,92	18,00	19,99	21,80	23,61	25,30	27,19	28,91	32,06
1,25	8,25	10,02	11,72	13,36	15,13	16,82	18,37	19,91	21,53	22,99	24,46	27,19
1,50	7,16	8,70	10,19	11,63	13,16	14,68	16,04	17,41	18,85	20,14	21,45	23,88
1,75	6,27	7,63	8,95	10,22	11,59	12,92	14,14	15,35	16,64	17,79	18,97	21,16
2,00	5,54	6,74	7,91	9,05	10,28	11,46	12,55	13,65	14,80	15,84	16,90	18,68
2,25	4,93	6,01	7,05	8,07	9,17	10,24	11,22	12,21	13,25	14,19	15,16	16,95
2,50	4,41	5,38	6,33	7,24	8,24	9,12	10,09	10,99	11,93	12,79	13,67	15,30
2,75	3,97	4,85	5,71	6,54	7,44	8,32	9,13	9,94	10,81	11,59	12,39	13,89
3,00	3,60	4,40	5,17	5,93	6,75	7,56	8,29	9,04	0,83	10,55	11,29	12,67
3,25	3,27	4,00	4,71	5,40	6,16	6,99	7,57	8,26	8,98	9,65	10,32	11,60
3,50	2,99	3,66	4,31	4,94	5,64	6,31	7,00	8,00	8,24	8,85	9,48	10,66

Tabela 11 – Valores das cargas rodoviárias – Veículo classe 30 (ABNT NBR 7188)

Valores das cargas móveis kN/m[1]

H m	Diâmetro mm											
	300	400	500	600	700	800	900	1.000	1.100	1.200	1.300	1.500
0,60	13,72	15,86	17,74	19,40	21,04	22,49	23,71	24,68	25,97	27,27	28,63	30,07
1,00	6,94	8,42	9,84	11,20	12,67	14,07	15,34	16,62	17,95	19,14	20,43	22,56
1,25	5,77	7,01	8,20	9,35	10,58	11,77	12,85	13,93	15,06	16,08	17,11	19,02
1,50	4,99	6,06	7,10	8,11	9,19	10,23	11,18	12,13	12,14	14,04	14,95	16,65
1,75	4,36	5,30	6,12	7,10	8,05	8,98	9,82	10,67	11,56	12,36	13,18	14,70
2,00	3,84	4,67	5,48	6,27	7,12	7,94	8,70	9,45	10,25	10,97	11,71	13,08
2,25	3,40	4,15	4,87	5,58	6,34	7,08	7,76	8,44	9,16	9,81	10,47	11,71
2,50	3,04	3,71	4,36	4,99	5,68	6,25	6,96	7,58	8,23	8,82	9,43	10,55
2,75	2,73	3,34	3,93	4,50	5,12	5,73	6,28	6,84	7,44	7,98	8,53	9,56
3,00	2,47	3,02	3,55	4,07	4,64	5,19	5,70	6,21	6,76	7,25	7,76	8,70
3,25	2,25	2,75	3,23	3,71	4,23	4,73	5,25	5,80	6,40	6,96	7,55	8,70
3,50	2,10	2,60	3,10	3,60	4,16	4,72	5,25	5,80	6,4	6,96	7,55	8,70

Nota-se que as pressões no solo devido a cargas móveis são elevadas apenas para pequenas profundidades de instalação, diminuindo rapidamente à medida que a profundidade aumenta. Por isso, para evitar deformações excessivas, recomenda-se uma profundidade mínima de instalação quando houver cargas móveis. Caso isso não possa ser obedecido, há cuidados que podem ser tomados para proteger a tubulação.

Normalmente adota-se profundidade mínima de 1,00 m, de forma a minimizar o efeito da carga móvel sobre a tubulação.

2.3 Carga atuante sobre a tubulação

A carga total atuante sobre a tubulação pode ser obtida somando-se a carga de terra (constante em uma das Tabelas 5 a 9) à carga móvel (constante em uma das Tabelas 10 e 11) e de outras que porventura existam.

$$Q_{total} = Q_{terra} + Q_{móvel}$$

---

[1] $1 \text{ kN/m} = \dfrac{1000 \cdot 0{,}1}{m} \text{ kgf} = 100 \text{ kgf/m}$

3 Classe de resistência do tubo

A determinação da classe de resistência de tubos de concreto pode ser reduzida ao cálculo de um tubo capaz de resistir a uma determinada carga num determinado ensaio de laboratório. Este processo é conhecido como de Spangler-Marston, sendo largamente aceito e aplicado no caso de tubos rígidos.

Dentre os vários métodos de ensaio destinados à determinação da classe de resistência de um tubo, os quatro mais conhecidos são: o de três cutelos (a), o de dois cutelos (b), o do colchão de areia (c) e o de Minnesota (d), conforme apresentado na Figura 3.

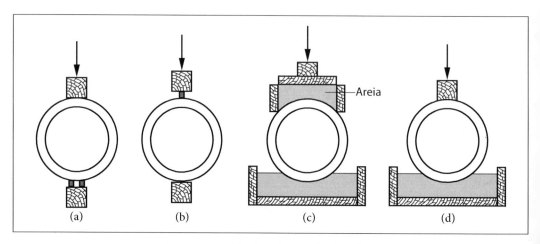

Figura 3 – Métodos de ensaio de tubos

Quer pela simplicidade e facilidade de realização, quer pela exatidão e uniformidade dos resultados, o método dos três cutelos (a) é o mais largamente usado; inclusive no Brasil. Como a capacidade de carga de uma tubulação enterrada, não depende apenas da resistência do tubo, mas também das condições de execução, principalmente da contribuição das pressões laterais, a relação entre a efetiva resistência do tubo instalado e a carga fornecida pelo ensaio de três cutelos é dada em cada caso por um fator de equivalência (f_e).

3.1 Fator de equivalência (f_e) para tubos na condição de vala

Em função das condições de assentamento, têm-se os seguintes fatores de equivalência para tubos em valas, conforme Figuras 4, 5, 6 e 7:

a) **Bases condenáveis** – em que os tubos são assentes sem cuidados suficientes, não se tendo preparado o solo para que a parte inferior dos tubos repouse convenientemente, e deixando de encher os vazios do seu redor, ao menos parcialmente, com material granular.

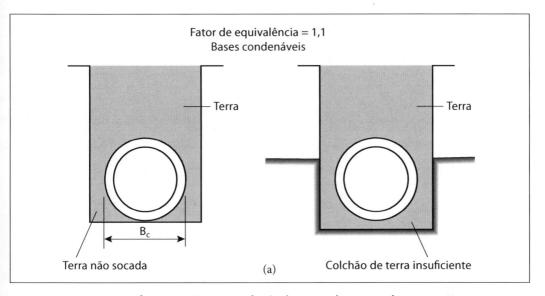

Figura 4 – Bases condenáveis para tubos em valas

b) **Bases comuns** – em que os tubos são colocados no fundo das valas, sobre fundação de terra conformada para adaptar-se, perfeitamente, à parte inferior dos tubos, numa largura no mínimo igual a 0,5 D; sendo a parte restante envolvida, até uma altura de, pelo menos, 15 cm acima da geratriz superior dos mesmos, por material granular, colocado e socado a pá, de modo a preencher os vazios.

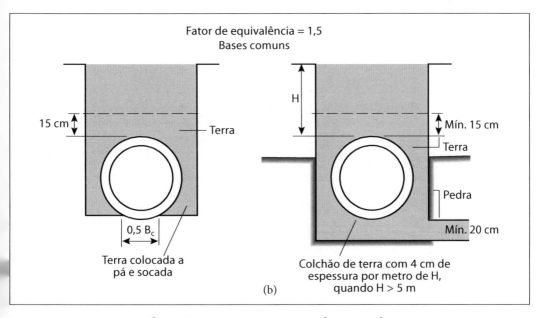

Figura 5 – Bases comuns para tubos em valas

c) **Bases de 1ª classe** – em que os tubos são completamente enterrados em vala e cuidadosamente assentes sobre materiais de granulação fina, propiciando uma fundação, convenientemente conformada à parte inferior do tubo, numa largura de, pelo menos, 0,6 D. A superfície restante dos tubos é envolvida, inteiramente, até a altura mínima de 30 cm acima da sua geratriz superior, com materiais granulares colocados a mão, de modo a preencher todo o espaço periférico. O material de enchimento é bem apiloado, em camadas de espessura não superior a 15 cm.

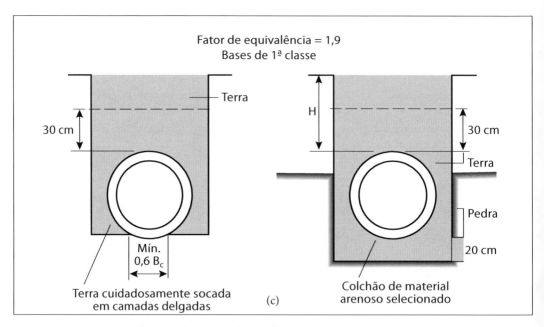

Figura 6 – Bases de 1ª classe para tubos em vala

d) **Bases de concreto** – em que a face inferior dos tubos é assente num berço de concreto, com fck 15 MPa e cuja espessura, sob o tubo, deve ser no mínimo $0,25 D_i$, e estendendo-se, verticalmente, até $0,25 D$. Neste caso, o fator de equivalência depende do tipo de execução e da qualidade de compactação de enchimento.

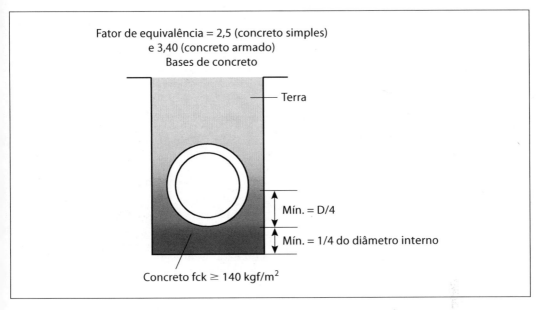

Figura 7 – Bases de concreto para tubos em vala

3.2 Fator de equivalência (f_e) para tubos na condição de aterro

3.2.1 Fator de equivalência (f_e) para tubos na condição de aterro (projeção positiva)

De forma semelhante a que ocorre com as tubulações em trincheira (valas), e conforme indicações das Figuras 8, 9, 10 e 11, também as bases para tubos na condição de aterros salientes (projeção positiva) podem ser classificadas em:

a) condenáveis;
b) comuns;
c) 1ª classe;
d) concreto.

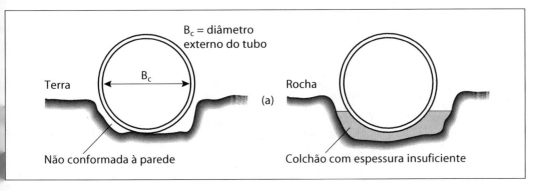

Figura 8 – Bases condenáveis para tubos em aterro

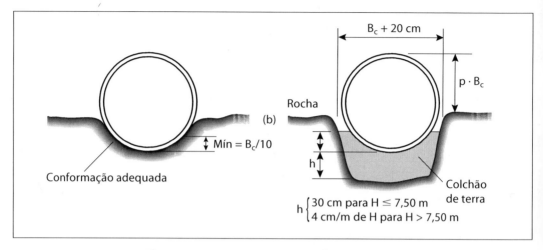

Figura 9 – Bases comuns para tubos em aterro

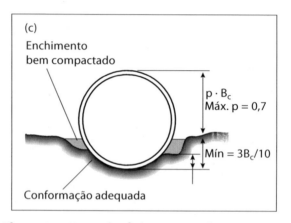

Figura 10 – Bases de 1ª classe para tubos em aterro

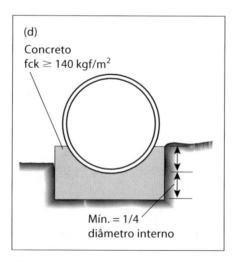

Figura 11 – Bases de concreto para tubos em aterro

O fator de equivalência, neste caso e para tubos circulares é dado por:

$$f_e = \frac{1,431}{N - xq}$$

Onde:

N é o fator de instalação, função da distribuição da reação vertical, ou seja, do tipo de fundação, e que pode ser adotado como segue:
- bases condenáveis: = 1,310;
- bases comuns: = 0,840;
- bases de 1ª classe: = 0,707;
- bases de concreto: = 0,505.

x é o parâmetro que depende da taxa de projeção do tubo, conforme a Tabela 12

q é a relação entre a pressão lateral total e a carga vertical total, e que pode ser calculado pela expressão:

$$q = \frac{p \cdot k}{C_A} \left(\frac{AH}{D} + \frac{p}{2} \right)$$

Onde:

p é a taxa de projeção;
k é o coeficiente de Rankine, tomado igual a 0,33 nos casos correntes;
C_A é o coeficiente de Marston (Tabelas 2 e 3)
H é a altura do aterro, acima do topo do tubo;
D é o diâmetro externo do condutor.

Tabela 12 – Valores de x

p	Valores de x	
	Bases de concreto	Outras bases
0	0,150	0
0,3	0,743	0,217
0,5	0,856	0,423
0,7	0,811	0,594
0,9	0,678	0,655
10	0,638	0,638

3.2.2 Fator de equivalência (f_e) para tubos na condição de aterro (projeção negativa)

Os fatores de equivalência para os tubos na condição de aterro (projeção negativa), para efeitos práticos e a favor da segurança, podem ser tomados iguais aos dos tubos em vala na determinação dos quais, com exceção das bases de concreto, não são levados em conta os efeitos favoráveis da pressão lateral. Se, entretanto, puderem ser antecipadas condições de execução favoráveis, possibilitando qualidade de compactação capaz de mobilizar os empuxos laterais, pode-se determinar os fatores de equivalência pelas equações adotadas para tubos salientes (projeção positiva), e adotando-se $k = 0,15$.

3.3 Determinação da carga total sobre a tubulação em função da base de assentamento

Em função de todos os conceitos e variáveis envolvidas no projeto e dimensionamento de tubos de concreto, e considerando-se a condição de assentamento, pode-se calcular a carga total atuante sobre a tubulação através da seguinte fórmula:

$$Q = (Q_1 + Q_2 + Q_n)/f_e$$

onde:
- Q é a carga total atuante sobre a tubulação;
- Q_1, Q_2, Q_3 e Q_n são as cargas atuantes na tubulação (terra, carga móvel, e outras cargas).

3.4 Determinação da classe de resistência da tubulação

Após o cálculo do valor da carga total atuante sobre a tubulação, conforme 3.3, é possível escolher a classe de resistência do tubo que atende ao valor calculado, confirmá-la por meio de ensaios de compressão diametral e verificar se o tubo atende às especificações da Norma ABNT NBR 8890, comparando com as tabelas do Anexo A da norma.

a) tubos de concreto simples Q (ver cálculo em 3.3) $< Q_{ruptura}$
b) tubos de concreto armado Q (ver cálculo em 3.3) $< Q_{fissura}$
   1,5 (ver cálculo em 3.3) $< Q_{ruptura}$

Para maiores detalhes e informações, pode ser consultada bibliografia sobre o assunto e utilizar-se dos softwares de cálculo disponíveis no mercado.

4. Exemplo de aplicação deste anexo

Determinar a classe de resistência do tubo a ser utilizado para uma rede de águas pluviais localizada em perímetro urbano com tubo de 600 mm de diâmetro, assentado em uma vala com 3,2 m de profundidade.

Dados do exemplo:

- Diâmetro interno do tubo (DI) = 600 mm

- Diâmetro externo do tubo (DE) = DI + espessura das paredes
  DI + espessura de parede = 600 mm + (60 + 60) = 720 mm

- Largura de vala (B) =
  DE + folga lateral em ambos lados da vala = 720 mm + 600 mm = 1.320 mm

- Altura de terra sobre a tubulação = DI + espessura das paredes
  Profundidade –DE = 3,2 m – 0,72 m = 2,48 m

- Tipo de solo no local = argila saturada

As tabelas deste anexo fornecem as seguintes informações:

- Tabela 4: verifica-se que a largura de vala é igual ao valor máximo admitido;
- Tabela 5, para argila saturada:
    - profundidade de 2,25 m carga de terra de 46,27 kN/m;
    - profundidade de 2,50 m carga de terra de 52,11 kN/m;
    - interpolando, para profundidade de 2,48 m carga de terra de 51,64 kN/m.
- Tabela 10, para veículo tipo 45:
    - profundidade de 2,25 m carga móvel de 8,07 kN/m;
    - profundidade de 2,50 m carga móvel de 7,24 kN/m;
    - interpolando, para profundidade de 2,48 m carga móvel de 7,30 kN/m.

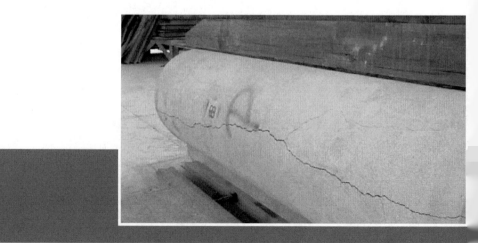

Carga total atuante sobre a tubulação =

carga de terra + carga móvel = 51,64 + 7,30 = 58,94 kN/m

Considerando uma base de apoio comum para assentamento em valas f_e = 1,5

1,5 Q/f_e = 58,94/1,5 = 39,29 kN/m

onde:

Q é a carga total, em kN.

Para resistir à carga = 39,29 kN/m, o tubo não pode ser simples (ABNT NBR 8890, Tabela A.3). Dentre os tubos com diâmetro nominal de 600 mm, armados ou reforçados com fibra (ABNT NBR 8890, Tabela A.4), pode ser escolhida a Classe PA3, que apresenta carga de trinca de 54 kN/m e carga de ruptura de 81 kN/m.

Índice remissivo

No Índice remissivo, os verbetes estão indicados com o assunto, o item e a página em que podem ser encontrados.

abertura de vala, 7.2, 88
alvenarias de tijolos ou blocos de concreto, 7.9, 96
área molhada, Anexos B.1, B.2, B.5.1, 120, 122, 135
argamassas de uso geral, 7.8, 95
artigo histórico: as águas pluviais e a poluição dos rios, Complemento XVII, 297
aspectos legais do assunto água pluvial, 4, 59
assoreamento de rios, Complemento XIII, 283
avenidas mais baixas que seu rios laterais, Complemento XI, 275
bibliografia, Anexo I, 183
bocas de lobo sifonadas, 9.3, 104
calçadões, 8, 99
cálculo de canais, Anexo B.5, 134
cálculo de canais de área circular, Anexo B.7, 146
calha viária das ruas, 3.3, 29
Camilo de Menezes, Anexo A, 114
canais pluviais em Santos, Complemento XII, 277
canais retangulares, capacidade hidráulica, Anexo B, 119
canaleta de topo e pé de talude, 7.15, 97
canalizações de córregos urbanos, Complemento IX, 269
canalização principal, 6.6, 76
capacidade de tubos circulares escoando a seção plena, Anexo B.7, 146
capacidade hidráulica da condução de vazões em ruas e sarjetas, 6.3, 71
capacidade hidráulica de tubos circulares, B.7.3, 152

captação por bocas de leão, 6.4, 75
captação por bocas de lobo, 6.4, 75
captação por grelhas, 6.4, 75
Chézy, Anexo B.5, 134
Código Civil, 4.1, 60
coeficiente de deflúvio, Anexo A, 115
comunicação com o autor, 343
concreto, 7.10, 96
crônicas pluviais, Complemento XVIII, 303
curiosos sistemas hidráulicos, 9, 103
curva dos 100 anos, Complemento VII, 263
dispositivos de chegada nos rios, 3.9, 56
dissipador de energia, Anexo G, 179
doenças, Complemento VIII, 267
dragagem de rios, Complemento XIII, 283
drenagem macro, Complemento I, 235
drenagem micro, Complemento I, 235
drenagem profunda, Complemento I, 235
drenagem subsuperficial, Complemento I, 235
elementos constituintes de um sistema pluvial, 3, 25
elementos de hidrologia, Anexo A, 109
escadarias hidráulicas, 3.8, 51
escoramento de vala, 7.3, 89
esgotamento de vala, 7.4, 89
especificações de projeto de sistemas pluviais, 6, 67
execução de lastro dos tubos, 7.5, 93
exemplo de projeto de sistema pluvial, 6.7, 79
fórmula de Chézy, Anexo B.5, 134
fórmula de Manning, Anexo B.5, 134
fornecimento, recebimento e assentamento de tubos, 7.6, 93

Fotos, Anexo D, 159
funções de sistema de águas pluviais, 1, 17
fundos de vale, 2, 23
galerias, 3.6, 42
galerias técnicas de serviço, 9.5, 105
Garcia Occhipinti, Anexo A, 114
George Ribeiro, 6.2, 70, 82
grama, plantio, 7.14, 97
grelhas, 3.7, 47
guias, 3.4, 7.13, 30, 96
intensidade de chuvas, Anexo A, 109
intensidade pluviométrica, Anexo A, 109
liberação de fundos de vale, 3.2, 28
ligação boca de lobo com canalização principal, 6.5, 76
localização da obra, 7.1, 87
loteamentos com ruas sem pavimentação, 9.8, 108
Manning, Anexo B.5, 134
materiais alternativos, 9.6, 106
microrreservatórios, 9.4, 105
necessidades e funções dos sistemas pluviais, Anexo E, 169
normas da ABNT, Complemento II, 237
palavras filosóficas, 6.1, 67
paper sobre doenças relacionadas ao sistema pluvial, Complemento VIII, 267
parques públicos, 2, 23
patologias do sistema pluvial, 5, 63
Paulo Marques dos Santos, Anexo A, 114
Paulo Sampaio Wilken, Anexo A, 114
Paulo Winters, Anexo H, 181
peças de ferro fundido – fornecimento, 7.16, 98
perímetro molhado, B.2.2, 122
piscinões, Complemento VI, 257
pluviógrafo, Anexo A, 110
pluviômetro, Anexo A, 110
poços de visita, 3.7, 7.7, 47, 95
pôlders, Complemento X, 273
polêmica traçado das cidades, 2, 23
precipitação e cálculo de vazões, 6.2, 69

problemas nos sistemas pluviais, 5, 63
problemas sanitários e de meio ambiente relacionados com as chuvas, Anexo F, 117
projeto de um sistema pluvial, 6.7, 79
PV 7.7, 95
R. dos Santos Noronha, Anexo A, 114
raio hidráulico, Anexo B.5.1, 135
rampas, 3.8.1, 51
rasgos, 3.4, 30
reaterro da vala, 7.11, 96
regime crítico, Anexo B.4, 126
regime fluvial, Anexo B.4, 126
regime torrencial, Anexo B.4, 126
repavimentação, 7.12, 96
resolução de canais retangulares, Anexo B.6, 136
retificação de córregos urbanos, Complemento IX, 269
revestimentos de taludes, 3.10, 56
ruas sem calhas, 8, 99
sarjetas, 3.4, 7.13, 30, 96
sarjetões, 3.4, 7.13, 30, 96
simbologia de desenhos pluviais, Complemento, XVI, 295
sistema afogado, 9.1, 103
sistema ligando boca de lobo a boca de lobo, 9.2, 104
situação de emergência, Reservatório de Guarapiranga, Complemento XV, 291
softwares ligados à engenharia pluvial, Complemento IV, 249
taludes, proteção contra erosões, 7.14, 97
tampões, 3.7, 47
técnicas e recomendações, ABTC, XIX, 311
testes hidráulicos, 7.17, 98
tipos de escoamento, Anexo B.3, 119
traçado correto das cidades, 3.1, 25
tubos, 3.6, 42
tubos de concreto armado, 3.6.3, 44
tubos de concreto simples, 3.6.2, 43
viagem à hidráulica dos canais, Anexo B, 119
viga chapéu diferente, Anexo H, 181

Comunicação com o autor

O autor gostaria de saber a opinião do leitor sobre este livro. Favor endereçá-la para:

Eng. Manoel Henrique Campos Botelho
E-mail: manoelbotelho@terra.com.br

1 – Você gostou do livro?

Não ☐   Gostei ☐   Gostei muito ☐

Seus comentários _____
_____
_____
_____

2 – Que outros assuntos, dentro do tema, deveriam ser abordados?
_____
_____
_____
_____

3 – Que outros assuntos gerais da Engenharia Civil deveriam ser abordados?
_____
_____
_____

Agora, por favor, dê os seus dados pessoais.

Nome	Telefone
Formação profissional	Formatura (ano)
Endereço	
CEP Cidade	UF
E-mail	Data / /

Nota: para quem enviar este formulário respondido, o autor enviará, via internet, a coleção de crônicas hidráulicas *Mistérios da Hidráulica apresentados e resolvidos*.

Lista de livros do autor publicados pela editora Blucher

– Concreto armado eu te amo – vol. 1
– Concreto armado eu te amo – vol. 2
– Concreto armado eu te amo para arquitetos
– Resistência dos materiais: para entender e gostar
– Concreto armado eu te amo vai para a obra
– Quatro edifícios, cinco locais de implantação, vinte soluções de fundações
– Manual de primeiros socorros do engenheiro e do arquiteto – vol. 1
– Manual de primeiros socorros do engenheiro e do arquiteto – vol. 2
– Princípios de mecânica dos solos e fundações para a construção civil
– Instalações hidráulicas prediais utilizando tubos plásticos
– Instalações elétricas prediais básicas
– Operação de caldeiras

Livros em preparação

– ABC da topografia
– Manual de primeiros socorros para os engenheiros e arquitetos – vol. 3
– INSS, eu te amo

Águas de chuva
Engenharia das águas pluviais nas cidades

Livros de **Manoel Henrique Campos Botelho**

Concreto armado eu te amo
Volume 1 - 8ª edição revista

ISBN: 978-85-212-0898-3
536 páginas

Concreto armado eu te amo
Volume 2 - 4ª edição

ISBN: 978-85-212-0894-5
340 páginas

Concreto armado eu te amo - para arquitetos
3ª edição

ISBN: 978-85-212-1034-4
256 páginas

Instalações elétricas residenciais básicas para profissionais da construção civil

ISBN: 978-85-212-0672-9
156 páginas

Instalações hidráulicas prediais utilizando tubos plásticos
4ª edição

ISBN: 978-85-212-0823-5
416 páginas

Manual de primeiros socorros do engenheiro e do arquiteto
Volume 1 - 2ª edição

ISBN: 978-85-212-0477-0
304 páginas

Blucher

www.blucher.com.br